물리학의 기본을
이야기하다

물리학의 기본을 이야기하다
_임채호 교수의 물리학 강의

초판 1쇄 발행일 2018년 7월 23일
초판 2쇄 발행일 2019년 6월 7일

지은이 임채호
펴낸이 이원중

펴낸곳 지성사 출판등록일 1993년 12월 9일 등록번호 제10-916호
주소 (03458) 서울시 은평구 진흥로 68(녹번동) 정안빌딩 2층(북측)
전화 (02) 335-5494 팩스 (02) 335-5496
홈페이지 www.jisungsa.co.kr 이메일 jisungsa@hanmail.net

ISBN 978-89-7889-398-5 (03420)

잘못된 책은 바꾸어 드립니다. 책값은 뒤표지에 있습니다.

이 도서의 국립중앙도서관 출판예정도서목록(CIP)은 서지정보유통지원시스템 홈페이지
(http://seoji.nl.go.kr)와 국가자료공동목록시스템(http://www.nl.go.kr/kolisnet)에서
이용하실 수 있습니다. (CIP제어번호: CIP2018021662)

물리학의 기본을 이야기하다

#임채호 교수의 물리학 강의

임채호 지음

지성사

지상과 우주에서 발견되는 자연현상을 수학으로 표현할 수 있다는 믿음은 자연 철학자들이 가지고 있는 기본 정신이며, 물리학은 자연현상을 논리적이고 이성적 으로 표현하는 결과물이다. 그러나 물리학을 정립한 또 하나의 중요한 요소는 실험이다. 실험은 논리적인 표현을 뒷받침할 뿐 아니라, 인간이 가지고 있는 상상력의 한계를 확장하는 역할도 한다. 물리학에는 실험과정에서 우연히 찾아낸 자연현상의 목록으로 가득 차 있다.

물리학 자체는 고도의 발전을 하였지만, 이를 배우려는 이에게는 수학적인 논리가 오히려 장애물로 다가온다. 자연현상을 체계적으로 파악하는 데 수학이 장벽이 되는 아이러니가 생기게 된 것이다.

물론 물리학에서 다루는 기본적인 방정식은 대부분이 미분방정식이다. 사물의 미래를 정밀하게 예측할 수 있는 정교한 방식이 미분방정식이기 때문이다. 그러나 방정식이 내포하고 있는 의미를 미분방정식과 같은 수학을 이해해야만 파악할 수 있는 것은 아니다. 실제로는 중고등학교에서 배운 기하학과 간단한 미분과 적분, 그리고 2차방정식을 다룰 수준이면 기본 개념을 파악하는 데 문제가 없다. 따라서 물리학에 다가가는 좋은 길잡이가 있다면 수학적 도구에 매몰되어 정작 자연법칙은 제대로 이해하지 못하는 안타까운 경우를 피할 수 있다고 본다.

이 책은 기초적인 소양을 가진 이들에게 물리학의 기본 정신과 자연현상의 원리를 파악하도록 돕는 것을 목표로 한다. 이를 위해 여기서는 대부분의 교과서에서 사용하고 있는 전통적인 방식과는 약간 다른 접근법을 사용할 것이다.

대부분의 책에서는 물리학을 운동법칙과 운동방정식을 근간으로 설명한다. 전문가를 양성하려면 꼭 배워야 하는 방법이다. 그러나 저자의 생각으로는 수학을 앞세우는 접근법은 물리학을 직관적으로 이해하는 데 때로 장애가 된다. 이 책에서는 에너지를 앞세우는 접근을 사용할 것이다. 실제로 고급물리학을 전공하는 대부분의 물리학자들은 에너지와 관련된 개념을 중심으로 자연현상을 이해한다. 에너지가 운동법칙보다 더 기본적인 개념이며, 벡터를 직접 사용하지 않기 때문이다.

에너지를 제대로 이해하고 활용한다면, 자연을 보다 직관적이고 쉽게 파악할 수 있다. 에너지는 일상생활과 밀접한 관계가 있을 뿐 아니라, 우주에서부터 원자에 이르는 물리학 전체를 관통하는 개념을 제공한다. 또한 에너지는 자연이 내포하고 있는 철학과 경제성을 활용할 수 있다. 파인만의 강의에도 에너지와 에너지를 활용하는 방식에 대한 애착이 스며 있다.

이 책은 저자가 전북대학교와 서강대학교에서 인문, 사회 그리고 이공계 학생들이 일반물리를 수강하지 않고도 물리학을 이해할 수 있도록 한 학기 과정으로 가

르치던 내용을 정리한 것이다. 특히 수학적 도구를 두려워하는 학생들이 물리학을 쉽게 접할 수 있게 배려하였다. 『교양으로 읽는 물리학 강의』가 개념을 생각하고 자연현상을 소개하는 것에 역점을 두었다면, 이 책은 구체적으로 숫자를 대입하여 자연현상을 계산할 수 있는 능력을 키우는 데 주안점을 두었다고 볼 수 있다.

1장과 2장은 자연현상을 서술하는 방식을 다루고 있다. 뉴턴의 운동법칙이 알려주는 것과 이것을 에너지로 파악하는 방법을 다룬다.

3장부터 6장까지는 일상에서 자주 접할 수 있는 마찰력, 주기운동, 압력과 파동을 다룬다. 이 부분은 역사적으로 볼 때 16세기 이후 19세기까지 일상에서 접하는 현상을 다룰 수 있는 기본방식을 정립한 것이기도 하다.

7장과 8장은 전류와 전하 및 전자파를 다루고 있고, 9장과 10장은 열과 엔트로피를 다룬다. 19세기에 확립된 전기와 열에 대한 지식은 20세기 들어 물질을 혁신적으로 다룰 수 있는 기반을 형성하는 데 중요한 역할을 하였다. 빛과 전자를 자유자재로 다룰 수 있는 능력이 만들어진 것도 전기와 열을 다룰 수 있게 된 덕분이다.

11장과 12장은 빛과 전자를 현대적으로 다루는 방식을 취급한다. 마치는 글 13장에서는 20세기에 새롭게 알려진 질량에너지의 역할을 소개하면서 천문과 우주의 다이내믹한 현상의 중심에 질량에너지가 있음을 알게 한다.

각 단원에는 '생각해보기'와 '확인하기'가 있다. 생각해보기는 본문에서 다룬 지식을 좀 더 구체적으로 파악하고 좀 더 깊은 내용을 생각할 수 있는 질문으로 구성되어 있다. 생각해보기의 홀수 문제는 개념이 추상적으로 흐르지 않도록 숫자를 통해 개념을 이해하는 역할로 활용하였고, 결과를 확인할 수 있게 답을 제공하였다. 생각해보기의 짝수 문제는 많은 경우 독자가 직접 여러 문헌과 정보를 찾아봄으로써 스스로 깨우칠 수 있는 문제나 본문에서 다루지 못한 개념을 소개하는 문제이다. 따라서 관심 있는 독자라면 이 문제와 씨름하는 것이 바람직하다고 생각한다. 확인하기는 독자가 본문의 내용을 이해하고 있는지를 확인할 수 있도록 선별하였고, 간단한 답도 제공하고 있다.

종합하자면, 이 책은 자연에서 발견되는 12가지의 주제를 중심으로 다룬다. 에너지를 중심으로 자연현상을 다루고 있기에 모든 물리현상과 해법을 구체적으로 다루는 데는 한계가 있다. 예를 들어 뉴턴의 운동법칙을 미분방정식으로 푸는 문제는 전문적인 수학 지식이 필요하기 때문에 이 책에서는 직접적으로 다루지 않는다. 벡터를 사용하는 선운동량, 각운동량, 충돌현상, 세차운동, 전장과 자장 등을 일반적으로 다루는 것 역시 이 책의 범위에서 벗어난다고 보았다. 그러나 일상생활과 연관은 크지만 본문에서 다루는 데 적절하지 않은 몇 가지 현상은 '생각해보기'에 ✳을 붙인 짝수 번 문제로 제시하였고, 답을 생각해낼 수 있도록 과정과 풀이도 제공하였다. 그리고 위키피디아 등 공공사이트의 사진을 사용한 경우 웹사이트를 표시하여 출처를 밝혔다.

『교양으로 읽는 물리학 강의』에 이어 이 책을 출판하는 데 기꺼이 동의해주신 도서출판 지성사에 감사드린다.

차례

들어가면서

1장

물체의 움직임을 분석하는
방식에 대한 이해

어떻게 시작할까?

위치를 파악하는 데 널리 쓰이는 위성항법장치(GPS)는 정보를 알려주는 위성의 위치를 시시각각 정확하게 파악해야만 작동한다. 이처럼 일상생활에서 자신과 상대방의 위치를 정확히 파악하는 일은 아주 중요하다. 그런데도 17세기에 갈릴레오를 비롯한 과학자들은, 물체의 움직임을 효과적으로 예측하기 위해 위치보다는 속도가 더 중요한 요소라고 주장했다. 속도가 왜 그렇게 중요한 것일까?

물체가 움직이면 위치는 시시각각 달라진다. 예를 들어, 기차가 200km/h의 속력으로 가고 있다고 하자. 이 기차가 정차하지 않고 계속 진행한다면 1시간 후에는 200km 떨어진 곳에 있을 것이다. 이처럼 물체가 일정한 속도로 움직일 때는 속도만 알면 일정시간 후에 그 물체가 어디에 있는지를 알아내는 일은 아주 쉽다.

그러나 우리 주변에 존재하는 대부분의 물체는 속도가 변한다. 주위를 둘러보자. 움직이던 물체는 시간이 지나면 대부분 정지한다. 주위에서 속도 변화 없이 움직이는 물체를 찾기가 쉽지 않은데도 갈릴레오는 속도 변화 없이 움직이는 것에 대해 색다른 주장을 펼쳤다. "물체가 속도 변화 없이 움직이는 것이 자연의 속성이다"라고. 이러한 갈릴레오의 주장은 처음 들으면 아주 황당하게 들리지만 자세히 살펴보면 심오한 진리가 숨어 있다는 것을 알게 된다.

갈릴레오는 다음과 같이 주장한다. 움직이고 있는 물체를 건드리지 않고 그대로 놓아둔다면 그 물체는 움직이던 관성(inertia)으로 움직여야 한다. 주위에서 보는 대부분의 물체들이 정지하는 것은 마찰이 있기 때문이다. 만일 마찰을 없앨 수 있다면, 그리고 움직이는 물체에 아무런 자극을 주지 않는다면 그 물체가 움직이는 모습은 영원히 같을 것이다. 즉 물체를 내버려둔다면(마찰이나 외부 자극의 영향으로부터 배제하고) 움직이고 있든, 정지하고 있든지에 상관없이 물체의 움직임은 변하지 않을 것이다.

이러한 논리를 통해 갈릴레오는 관성이 자연의 근본적인 속성이라고 보았다. 갈릴레오가 발견한 관성의 법칙(inertia law)은 지금 생각해도 결코 쉽지 않은 발견이다. 돌이켜보면, 자연의 법칙을 제대로 이해하게 된 시작은 바로 갈릴레오가 발견한 관성이라고 할 수 있다.

물체가 움직일 때 외부로부터 영향을 받지 않는다면 물체는 속도 변화 없이 저절로 움직일 것이다. 이것을 관성운동(inertia motion)이라고 한다. 이와 달리 물체가 외부의 영향을 받고 있다면 물체는 관성으로 움직이지 않는다. 따라서 관성이 아닌 운동을 분석하려면 물체에 작용하는 외부의 영향이 무엇이고, 그 결과가 어떻게 나타나는지를 알아내야 한다. 어찌 보면 갈릴레오는 움직임에 대한 모든 어려운 문제를 외부의 영향으로 돌렸다고 할 수도 있다.

한편, 갈릴레오의 학문적 전통을 이어받은 뉴턴은 유클리드의 방법을 따라 운동법칙을 공리의 형태로 만들었다. 먼저 물체의 모든 움직임은 관성운동과 비교하는 것에서 출발한다. 관성으로 움직이는 물체의 속도는 변하지 않는다. 이것을 풀어서 설명하면 다음과 같다. 관성으로 움직이는 물체는 직선을 따라 움직인다. 그리고 속력도 변하지 않는다. 이렇게 움직이는 모습을 등속도 운동(constant velocity motion)이라고 한다. 운동의 기준이 되는 관성운동이 등속도 운동임을 밝히고 있다. 뉴턴은 이를 운동 제1법칙(Newton's first law of motion)이라고 불렀다.

> 뉴턴의 운동 제1법칙:
> 모든 물체는, 힘이 작용하여 상태를 변화시키지 않는 한
> 계속 정지해 있거나 아니면 직선을 따라 등속도 운동을 한다.

물체에 외부의 영향력이 작용하고 있으면 그 물체는 관성에서 벗어나는 운동을 한다. 물체가 관성으로 움직이지 않는다면 거기에는 분명히 원인이 있다. 정지한 물체는 왜 움직이는가? 이 질문을 조금 다르게 해보자. 움직이는 물체는 왜 정지하는가? 물체가 방향을 바꾸는 것은 무엇 때문인가? 등속도 운동이 아닌 경우, 속도가 바뀌는 원인은 무엇인가?

뉴턴은 물체에 작용하고 있는 외부의 영향을 재는 척도로서 힘(force)을 도입했다. 힘이 작용하고 있지 않으면 물체는 관성으로 움직인다. 그러나 힘이 작용하고 있으면 그 힘은 물체의 속도를 변화시킨다. 뉴턴의 운

| 움직이기 시작한다 | 멈추게 한다 | 방향을 바꾼다 |

등속도 운동이 아닌 모습들

동 제2법칙(Newton's second law of motion)은 물체의 속도를 변화시키는 원인이 힘이라고 선언한다.

> 뉴턴의 운동 제2법칙:
> 운동의 변화는 가해진 힘에 비례하고,
> 그 힘이 가해지는 직선 방향으로 이루어진다.

생각해 보기_1 다음의 경우에 관성으로 움직이는 것과 그렇지 않은 것을 구별하고 그 이유를 이야기해보자.

❶ 움직이는 롤러코스터
❷ 직선 철로를 일정 속도로 움직이는 차량
❸ 원 궤도를 따라 일정하게 도는 차량
❹ 비탈길 궤도를 따라 동력 없이 저절로 움직이는 차량
❺ 피사의 사탑 위에서 낙하하는 공
❻ 지구를 공전하고 있는 달과 인공위성

생각해 보기_2 뉴턴의 '운동 제1법칙'에 나오는 관성운동을 정밀하게 확인할 수 있는 방법은 어떤 것이 있는지 알아보자.

16

속도는 어떻게 표시해야 할까?

뉴턴은 속도의 변화를 힘과 연결시킴으로써 운동을 체계적으로 분석할 수 있는 원칙을 세웠다. 뉴턴이 정립한 사고체계는 17세기 이후 물리학이 획기적인 발전을 이루는 원동력이 되었다. 우리도 뉴턴의 사고체계에 따라 물체의 움직임을 분석하는 방법을 시작하기로 한다. 분석을 제대로 하려면 먼저 물체의 움직임을 나타내는 속도를 어떻게 표현해야 하는지, 그리고 힘은 어떻게 정의해야 하는지를 제대로 이해하여야 한다.

속도는 움직임을 표현하는 양이다. 좀 더 정확히 표현하면 속도(velocity)란 물체가 얼마나 빨리 움직이는지, 그리고 어느 방향으로 움직이는지를 동시에 표현하는 양이다. 이처럼 방향의 변화까지 표현하는 양을 수학에서는 벡터(vector)라고 한다. 방향과 상관없이 물체가 얼마나 빠르게 움직이는지만을 나타내는 경우에는 속도 대신 속력(speed)이라는 용어를 사용한다. 그러나 때에 따라서는 방향을 구체적으로 얘기하지 않아도 속도가 분명한 경우가 있다. 예를 들어 철길을 달리는 기차는 한쪽 방향으로 움직인다. 방향을 구태여 나타내려면 기차가 앞으로 가는지, 아니면 뒤로 가는지만 구별하면 된다. 이처럼 방향이 분명한 경우에는 속도나 속력을 구별하지 않고 쓰기도 한다.

속력이란 물체가 얼마나 빨리 움직이는지를 나타내며, 물체가 움직인 거리를 걸린 시간으로 나눈 양이다. 고속도로에서 1시간에 90km를 달린다면 속력은 90km/h이다. 속력의 표준단위는 m/s이다. 90km/h를 표준단위로 고치면 25m/s이다.

그런데 자동차가 일정 구간을 90km/h로 달린다 해도 가끔은 빨리 달리기도 하고, 천천히 달리기도 한다. 따라서 어떤 구간을 평균적으로 볼 때 90km/h로 달린다고 표현하는 것으로는 자동차의 움직임을 자세히 알 수가 없다. 움직임의 변화를 자세한 알려면 속도를 시시각각 표현해야 한다. 측정을 1시간마다 하는 대신 1초마다 조사한다면 속도의 변화가 더 자세히 나타난다. 시시각각 측정하는 속도를 순간속도(instantaneous velocity)라고 한다. 평균속도(averaged velocity)는 시간 간격이 길기 때문에 물리학에서 사용하는 속도는 대부분 순간속도다. 순간속도에는 물체가 관성으로 움직이는지 아닌지가 분명히 나타나기 때문이다.

시간 간격을 Δt라고 하자. 이 시간 동안 움직인 거리를 Δs라고 하면, 속력은 $v = \Delta s / \Delta t$이다. 만일 관찰하는 시간 간격이 크면, 이 속도는 평균속력에 해당한다. Δt를 0으로 보내면 이 속력은 순간속력이 된다. Δt를 0으로 보내면 이동한 거리 Δs도 0으로 간다. 그러나 그 비율은 0으로 가지 않는다. 거리를 시간의 함수로 그린다면 순간속도는 곡선의 접선에 해당한다. 이 상황을 표시하기 위해 때로 미분기호 ds/dt로 쓰기도 한다. 그러나 우리는 기호의 혼란이 없다면 $v=\Delta s/\Delta t$라 쓰고 상황에 따라 평균속력으로 해석하기도 하고, 또는 순간속력으로 해석하기도 할 것이다.

속도는 방향도 가지고 있다. 그러나 속도의 방향을 표시하는 것은 쉽지 않을 뿐 아니라, 때로는 귀찮기조차 하다. 직선을 따라 움직이는 경우에는 방향이 변하지 않기 때문에 방향에 신경을 쓸 필요가 없다. 물체가 앞으로 가는지, 아니면 뒤로 가는지만 구별하면 된다. 보통 앞으로 가는 것을 +방향, 뒤로 가는 것을 -방향으로 잡는다. 비행기가 일직선으로 날아가는 경우라든지, 기차가 직선궤도를 따라 진행하는 경우에 해당된다.

그러나 물체가 곡선의 궤적을 따라 움직이면 방향을 표시하는 것이 상당히 복잡해진다. 특히, 물체의 방향이 변하는 것을 시시각각 표현하는 것은 쉬운 일이 아니다. 아래 그림처럼 물체가 곡선을 따라 P에서 Q까지 움직인다고 하자. 물체의 속도를 표현하는 방법 중의 하나는 각 점에서 화살표로 나타내는 방법이다. 각 위치(A, B, C, D)에 그려진 화살표를 보자. 화살표의 방향은 물체가 움직이는 방향을 나타낸다.

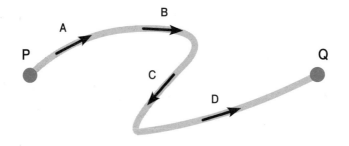

속도의 크기와 방향을 화살표로 나타낸 그림

화살표를 사용하면 속도의 크기와 방향을 표시할 수 있다. 화살표의 길이가 길면 속력이 크고, 빨리 움직이는 것을 표시하는 것으로 약속하자. 화살표 길이가 짧으면 속력이 작고, 천천히 움직인다. 속도를 표시하는 기호로는 화살표가 있는 $\vec{v}$ 또는 고딕체 v를 사용한다. 이는 속도가 크기와 방향을 가진 벡터량이라는 것을 강조하기 위함이다. 그러나 이 책에서는 대부분 1차원 운동을 다루기 때문에 특별한 경우 이외에 벡터 표현은 생략하기로 한다.

생각해 보기_3 회전그네가 일정한 속력으로 회전하고 있다. 회전그네의 좌석이 움직이는 속도를 화살표로 표시해보자. 각 좌석이 움직이는 속도는 어떤 면이 같고, 어떤 면이 다른가?

생각해 보기_4 * 1차원과 2차원, 3차원 공간에서 속도를 표시하는 방법은 크게 두 가지가 있다. 크기와 방향으로 표시하는 방법과 성분으로 표시하는 방법이다. 이 두 방법의 장단점을 알아보자.

속도의 변화를 나타내는 가속도

속도가 변하는 움직임을 시시각각 기록한다고 하자. 이 기록에는 시각에 따라 속도가 나열된다. 그런데 시간 간격을 촘촘히 나눌수록, 그리고 측정하는 기간을 늘릴수록 데이터의 양은 비례해서 늘어난다. 따라서 데이터의 양을 줄이면서 속도를 표현할 수 있는 방법이 있다면 가장 바람직한 방법이 될 것이다.

자유낙하 운동을 보자. 갈릴레오는 자유낙하 운동을 관찰하고 자유낙하 하는 물체의 위치를 시간에 따라 기록했다. 수직으로 낙하하는 물체는 상당히 빨리 움직이므로, 갈릴레오가 살던 17세기 당시에 물체의 움직임을 정밀하게 측정하는 것은 결코 쉬운 일이 아니었다. 갈릴레오는 이 어려움을 극복하기 위해 비스듬한 경사면을 따라 움직이는 물체의 위치를 일정한 시간 간격으로 측정하였다.

경사를 따라 움직이는 물체의 위치가 다음처럼 측정되었다고 하자.

시간 (초)	0.0	0.1	0.2	0.3	0.4	0.5
위치 (m)	0.00	0.01	0.04	0.09	0.16	0.25

이 결과에서 각 구간의 속도를 구해보자.

시간 (초)	0.0	0.1	0.2	0.3	0.4	0.5
속도 (m/s)	0.1	0.3	0.5	0.7	0.9	x

각 구간의 속도가 시간에 따라 변하고 있다. 따라서 이 운동은 관성운동이 아니다.

관성운동이 아닌 경우를 표현하기 위해서는 속도의 변화를 나타내는 양을 따로 정의할 필요가 있다. 가속도(acceleration)는 시간에 따라 속도가 변하는 비율을 나타낸다. Δt 동안 바뀐 속도를 Δv라고 하면, 가속도는 $a=\Delta v/\Delta t$로 표시한다. 순간 가속도는 속도를 시간으로 미분한 양이다. 가속도의 표준단위는 m/s^2이다.

속도와 가속도는 단위가 다르다는 것을 기억하자. 속도의 단위는 m/s이고, 가속도의 단위는 m/s^2이다. 이처럼 단위가 다르면 두 양을 서로 비교하는 것이 의미가 없다. 예를 들어 키와 몸무게를 비교한다는 것은 아주 난센스다. 키를 재는 단위는 m이고 몸무게를 재는 단위는 kg인데, 어떻게 10m와 10kg이 같을 수 있겠는가? 마찬가지로 속도와 가속도는 서로 비교할 수 있는 양이 아니다.

위에서 구했던 속도에서 가속도를 구해보자. 경사면에서 움직이는 물체의 가속도는 다음과 같다.

시간 (초)	0.0	0.1	0.2	0.3	0.4	0.5
가속도 (m/s^2)	2.0	2.0	2.0	2.0	x	x

이 결과에 따르면 가속도는 시간이 지나도 변하지 않는다. 가속도가 일정하다. 이처럼 움직이는 모습을 가속도로 표시하면, 운동의 특성을 쉽게 나타낼 수 있는 경우가 있다.

자유낙하의 특징은 가속도가 일정하다는 것이다. 갈릴레오는 경사면을 따라 움직이는 물체의 위치를 측정했고, 경사면의 각도를 바꾸면서 같은 실험을 하였다. 그 결과 수직으로 낙하하는 물체의 가속도의 크기는 9.8m/s^2 임을 알아냈다. 이를 중력가속도 g라고 한다. 지면을 향해 움직일 때 속도가 증가하기 때문에, 가속도의 방향은 지면을 향하는 방향을 +로 잡는다.

정지한 자동차를 일정한 가속도로 가속하여 5초 만에 속도를 90km/h (=25m/s)로 올린다면, 이 자동차의 가속도의 크기는 5m/s^{2}다. 이 수치와 비교하면, 지상에서의 중력가속도가 9.8m/s^{2}이라는 것이 어느 정도인지 짐작할 수 있다. 더욱 놀라운 점은 자유낙하 하는 경우 물체의 종류나 움직이는 모습과는 상관없이 중력가속도 g는 모두 같다는 점이다. 물론 공기저항을 무시할 수 있는 경우에 해당한다. 실제로는 공기저항 때문에 이 사실을 확인하는 것이 쉽지 않았겠지만, 갈릴레오는 여러 실험을 통해 중력가속도가 보편적인 양이라는 사실을 알아냈다.

포사체의 움직임을 보자. 조약돌을 비스듬히 던지면, 처음에는 하늘을 향해 포물선의 궤적을 그리며 날아오르다 결국 지상으로 떨어진다. 이 조약돌의 속도를 표현하면 어떻게 될까?

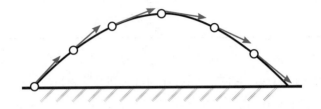

포사체는 포물선을 그리고, 포사체의 속도는 포물선 방향을 향한다.

조약돌의 위치는 시시각각 변하고, 속력 또한 시시각각 다르다. 처음엔 속력이 빨라졌다가 하늘 높이 올라가면서 속력이 줄어들고, 지면에 떨어질 때는 다시 속력이 커진다. 속도의 방향도 변한다. 물론 속도의 방향은 포물선을 따라가는 방향이다.

그렇다면 가속도는 어떤가? 놀랍게도 가속도는 중력가속도 g와 똑같다. 크기가 일정하고, 방향은 지면을 향한다. 포물선을 그리며 움직이는 물체의 가속도는 크기와 방향이 자유낙하 하는 물체의 가속도와 정확히 같다. 가속도의 크기는 $9.8\text{m}/\text{s}^2$이고, 방향은 지면을 향한다.

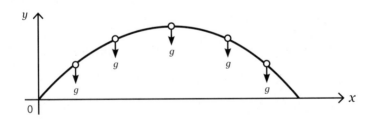

포물선 운동의 중력가속도 g는 크기가 일정하고 방향은 지면을 향한다.

언뜻 생각하면, 가속도의 방향이 포물선을 따라갈 것으로 보이지만, 실제로는 그렇지 않다. 가속도는 지면을 향한다. 수직으로 자유낙하 하는 물체의 가속도나, 포물선을 따라 움직이는 농구공의 가속도는 모두 같다. 두 경우 모두 가속도의 크기는 9.8m/s^2이고, 방향은 지면을 향한다.

자유낙하 하는 물체로부터 찾은 중력가속도 g는 지상에서 움직이는 물체를 표현하는 보편적인 양이다. 농구공의 중력가속도와 야구공이 받는 중력가속도는 같다. 농구공이 하늘로 올라갔다 떨어질 때의 가속도는 농구공이 비스듬히 포물선 운동을 할 때의 가속도와 같다. 지표면에서 물체가 움직이면 중력가속도는 모두 g이다. 그리고 중력가속도의 방향은 언제나 지면을 향한다. 지면에서의 중력가속도는 물체의 무게나 위치, 속도에 상관없이 항상 g이다.

속도의 방향은 궤적을 따라가는 방향이지만, 가속도의 방향은 그렇지 않다. 직선운동을 하는 경우에는 속도의 방향과 가속도의 방향이 같다. 그러나 직선을 따라가지 않는 경우에 가속도의 방향을 찾는 일은 전혀 직관적이지 않다. 포사체 운동에서 보듯이 가속도의 방향은 속도의 방향과 전혀 다른 방향이 될 수 있다. 줄에 매달려 회전하는 경우에 물체의 속도는 원주(circumference) 방향을 향한다. 그러나 가속도는 중심 방향을 향한다. 회전하는 운동이 전혀 직관적이지 않는 이유가 바로 가속도 때문이다. 그리고 가속도는 외부에서 작용하고 있는 힘과 밀접한 관련이 있다. 다음 절에서 힘과 가속도의 관계에 대해 자세히 다룬다.

생각해 보기_5 2006년 자동차 경주에서 사용된 Renault R26의 자료를 보면, 가속하는 자동차의 속도 변화를 주는 평균시간은 0에서 100km/h는 1.7초, 0에서 200km/h는 3.8초, 0에서 300km/h는 8.6초였다. 자동차 경주에서 각 속도의 구간별로 표시되는 (평균)가속도의 크기는 얼마인가? (평균)가속도는 속도가 증가함에 따라 증가하는가, 감소하는가? 그 이유는 무엇이라고 생각하는가?

생각해 보기_6 포사체 운동하는 물체의 가속도가 지면을 향하는 것을 어떻게 확인할 수 있을까? 그리고 이 가속도가 자유낙하 하는 물체의 가속도와 같다는 것을 어떻게 확인할 수 있을까? (힌트 : 일정한 속도로 달리는 기차 안에서 공을 공중으로 던지면, 올라갔던 공은 제자리로 돌아온다. 이 모습을 기차 안에서 관찰한 결과와 기차 밖에서 관찰한 결과를 비교해보고, 여기에서 속도와 가속도를 유추해보자.)

생각해 보기_7 단거리 경주의 경우, 정지한 상태에서 가속할 수 있는 인간의 한계는 단숨에 (6~7초 동안) 약 60m까지 달리는 것이라고 한다. 경주하는 동안 가속도가 일정하다고 가정하면, 인간이 단거리에서 낼 수 있는 가속도의 한계는 얼마라고 보는가? (힌트 : 가속도를 a라고 하면 t초 동안 움직인 거리는 $s = \frac{1}{2}at^2$으로 표시한다.)

생각해 보기_8 달에서 낙하 실험을 하면, 지상에서 하는 낙하 실험의 결과와 어떤 점이 달라질까? 같은 속도로 야구공을 던진다고 하자. 지구와 달 중 어디에서 공이 더 멀리 갈까?

힘과 운동방정식

속도가 변하면, 그 물체는 관성으로 움직이지 않는다는 것을 뜻한다. 속도가 변하려면 원인이 있어야 한다. 뉴턴은 그 원인으로서 힘이라는 개념을 도입했다. 뉴턴에 의하면, 모든 움직임은 $F=ma$를 만족해야 한다. F는 힘을 뜻하고 a는 가속도를 표현한다. 힘의 방향과 가속도의 방향은 같다. 그리고 힘의 크기는 가속도에 비례한다. $F=ma$를 '뉴턴의 운동방정식'이라고 한다.

관성으로 움직인다면 가속도는 0이다. 따라서 힘도 0이다. 관성운동의 경우 외부에서 작용하는 힘이 없다. 갈릴레오가 주장한 것처럼 외부에서 작용하는 힘이 없으면 물체는 관성으로 움직인다. 관성으로 움직이지 않는 움직임을 효과적으로 표현하는 양은 가속도다. 뉴턴은 가속도를 힘과 연결하고 있다. 그러나 정작 뉴턴의 운동방정식에는 모호한 면이 있다. 운동방정식에서 $F=ma$라고 쓰지만, 왼쪽 항에 있는 F와 오른쪽 항에 있는 ma가 엄밀히 정의되어 있지 않다. 가속도는 우리가 측정할 수 있는 양이지만, 나머지 F와 m이란 무엇인가? 어떻게 정의해야 하는가? 뉴턴은 자신이 제시한 운동법칙을 공리로 보았다. 그 의미를 되새겨보자.

운동방정식을 해석하는 한 가지 방식은 힘을 정의하는 식으로 $F=ma$를 보는 것이다. 운동방정식을 이렇게 해석하면 가속도로부터 물체에 작용하는 힘을 알아낼 수 있다. 즉, 가속도로부터 힘을 정의할 수 있다. 1kg의 물체가 $1m/s^2$의 가속도로 움직이면, 이 물체에 작용하는 힘은 1N으로 정의한다. 힘의 단위는 N(뉴턴)이다.[질량은 이미 정의되었다고 본다. 질량은 어떻게 정의하는지는 생각해보기(12)에서 살펴보자.]

자유낙하 하는 물체를 보자. 이 물체는 일정한 가속도로 움직인다. 이 사실에서 자유낙하 하는 물체는 일정한 힘을 받고 있다는 것을 알 수 있다. 즉, 중력가속도로부터 자유낙하 하는 물체가 받는 힘의 크기를 알아낼 수 있다. 야구공이 낙하할 때 받는 힘은 얼마인가? 야구공의 질량은 145g이다. 이 공은 중력가속도 $g=9.8m/s^2$로 움직인다. 따라서 자유낙하 하는 공이 받는 힘은 $F=ma=0.145kg \times 9.8m/s^2=1.4N$이다.

야구공이 포물선 운동을 할 때 받는 힘은 얼마인가? 물론 1.4N이다. 지면으로 곧장 떨어질 때 받는 힘이나, 비스듬히 포물선 운동을 하면서 움직일 때 받는 힘이나 모두 같다. 야구공을 들어 가만히 놓으면, 공은 지면으로 곧장 떨어진다. 이에 비해 투수가 온 힘을 다해 던지면 포물선 운동을 한다. 그런데 두 가지 경우 모두 공이 받는 힘이 같다고 하면 얼마나 이상하게 들리는가? 그렇다면 투수가 온 힘을 다해 던진다는 것은 무엇을 뜻하는가?

투수가 공을 어떻게 던지느냐에 따라 공이 빠르게 움직이기도 하고, 느리게 움직이기도 한다. 공이 180km/s의 속도(빠른 상태)로 움직이기도 하고, 0m/s(정지 상태)에서 출발하기도 한다. 공이 어떤 상태로 움직이기 시작하는지는 투수가 결정한다. 그러나 일단 공이 투수의 손에서 떠나면 공은 일정한 가속도로 움직인다. 그 가속도는 중력가속도이다. 그 결과 뉴턴의 운동법칙에 따르면 공은 1.4N이라는 힘을 받는다. 포물선을 따라 움직이는 경우나 직선을 따라 땅으로 떨어지는 경우나 모두 지면을 향하는 같은 힘을 받는다.

아무리 강력한 힘으로 축구공을 찬다고 해도 축구공이 선수의 발에서 일단 떠나면, 이 공은 중력가속도로 움직인다. 축구공의 질량이 450그램인 것을 감안하면, 축구공이 받는 힘은 $F=ma=0.45\text{kg}\times9.8\text{m/s}^2=4.4\text{N}$ 이다.

축구공이나 야구공이나 지상에서 움직일 때 받는 힘은 mg이다. 뉴턴의 방식으로 찾아낸 이 힘을 우리는 중력(gravity)이라고 한다.

그런데 지상에서 공에 작용하는 중력은 공이 움직이는지, 정지해 있는지에 상관없이 항상 작용한다. 다만 자유롭게 움직이는 경우에는 가속도가 생긴다. 땅 위에 서 있는 우리도 움직이든지 가만히 있든지에 상관없이 중력을 받는다. 우리가 중력 때문에 받는 힘을 보통 무게라고 한다. 60kg인 사람이 받는 중력은 $60\text{kg}\times9.8\text{m/s}^2=588\text{N}$이다. 그렇다면 땅에 서 있는 우리는 중력을 받는데도 왜 움직이지 않고 서 있는가? 그 이유는 땅이 우리를 자유롭게 움직일 수 없게 지탱해주기 때문이다. 만약 바닥이 우리 몸을 받쳐주지 않는다면, 우리는 중력가속도 $g=9.8\text{m/s}^2$로 추락할 것이다. 암벽을 등반하는 사람에게 바닥이나 기구가 무게를 받쳐주지 못하면 추락하여 사고가 일어날 수밖에 없다. 공사장의 타워크레인이 물체의 무게를 지탱하지 못하면 물체는 중력가속도로 추락하고, 사고로 연결된다.

하늘로 올라가는 로켓을 보자. 로켓의 질량이 2톤이고, 이 로켓이 출발할 때 140,000N의 추진력을 받으며 올라간다고 하자. $F=ma$에서 이 로켓이 받는 가속도는 70m/s^2(=140,000N/2000kg)임을 알 수 있다. 이 경우 로켓 안에 타고 있는 우주비행사가 추진력 때문에 받는 힘을 계산할 수도 있다. 우주비행사의 질량이 60kg이라면 로켓의 가속으로 받는 힘은 4200N(=60kg×70m/s²)이다. 지표면에서 우주비행사의 무게가 약 600N임을 감안하면, 우주비행사는 로켓 안에서 약 7배의 무게에 해당하는 힘을 더 견뎌내야 한다는 것을 알 수 있다.

뉴턴의 운동방정식을 해석하는 다른 방식은 물체의 움직임을 예측하는 식으로 $F=ma$를 보는 것이다. 이 해석에 따르면, 힘은 물체의 미래를 예측할 수 있다. 그 결과 운동방정식은 물체의 미래를 예측하는 아주 강력한 능력을 발휘한다.

뉴턴의 운동방정식은 힘이 주어지면 물체가 어떤 운동을 할 것인지를 결정한다. 그렇다면 작용하는 힘이 같으면 물체가 움직이는 궤적은 모두 똑같을까? 그렇지 않다. 지상에서 움직이는 모든 물체는 중력을 받는다. 중력의 크기는 mg이다. 나뭇가지에 달린 사과가 가지에서 떨어지면 직선을 따라 가속도 g(=9.8m/s²)로 자유낙하를 시작한다. 그러나 투수가 공을 던지면 이 공은 직선이 아니라 포물선을 그리며 움직인다. 이 공의 가속도 역시 g다. 야구선수가 던지는 야구공이나 초보자가 던지는 야구공이나 공중에서 움직이는 공의 가속도는 모두 같은 중력가속도 g다. 가속도의 방향 역시 모두 지면을 향한다. 똑같은 중력을 받아도 자유낙하

하는 물체와 투사체가 움직이는 모습은 다르다. 투수가 어떻게 던지느냐에 따라 야구공의 궤적이 다르다. 투수는 공을 땅으로 떨어뜨릴 수도 있지만, 강력한 팔의 힘으로 공이 거의 수평 궤도를 그리게 할 수도 있다.

그렇다면 무엇이 공의 궤적을 다르게 하는가? 바로 초기 조건이다. 초기 조건이란 투수의 손에서 공이 출발할 때 얼마나 빠른 속도로 움직이는지를 나타낸다. 초기 조건이 다르면 공의 궤적도 달라진다. 그러나 초기 조건이 주어지면 출발 후의 궤적은 뉴턴의 운동방정식으로 완전히 결정된다. 따라서 뉴턴의 운동방정식이 말해주는 의미는, 힘과 초기 조건이 주어지면 물체가 움직이는 미래의 모습이 완전히 결정된다는 것이다. 현재의 상태가 미래를 결정한다. 뉴턴 운동방정식이 강력한 점은 바로 현재의 모습에서 미래의 모습을 예측할 수 있다는 데 있다.[1]

생각해 보기_9 지상에서의 중력가속도는 상공으로 올라갈수록 줄어든다. 지상 400km 상공에 떠 있는 우주정거장이 받는 중력가속도는 지상의 중력가속도에 비해 0.89배로 줄어든다. 그렇다면 우주정거장에서의 무게는 지상에서와 비교할 때 0.89배로 줄어들어야 한다. 그런데도 우주정거장 안에서 우주비행사가 둥둥 떠다니는 것은 왜일까?

생각해 보기_10 자동차 경주에서 차의 무게가 가벼울수록, 또 운전자의 무게가 가벼울수록 유리하다. 같은 엔진으로 움직이는 차일지라도 가벼울수록 가속이 더 잘되는 이유는 무엇일까?

---

1 물체가 특이점을 만나면 궤도가 결정되지 않는 경우도 있다. 비가 산꼭대기에 떨어진 후 동쪽으로 흘러갈지, 서쪽으로 흘러갈지가 결정되지 않는 것과 같은 불확실한 경우가 이에 해당한다.

생각해 보기_11 강에서 돛배가 순풍을 받아 움직인다. 속력이 1분 동안에 10m/s만큼 증가했다. 돛배가 받은 힘은 얼마나 될까? 돛배의 질량은 1톤이다. 바람이 멈추자 돛배가 정지한다. 1분에 3m/s만큼 줄어든다. 이때 돛배가 받는 힘은 얼마인가? 돛배에 작용하는 힘은 무엇인가?

생각해 보기_12 질량은 어떻게 정의할 수 있는가? 저울로 재는 무게와 질량은 어떻게 다른가? 질량의 표준은 18세기에 어떻게 결정되었는지 조사해보고, 그 문제점과 해결책을 알아보자. 질량의 표준을 현대적으로 새롭게 정의하는 방법으로는 무엇이 있는지 알아보자.

생각해 보기_13 번지점프를 할 때 로프가 견디어야 할 장력은 사람의 무게와 로프의 무게보다 커야 한다. 또한 무거운 트럭이 다리 위를 통과할 때는 조심해서 서행해야 한다. 왜 그럴까? 그 이유를 뉴턴의 운동방정식으로 설명해보자.

생각해 보기_14 * 자유낙하 운동과 포물선 운동에서 같은 점과 차이점을 이야기해보자.

알아두면 좋을 공식

❶ 속도의 정의 : $v = \dfrac{\Delta x}{\Delta t}$

❷ 가속도의 정의 : $a = \dfrac{\Delta v}{\Delta t}$

❸ 뉴턴 방정식 : $F = ma$

생각해보기 (홀수 번 답안)

생각해보기_1

① 움직이는 롤러코스터 (비관성운동: 속력이 변한다.)

② 직선 철로를 일정 속도로 움직이는 차량 (관성운동: 속도가 변하지 않는다.)

③ 원 궤도를 따라 일정하게 도는 차량 (비관성운동: 속도의 방향이 변한다.)

④ 비탈길 궤도를 따라 동력 없이 저절로 움직이는 차량 (비관성운동: 속력이 변한다.)

⑤ 피사의 사탑 위에서 낙하하는 공 (비관성운동: 속력이 변한다.)

⑥ 지구를 공전하고 있는 달과 인공위성 (비관성운동: 속도의 방향이 변한다.)

생각해보기_3

화살표는 크기가 일정하고 방향은 원주 방향이다. 화살표의 크기는 같지만, 방향이 같지 않다.

생각해보기_4 *

크기와 방향으로 나타내는 방법은 기하학적인 방법이다. 눈으로 쉽게 파악할 수 있고, 직관적이다. 그러나 계산하는 것이 쉽지 않다. 성분으로 표시하는 방법은 해석적인 방법이다. 직관적이지 않지만, 계산하기가 쉽다.

생각해보기_5

속도 구간 : 0~100km/h : 1.7초(가속도=16.3m/s²)

속도 구간 : 100~200km/h : 3.8 초-1.7초=2.1초 (가속도=13.2m/s²)

속도 구간 : 200~300km/h : 8.6-3.8초=4.8초(가속도=5.8m/s²)

생각해보기_7

$a = 3.3 m/s^2$

생각해보기_9

우주정거장과 우주비행사가 동력을 사용하지 않으면서 같은 궤도를 움직이기 때문이다.

생각해보기_11

가속도는 0.16m/s²이므로, 돛배가 받는 힘은 1000kg×0.16m/s²=160N이다. 바람이 멈출 때의 가속도는 -0.05m/s²이므로, 돛배가 받는 힘은 50N이다.

생각해보기_13

번지점프를 할 때 사람이 등속도로 내려오는 것이 아니라 가속해서 내려오기 때문이다. 가속하면 뉴턴의 운동법칙 $F=ma$ 때문에 힘이 더 작용하게 된다. 무거운 트럭이 다리 위를 통과할 때 서행하지 않으면 도로 위를 달릴 때 위아래로 큰 가속도가 생긴다. 이 가속도에 비례해서 도로를 내리누르는 힘이 더 생기게 된다.

생각해보기_14 *

포물선 운동과 자유낙하 운동의 가속도는 같지만, 속도는 다르다. 물체가 움직이는 속도는 수직 방향의 성분과 수평 방향의 성분으로 나눌 수 있다. 속도의 수직 성분은 꼭대기에서 떨어지는 값이 모두 같다. 그러나 속도의 수평 성분은 다르다. 자유낙하 운동의 경우 수평 성분은 0이지만, 포물선 운동의 경우 속도의 수평 성분은 0이 아니고 일정한 값을 가지고 있다. 두 경우 모두 수평 방향으로는 관성으로 움직인다.

1. 고속도로에서 직선으로 달리던 자동차가 급정거하면서 4초 만에 멈추었다고 하자. 자동차가 달리던 속도는 100km/h였다. 각 점에서의 속도를 화살표로 표시해보자. 속도가 일정하게 줄어든다면, 급정거를 시작할 때와 중간 점, 그리고 정지할 때의 속도는 얼마라고 생각하는가?

2. 헬스기구에서 달리기를 한다. 30분 동안 3.5km를 달릴 때 평균속도는 얼마인가?(방향은 생각할 필요가 없다.)

3. 지구의 지표면에 서 있는 사람은 지구가 자전할 때 얼마의 속도로 움직이는가?(지구의 반지름은 6,300km이고, 하루는 24시간으로 생각하자.)

4. 태양은 은하를 중심으로 2.5×10^{17}km(약 25,000광년) 떨어져 있고, 은하를 중심으로 2억 5천만 년 주기로 공전한다. 태양의 공전속도는 얼마인가?

5. 아파트 10층 위의 옥상에서 정지한 상태로 야구공을 떨어뜨리면 지상에서의 속도는 얼마가 될까?(아파트 한 층의 높이는 2.5m로 계산하자. 공기에 의한 저항은 무시한다.) 만일 이 야구공을 땅으로 1m/s의 초속도로 던진다면 땅에 도달할 때의 속도는 초속도와 얼마나 차이가 날까?

6. 정지해 있던 자동차가 10초 동안에 가속하여 60km/h(=16.7m/s)의 속력에 도달했다. 이 자동차의 평균 가속도는 얼마인가? (자동차는 직선으로 움직인다고 가정하자.)

7. 로프에 60kg의 사람이 매달려 있다. 매달린 사람 때문에 로프에 작용하는 장력은 얼마인가?

8. 달리는 자동차의 속도가 100km/h이다. 브레이크를 밟아 2초 동안에 속도를 60km/h로 낮추었다. 이 자동차의 가속도는 얼마인가?

9. 수면 아래에 있는 사람이 자신의 손으로 머리를 들어 올려 물 밖으로 머리를 내밀게 할 수 없는 이유는 무엇인가?

10. 4km/h의 속력으로 강물이 흐르고 있다. 이 강물에서 배가 10km/h의 속력으로 강의 상류로 올라가고 있다. 강가에 있는 사람이 볼 때 이 배의 속도는 얼마일까?

11. 엘리베이터가 일정 속도로 상승한다. 60kg의 사람이 받는 힘은 얼마인가? 엘리베이터가 1층에서 출발해 2층으로 향할 때나 2층에서 1층에 도착할 때의 가속도는 $1m/s^2$이다. 출발할 때와 도착할 때 60kg의 사람이 받는 힘은 얼마인가?

< 정답 >

① 100km/h, 50km/h, 0km/h ② 7km/h ③ 458m/s ④ 200km/s ⑤ 22m/s ⑥ $1.67m/s^2$ ⑦ 588N ⑧ $5.56m/s^2$ ⑨ 외부에서 작용하는 힘이 없기 때문이다. ⑩ 배는 물을 기준으로 10km/h로 움직이고 있다. 그런데 강물 자체가 하류로 흐르고 있으므로, 강가에서 보면 배는 상류 방향으로 6km/h로 움직인다. ⑪ 엘리베이터가 일정 속도로 움직일 때 가속도는 중력가속도와 같다. 사람이 받는 힘은 588N이다. 1층에서 출발할 때는 가속도가 중력가속도 외에 $1m/s^2$가 늘어나 $10.8m/s^2$이므로 사람이 받는 힘은 648N이다. 1층에 도착할 때는 가속도가 중력가속도보다 $1m/s^2$가 줄어들어 $8.8m/s^2$이므로 사람이 받는 힘은 528N이다.

2장

에너지와 파워

운동에너지

뉴턴의 운동법칙은 힘이 작용할 때 물체가 어떻게 반응하는지를 알려준다. 가속도는 위치를 시간으로 두 번 미분한 형태가 되기 때문에,[1] 뉴턴의 운동법칙 $F=md^2x/dt^2$는 2차 미분방정식으로 표현된다. 이로써 미분과 적분에 대한 수학이 17세기 이후 비약적으로 발전하게 되었다. 그런데 다른 의문이 생긴다. 물체의 움직임을 예측하려면 미분방정식을 꼭 풀어야만 하는가? 미분방정식과 같은 고등수학을 쓰지 않고도 물체의 움직임을 예측할 수는 없을까?

상당한 시간에 걸쳐 물리학자와 수학자들은 물체의 움직임을 다룰 수 있는 새로운 방법을 생각해냈다. 바로 에너지를 이용하는 방법이다. 에너지는 뉴턴의 운동방정식과 밀접한 관계가 있다. 에너지의 증가와 감소에

---

1 가속도는 dv/dt이고, 속도는 dx/dt이므로, 가속도는 d^2x/dt^2이다.

대한 정보를 이용하면, 많은 경우 복잡한 미분방정식을 풀지 않고도 물체의 움직임을 쉽게 알아낼 수 있다. 이 단원에서는 전문가가 사용하는 미분방정식 대신에, 에너지를 이용하여 물체의 미래를 예측하는 방식에 대해 주로 알아보기로 한다.

물체의 속도는 저절로 변하지 않는다. 속도가 변한다는 것은 가속도가 있다는 뜻이고, 가속도는 힘과 연결된다. 정지한 물체를 움직이게 하려면 힘이 필요하다. 마찬가지로 움직이던 야구공을 글러브로 정지시키려면 글러브로 공에 힘을 가해야 한다. 움직이던 물체가 정지하는 경우에도 힘이 작용한다.

한편, 움직이는 물체는 일을 할 수 있는 능력이 있다. 디딜방아는 공이가 내리치는 힘으로 곡식을 찧는다. 물레방아는 물이 떨어지는 힘으로 일을 한다. 이처럼 움직이는 물체가 일을 할 수 있는 능력을 운동에너지(kinetic energy)라고 부른다. 질량이 m인 물체가 속력 v로 움직일 때 가지는 운동에너지는 $KE = \frac{1}{2}mv^2$으로 정의한다. 에너지의 단위는 J(줄)이다.[2]

줄넘기 하는 아이를 보자. 이들이 폴짝폴짝 뛸 때의 운동에너지는 얼마나 될까? 질량이 40kg인 아이가 땅에서 뛰어오르는 순간 속력이 1m/s이라면 뛰어오르는 순간의 운동에너지는 20J이다. 배구 선수가 스파이크를 할 때 배구공의 속도는 120km/h(=33.3m/s)이다. 배구공의 질량은 260g이므로, 이 배구공의 운동에너지는 144J이다.

---

2 열도 에너지의 일종이라는 것을 발견한 줄(Joule)을 기념하여 J를 에너지 단위로 결정했다. 일의 단위와 에너지의 단위는 같다.

흐르는 물은 일을 할 수 있다.

$$\text{운동에너지}: KE = \frac{1}{2}mv^2$$

생각해 보기_1 1kg의 폭죽이 하늘로 솟구쳐 상공에서 터지고, 50개의 조각으로 갈라져 사방으로 흩어진다. 폭죽이 터질 때 각 조각의 속력이 50m/s였다. 폭죽이 갈라질 때 생기는 총 운동에너지는 얼마나 될까?

생각해 보기_2 자유낙하 하는 물체가 가지는 운동에너지는 낙하하는 높이에 따라 어떻게 달라지는가?

힘이 일을 한다

　　　　　물체에 힘을 주어 속력이 커지면 운동에너지
도 커진다. 물체에 힘을 주어 속력을 줄일 수도 있다. 속력이 느려지면 운
동에너지도 줄어든다. 물체의 속도가 변하는 이유는 외부에서 힘이 작용
하고 있기 때문이다. 그러나 물체에 힘을 준다고 해서 물체의 속력(속도의
크기)이 꼭 바뀌는 것은 아니다. 정지한 상태에서 무거운 물체를 들고 있
어도 힘이 든다. 우리가 힘을 작용시키고 있지만, 이 힘은 물체를 움직이
게 하지 않는다.

　물체의 운동에너지를 변화시키려면 물체가 움직이는 방향으로 힘을 작
용시켜야만 한다. 이때 힘이 작용하면 운동에너지를 변화시키므로, 이 힘
은 일(work)을 한다고 말한다. 즉, 힘에는 일을 하는 힘과 일을 하지 않는
힘이 존재한다.

　일을 하지 않는 힘을 알아보기 위해 원 모양의 홈을 따라 일정하게 움

직이는 구슬을 살펴보자. 이 구슬은 일정하게 회전하고 있으며, 운동에너지 역시 변하지 않는다. 그러나 회전하는 구슬에는 분명히 힘이 작용하고 있다. 구슬은 홈 때문에 직선을 따라 움직이지 못하고, 속도의 방향은 계속 바뀐다. 속도가 바뀌는 이유는 구슬에 원 모양의 홈에서 힘이 작용하기 때문이다. 홈은 구슬이 직선으로 움직이지 못하도록 구슬을 원의 중심 쪽으로 밀어준다. 이처럼 원의 중심 쪽으로 밀어주는 힘을 구심력 (centripetal force)이라고 한다. 구슬에 작용하는 구심력의 방향은 구슬이 움직이는 방향(원주 방향)에 수직으로 작용한다. 즉 중심 방향이다.

움직이는 물체에 구심력만 작용하면 물체의 속력은 변하지 않는다. 원을 따라 돌기 때문에 속도의 방향은 변하지만, 속도의 크기(속력)는 변하지 않는다. 그 결과, 물체의 운동에너지 역시 변하지 않는다. 구심력은 물체가 원운동을 할 수 있도록 방향을 바꾸는 역할만 할 뿐이고, 운동에너지를 변화시키지는 않는다. 따라서 구심력은 일을 하지 않는다.

놀이터에 정지해 있는 회전목마를 민다고 하자. 회전목마에 매달려 바깥쪽으로 당기면 아무리 힘을 가해도 회전목마는 움직이지 않는다. 그러나 회전목마를 원주 방향으로 밀어주면 회전목마는 돌기 시작한다. 그리고 운동에너지 역시 증가한다. 회전목마의 운동에너지를 줄이려면 회전하는 반대 방향으로 힘을 주면 된다. 회전하는 물체에 일을 하려면 물체가 움직이는 방향(원주 방향)으로 힘을 가해야 한다. 일을 하면 그 결과 회전하는 물체의 운동에너지가 변한다.

외부에서 물체에 힘을 작용시킨다고 하자. 힘의 방향과 물체가 움직이는 방향이 같다면 힘은 이 물체에 일을 하게 되고, 운동에너지를 변화시킨다. 이때 힘이 하는 일은 '힘×움직인 거리'로 정의한다. 물체에 작용하는 힘을 F, 힘이 작용하는 동안 물체가 움직인 거리를 Δx라고 하면, 힘이 해주는 일은 $\Delta W = F\Delta x$이다.

힘이 해주는 일 : $\Delta W = F\Delta x$

공이 자유낙하 하는 경우를 보자. 중력은 공을 떨어지게 만든다. 중력은 공이 움직이는 방향으로 작용하기 때문에 공에 일을 하게 하고, 그 결과 공의 운동에너지를 변화시킨다.

공이 낙하하여 h만큼 움직였다고 하자. 중력은 공에 얼마나 일을 해주었는가? 중력은 공이 h만큼 움직이는 동안 계속하여 똑같은 크기의 힘 $F=mg$를 작용시켰다. 따라서 중력이 해주는 일은 $Fh=mgh$이다. 중력이 10N의 힘으로 10m 떨어지게 했다면, 중력이 공에 해준 일은 $W=Fh=100$J이다.

공이 낙하하는 동안 중력은 계속적으로 작용한다. 따라서 속도가 계속 증가한다. 그리고 공의 운동에너지도 계속 증가한다. 이때 중력이 해준 일은 운동에너지의 변화와 정확히 같다. 중력이 100J의 일을 해주면 공은 100J의 운동에너지를 갖게 된다. 이처럼 외부에서 물체에 일을 해주면 물체는 그에 상응하는 운동에너지를 얻게 된다. 이런 결과를 일-에너지 정리(work-energy theorem)라고 한다.

읽어 보기_1 공이 낙하하는 경우에 정말로 일-에너지 정리가 성립되는지를 확인해보자. 높이 h에 정지해 있던 공을 중력이 떨어뜨린다고 하자. 중력이 공에 해준 일은 $W=Fh=mgh$이다. 한편, 공은 낙하하는 과정에서 속력이 변한다. 공이 얻는 운동에너지의 변화를 속력의 변화를 이용하여 구해보자. 자유낙하 하면 속도는 시간에 비례하여 커진다. 공이 땅에 떨어지는 시간을 t라고 하면, 땅에 떨어질 때의 공의 속력은 $v=gt$다. 따라서 공이 가지는 운동에너지는 $KE=\frac{1}{2}mv^2=\frac{1}{2}mg^2t^2$으로 변한다. 이제 공이 떨어지는 시간을 높이와 연결해보자. 공의 속력은 시간에 따라 달라진다. 따라서 공이 떨어지는 거리를 구하려면 각 시간 구간마다 움직인 거리를 계산해야 한다. 공이 움직이는 거리는 '속도-시간' 그래프에서 보면 삼각형의 면적에 해당한다.

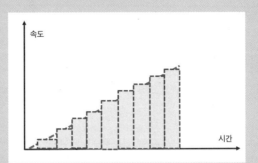

높이가 $v=gt$이고, 밑변이 t인 삼각형의 면적은 $h=\frac{1}{2}(vt)=\frac{1}{2}gt^2$이다. 즉, $t^2=2\frac{h}{g}$ 가 된다. 이 결과를 이용하여 시간을 높이로 바꾸어 쓰면, 공이 얻은 운동에너지는 $KE=mgh$가 된다. 즉, 공의 속도가 증가하여 생긴 운동에너지의 변화는 중력이 해준 일과 같다. 일반적으로 일-에너지 정리는 뉴턴의 운동방정식을 이용하여 증명할 수 있다.

생각해 보기_3 높이가 10m인 그네를 탄다고 하자. 이 사람이 그네 발판을 굴러 높이 3m까지 올라갔다가 내려온다. 일-에너지 정리를 이용하여, 이 그네가 아래로 내려올 때의 속력을 구해보자. 같은 결과를 뉴턴의 운동방정식으로 최대 속력을 구할 수 있는가? 두 가지 방법을 사용하는 경우에 어느 방법이 더 쉬운가?

생각해 보기_4 원 모양의 홈을 따라 일정하게 움직이는 구슬의 운동에너지를 높이거나 줄이려면 어떤 힘을 작용해야 하는가?

용수철이 하는 일

고무줄로 만든 새총은 고무줄의 탄력을 이용한다. 고무줄은 늘어날수록 센 힘이 작용한다. 장난감 총은 용수철의 탄력을 이용한다. 용수철은 수축할수록 센 힘이 작용한다. 용수철은 늘어나거나 수축되면 원래 상태로 돌아가려는 힘이 작용한다. 용수철의 길이가 늘어나면 용수철은 원래 위치로 돌아가려고 한다. 길이가 줄어들어도 원래 위치로 돌아가려고 한다. 이처럼 용수철이 원래 위치로 되돌아가려는 힘을 복원력(restoring force)이라고 한다.

용수철의 복원력은 변화되는 길이에 비례하는 힘으로 작용한다. 이 사실을 후크가 처음 발견하여 후크의 법칙(Hooke's law)이라고 한다. 용수철의 늘어난 길이를 x라고 하면, 복원력은 $F=-kx$이다. 비례상수 k는 용수철 상수(spring constant)라고 한다. 용수철 상수가 클수록 용수철의 길이를 변화시키는 것이 쉽지 않다. 큰 힘이 작용하기 때문이다. - 부호는 힘이 작용하는 방향과 늘어난 방향이 반대가 되는 것을 표현한다. 길이가 늘어나는 방향을 +로 잡으면, 용수철이 작용하는 힘은 −방향이다. 길이가 수축하면 용수철이 움직인 방향은 −이고, 용수철이 작용하는 힘의 방향은 +방향이다. 이처럼 용수철은 길이가 변하는 방향과 반대 방향으로 복원력이 작용한다.

후크의 법칙 : $F = -kx$

장난감 총에서 튀어나가는 총알의 운동에너지는 얼마나 될까? 총알의 운동에너지는 용수철이 하는 일과 같다. 따라서 총알의 운동에너지를 알려면 용수철이 총알에 하는 일을 구해야 한다.

용수철이 압축되는 방향이 왼쪽(−방향)이면, 용수철은 오른쪽 방향(+방향)으로 총알을 밀어낸다. 압축된 길이가 A이면, 이때 용수철이 작용하는 힘의 크기는 kA이다. 그런데 총알이 움직이기 시작하면 용수철이 작용하는 힘은 길이에 따라 변한다. 용수철이 원래 자리로 돌아가는 동안 힘은 점차적으로 줄어든다. 이것을 그림으로 그리면 아래와 같다.

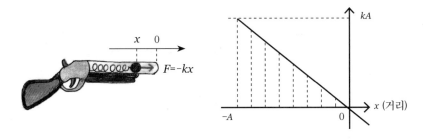

용수철은 총알에 힘을 가한다.

용수철이 총알을 밀어주면서 하는 일을 찾아보자. 이 일은 중력의 경우처럼 간단하지는 않다. 중력은 위치에 상관없이 일정한 힘이 작용하기 때문에, 중력이 하는 일은 간단히 '힘×거리'로 표시된다. 그러나 용수철이 작용하는 힘은 중력과 달리 각 구간마다 변한다. 따라서 각 구간마다 용수철이 하는 일이 달라진다. 용수철이 하는 일을 구하는 방법은 각 구간을 잘게 나누고, 각 구간마다 용수철이 밀어줄 때 하는 일을 모두 더해주어야 한다. 결국 일이란 힘을 거리의 함수로 그린 그래프에서 면적(적분)으로 표시된다는 것을 알 수 있다.[3]

용수철이 압축된 최대 거리를 A라고 하자(이때의 용수철의 위치는 $-A$다). 용수철이 원점으로 돌아가면서 밀어줄 때 하는 일은, '힘-거리 그래프'에서 삼각형에 해당한다(힘이 일정한 경우와 비교할 때 절반에 해당한다). 삼각형은 밑변이 A, 높이가 kA이므로, 면적은 $\frac{1}{2}A(kA)=\frac{1}{2}kA^2$이다. 용수철은 총알을 밀어주면서 $\frac{1}{2}kA^2$의 일을 하고, 총알은 용수철에 의해 $\frac{1}{2}kA^2$이라는 운동에너지를 얻는다.

생각해 보기_5 용수철을 이용하는 비비탄 총을 보자. 플라스틱 총알의 질량은 11g이고, 이 총이 발사될 때 속력은 40m/s이다. 용수철의 길이 변화가 1cm라고 하면 용수철의 상수는 얼마나 될까?(일-에너지 정리를 사용하자.)

생각해 보기_6 용수철 상수가 k인 용수철이 A만큼 늘어나면서 외부에 해주는 일은 $\frac{1}{2}kA^2$이다. 그렇다면 용수철을 A만큼 수축시킬 때 외부에서 해야 하는 일은 얼마인가?

---

3 작은 직사각형 면적으로 삼각형 또는 다른 도형의 면적을 구하는 방법은 적분의 기본적인 생각이다. 이러한 방법은 기원전 3세기의 아르키메데스가 이미 생각해냈던 방법이기도 하다.

여러 형태의 에너지

용수철에 작용하는 힘은 물체의 위치에 따라 시시각각 달라진다. 뉴턴의 운동방정식을 사용하면 물체의 위치를 정확하게 계산할 수 있지만, 실제로 뉴턴 방정식을 푸는 것은 전혀 간단하지 않다. 그러나 용수철의 경우는 일반적인 문제에 비하면 오히려 간단한 편이다. 현실에 직접 적용하는 문제일수록 상황이 복잡하고 계산 또한 쉽지 않다. 하늘에 있는 많은 별이나 애니메이션의 물체 움직임 하나하나는 모두 뉴턴의 운동방정식을 따른다. 모든 움직임을 손으로 계산하여 예측하는 일은 정말로 시간이 아주 많이 걸리는 일이다.

다행히도 요즘엔 컴퓨터의 도움을 받아 수치적으로 쉽게 계산을 할 수 있다. 따라서 복잡한 움직임을 예측하거나 정밀하게 계산하는 일은 더 이상 어려운 일이 아니다. 그럼에도 모든 움직임을 자세히 계산하기 이전에, 물체의 움직임을 전반적으로 파악할 수 있는 능력이 있다면 큰 도움이 된다. 놀랍게도 에너지를 이용하면 사물의 움직임을 전체적으로 쉽게 파악할 수 있다. 이러한 이유로 물리학자들은 에너지에 담겨 있는 정보를 매우 소중하게 여긴다. 뉴턴의 운동방정식을 통해 사물의 움직임을 자세히 다룰 수 있는 능력도 중요하지만, 에너지를 통해 물체의 움직임을 파악하는 통찰력 또한 과학이 발달할수록 더욱 중요해지고 있다.

운동에너지는 외부에서 일을 해준 대가로 생긴다. 자동차를 밀면 자동차가 굴러간다. 자동차를 밀어주는 힘이 일을 하고, 그 결과 자동차의 운동에너지가 증가한다. 마찬가지로 사과가 나무에서 떨어지면 중력이 사과의 속력을 증가시킨다. 중력이 일을 한 결과, 사과의 운동에너지가 증가한다.

농구공이 움직이는 경우를 살펴보자. 공을 떨어뜨리면 중력이 일을 하여 운동에너지가 증가한다. 그런데 농구공을 링으로 던지면 공의 속력이 오히려 감소한다. 링에 도달하면 거의 정지한다. 농구공이 땅으로 떨어지는 경우나, 하늘로 올라가는 경우나 모두 똑같은 중력이 작용한다. 그러나 땅으로 떨어지는 경우는 운동에너지가 증가하고, 하늘로 올라가는 경우는 운동에너지가 감소한다. 공이 하늘로 올라가는 경우에는, 왜 일–에너지 정리가 성립하지 않는가?

물체가 움직이는 방향과 반대로 힘이 작용하면 힘은 물체를 움직이지 못하게 하는 역할을 한다. 농구공을 하늘로 던지면 중력은 공이 움직이는 것을 방해한다. 공의 속력은 줄어들고, 따라서 운동에너지도 줄어든다. 이 경우 중력은 농구공의 운동에너지를 감소시키는 역할을 한다. 대신 링에 도착한 농구공은 위치에너지(potential energy)라는 새로운 형태의 에너지를 갖는다.

역기를 천천히 들어 올리는 경우를 보자. 우리는 역기가 아래로 떨어지지 않도록 조심하면서 힘을 가한다. 이때 우리가 작용하는 힘은 중력과 정확히 맞먹는다. 중력과 반대 방향으로 힘을 작용시키면서 역기를 들어 올린다. 힘을 주어 역기를 들어 올리는 동안 우리는 일을 한다. 그 결과 역기는 운동에너지를 얻는 대신에 위치에너지를 가진다. 이처럼 중력을 거슬러 일을 하여 물체의 높이를 올리면, 물체는 운동에너지와는 다른 잠재적 에너지를 가지게 된다. 이 잠재적인 에너지가 바로 위치에너지이다. 중력에 거슬러 역기의 높이를 h만큼 들어 올리자. 이때 우리는 mgh의 일을 한다. 우리가 한 일은 위치에너지 형태로 간직된다. 위치에너지를 가진 역기가 바닥으로 떨어지면 높이가 낮아지면서 대신 운동에너지가 나타난다.

농구공 역시 높이가 h만큼 높아지면 공은 mgh라는 위치에너지를 가진다. 농구공이 자유낙하 하면 위치에너지는 사라지고, 대신 운동에너지가 생겨난다. 이런 점에서 중력은 물체의 에너지를 운동에너지와 위치에너지의 형태로 바꾸는 역할을 한다. 그리고 위치가 변하여도 위치에너지와 운동에너지의 합은 변하지 않는다. 이것을 쉽게 표현하기 위해 위치에너지와 운동에너지의 합을 역학에너지(mechanical energy)라고 한다. 중력이 작용하면 역학에너지가 보존되므로 중력을 보존력(conservative force)이라고 한다. 보존력이란, 위치에너지와 운동에너지의 형태를 바꾸는 역할을 하지만 역학에너지 자체를 변화시키지 않는 힘을 말한다.

용수철에 작용하는 힘도 보존력이다. 용수철을 늘린다고 하자. 이때 하는 일은 $\frac{1}{2}kx^2$이다. 외부에서 힘이 작용하여 용수철의 길이를 바꾸어 놓으면 외부에서 한 일은 위치에너지로 저장된다. 용수철이 원점으로 돌아가면 위치에너지는 사라지고 대신 운동에너지로 나타나지만, 역학에너지는 보존된다.

에너지의 형태는 여러 가지로 바뀔 수 있다. 강물은 하류로 흘러간다. 강의 상류는 하류보다 높다. 따라서 상류의 물은 더 큰 위치에너지를 가진다. 물이 낮은 곳으로 흘러가면 가지고 있던 위치에너지가 사라지면서 운동에너지가 나타난다. 이 운동에너지를 이용하여 발전기를 돌리면 전기에너지를 생산할 수 있다. 이처럼 에너지는 운동에너지 형태만이 아니다. 위치가 달라져서 나타나는 위치에너지, 전류를 흘러 보낼 수 있는 전기에너지 등 여러 가지 에너지 형태로 존재한다.

자동차가 도로 위에서 미끄러질 때 타이어 자국을 남기면서 정지한다. 도로가 자동차에 작용하는 마찰력이 자동차의 속력을 줄여준다. 자동차가 정지하면 자동차의 운동에너지는 사라진다. 미끄러지는 경우, 자동차의 운동에너지는 복잡한 과정을 거치면서 열로 사라진다. 달리는 자동차가 신호등 앞에서 멈추어도 운동에너지는 사라진다. 자동차를 멈추기 위해 브레이크를 밟으면 브레이크 판이 바퀴와 접촉하면서 미끄럼 마찰력이 작용한다. 브레이크 판이 바퀴와 접촉하면 열이 발생한다. 결국 차가 가지고 있던 운동에너지는 열로 바뀐다. 이처럼 미끄럼 마찰력이 작용하면 열이 발생하고, 역학에너지는 더 이상 보존되지 않는다. 따라서 미끄럼 마찰력은 보존력이 아니다.

한편, 에너지는 열을 포함하여 여러 가지 형태로 바뀔 수 있지만, 총 에너지 자체는 보존된다고 믿고 있다. 열이 발생하면 역학에너지는 보존되지 않지만, 열을 열에너지(thermal energy)로 간주하면 총 에너지는 보존된다. 자연에서 에너지 보존법칙(energy conservation law)이 성립되지 않는 현상은 아직까지 발견된 적이 없다. 만약 에너지가 보존되지 않는 현상이 발견된다면, 그것은 다른 형태로 에너지가 바뀌는 현상을 확인하지 못한 결과일 것이다. 물리학자들은 자연의 새로운 현상에서 새로운 형태의 에너지가 있다는 사실을 확인해왔다.

에너지가 보존된다는 사실을 이용하면 물체의 움직임에 대한 윤곽을 짐작할 수 있다. 역학에너지는 운동에너지와 위치에너지의 합이다. 따라서 물체는 역학에너지보다 더 큰 운동에너지나 위치에너지를 가질 수 없다. 공을 하늘로 던져보자. 이 공은 얼마나 높이 올라갈 수 있을까? 공이 올라갈 수 있는 최대 높이는 역학에너지가 모두 위치에너지로 바뀌는 지점이다. 1kg의 물체를 10m/s의 속도로 하늘을 향해 던진다고 하자. 이 물체가 가지는 역학에너지는 50J이다. 따라서 이 물체가 올라갈 수 있는 최대 높이는 5m이다(g=10m/s²으로 근사했다).

위성을 지구 상공으로 올려 보내려면, 위성에 에너지를 공급해주어야 한다. 위성이 하늘로 올라가면 위치에너지를 가지게 된다. 하늘로 올라간 위성의 위치에너지는 위성이 가지고 있는 역학에너지보다 클 수는 없다. 위성이 가지고 있는 역학에너지는 지상에서 위성을 상공으로 올리기 위해 공급한 에너지와 같다. 따라서 위성을 상공의 어떤 위치까지 올릴 수 있는가는 위성에 얼마나 많은 역학에너지를 공급하는가에 달려 있다.

800m 높이의 산을 오른다고 하자. 꼭대기에 오르면 다시 내려와야 한다. 이 사람이 산에 오른 후 다시 내려올 때 하는 일은 최소 얼마나 될까? 산에 오르면 위치에너지가 증가한다. 산에 오르는 사람은 위치에너지를 높이기 위해 일을 한다. 60kg인 성인이 높이 800m를 오르기 위해서 필요한 위치에너지는 mgh에 해당되는 47만J이다. 그러나 산에 오르려면

위치에너지만 필요한 것이 아니다. 평지를 걷기 위해서도 에너지가 필요하다. 이 때문에 실제 사용하는 에너지는 47만 J 이상이 된다.

산에서 내려올 때는 어떤가? 위치에너지는 다른 형태의 에너지로 바뀐다. 산에서 내려올 때, 중력이 일을 하도록 내버려둔다면 어떻게 될까? 바위가 산 위에서 굴러 떨어지는 것과 같이 운동에너지가 생긴다. 사람의 경우 운동에너지가 생기면 위험하게 된다. 따라서 산에서 내려올 때는 위치에너지가 운동에너지가 아닌 다른 형태의 에너지로 변하도록 조치를 하면서 내려와야 한다.

스키처럼 안전하게 미끄러지면서 내려올 수 있다면 미끄럼 마찰력이 운동에너지를 열로 바꾸어 사라지게 만들 수 있다. 그러나 걸어서 산을 내려온다면 미끄러지지 않게 조심하면서 내려와야 한다. 무릎의 관절과 발목, 그리고 등산화 바닥과 버팀목들이 운동에너지를 흡수하도록 한다. 하산할 때 조심하지 않으면 관절에 무리가 가는 이유이다.

결국, 하산하면서 해야 하는 일 또한 위치에너지에 해당하는 에너지보다 크다는 것을 알 수 있다. 따라서 걸어 내려올 때에도 47만 J 이상의 일을 하게 된다. 산에 올라갈 때는 근육이 주로 일을 하고, 내려올 때는 주로 관절과 등산화와 스틱이 위치에너지를 흡수하는 일을 한다.

생각해
보기_7

용수철 상수가 k=100N/m인 용수철에 0.5kg인 질량이 달려 있다. 용수철을 1cm만큼 압축한다면, 이 용수철에 저장되는 위치에너지는 얼마인가? 용수철이 원점으로 돌아가면 위치에너지는 0이 된다. 이때 위치에너지 대신 어떤 에너지가 생기는가?

생각해
보기_8

롤러코스터는 꼭대기까지 올라간 후에는 동력 없이 중력의 영향만으로 지상으로 내려온다. 롤러코스터의 위치에 따라 위치에너지, 운동에너지, 역학에너지는 어떻게 변하는지 알아보자.

만유인력과 위치에너지

질량이 있는 물질 사이에는 만유인력(universal gravitation)이 작용한다. 뉴턴은 만유인력의 세기가 질량에 비례하여 커지고, 두 질량 사이의 거리의 제곱에 반비례한다는 사실을 밝혀냈다. 이를 수식으로 쓰면 $F = G\frac{m_1 m_2}{r^2}$ 이다. m_1과 m_2는 각각의 질량이고, r은 두 질량 사이의 간격이다. G는 중력상수로 단위가 있는 비례상수다. $G = 6.674 \times 10^{-11} \mathrm{m}^3/(\mathrm{kg} \cdot \mathrm{s}^2)$ 이다.

$$\text{만유인력}: F = G\frac{m_1 m_2}{r^2}$$

만유인력은 중력을 표현하는 일반적인 힘의 형태이다. 두 물체 사이에 인력이 작용한다. 둘 사이에 작용하는 힘이 밀어내는 힘(척력)이 아니라는 것을 엄밀하게 표시하기 위해 힘에 −부호를 표시하기도 한다. 지상에서 갈릴레오가 발견한 중력가속도 $g=9.8\text{m/s}^2$는 만유인력과 밀접한 관련이 있다.

중력가속도 때문에 생기는 힘을 만유인력과 비교해보자. 질량이 m인 물체는 지상에서 중력 mg를 느낀다. 한편, 질량이 m인 물체가 지상에서 지구 때문에 받는 만유인력은 $F=GmM/R^2$이다. M은 지구의 질량이고, R은 지구의 반지름이다. 중력과 만유인력은 같아야 하므로, GM/R^2 $=9.8\text{m/s}^2$이 됨을 알 수 있다. 즉, 지상에서의 중력가속도 g는 지구의 질량과 지구의 반지름, 중력상수로 결정된다.

지상에서 높이 h의 위치에너지를 구해보자. 하늘로 올라가려면 만유인력에 대항하여 일을 해야 한다. 만유인력은 각 위치마다 다르기 때문에 우리가 작용해야 할 힘도 높이마다 달라진다. 이는 '힘−거리 그래프'에서 면적에 해당한다. 그러나 면적을 구하는 것은 쉽지 않다. 한 면이 곡선이기 때문이다(적분 지식을 이용하여야 한다). 면적을 구한 결과는 Gm_1m_2/r이다. r은 지구 중심으로부터의 거리이므로, $r=R+h$이다.

그런데 위치에너지는 상공으로 올라갈수록 커진다는 것을 기억하자. 힘−거리 그래프에서 찾은 면적은 r이 커질수록 오히려 작아진다. 이를 바로잡기 위해서 위치에너지에 −부호를 붙인다(−부호를 붙여야 하는 이유는 만유인력이 척력이 아니라 인력이기 때문이기도 하다). 따라서 지구 중심에서 r만큼 떨어져 있는 곳에서의 위치에너지는 $-Gm_1m_2/r$이다. 이 위치에너지의 최댓값은 0이다. 지구에서 가장 멀어질 때의 위치에너지가 0이 되도록 기준을 잡았기 때문이다.

만유인력에 의한 위치에너지 : $U = -G \dfrac{m_1 m_2}{r}$

생각해 보기_9 지상에서의 중력가속도는 상공으로 올라갈수록 줄어든다. 국제정거장 (International Space Station)은 지상 408km 상공에 있고, 달은 지구 중심에서 38,500km의 거리에 있다. 국제정거장과 달의 위치에서 지구 때문에 생기는 중력가속도를 구하고, 지상에서의 중력가속도 g=9.8m/s^{2}와 비교해보자(지구 반지름은 6,400km로 계산하자).

생각해 보기_10 만유인력을 이용하면 GM/R^2=9.8m/s^{2}의 관계가 있다. 이 식에서 지구의 질량을 알아내려면 지구의 반지름과 중력상수를 알아야 한다. 지구의 반지름과 중력상수는 어떻게 찾아냈는지 알아보자.

파워

　　　　　　'언덕을 오르는 강한 파워', 자동차 선전에 나
오는 문구다. 강한 파워란 무엇을 뜻하는가? 파워가 크다는 것은 언덕을
잘 오를 수 있다는 뜻인가? 파워와 에너지는 어떤 차이가 있는가?

　파워는 에너지와 밀접한 관련이 있다. 그러나 단위가 다르다. 파워
(power)는 단위시간당 쓰는 에너지, 또는 단위시간당 공급하는 에너지를
말한다. 파워를 일률이라고 부르기도 한다. 파워의 단위는 와트(Watt, 또는
W)이고 J/s와 같다. Δt에 해당하는 시간 ΔW의 일을 하는 경우, 이 일이
하는 파워는 $P=\Delta W/\Delta t$이다.

$$파워 : P = \frac{\Delta W}{\Delta t}$$

집에서 사용하는 전기에너지를 계산할 때 와트시(Wh)라는 단위를 쓴다. 와트시는 에너지를 나타낸다. 1와트시는 1와트 파워로 1시간을 쓴 에너지의 양을 말한다. 따라서 1와트시는 3600J에 해당된다.

자동차로 언덕길을 올라간다고 하자. 무게가 같은 두 차가 주행한다면 어떤 차가 언덕을 더 빨리 오를 수 있을까? 파워가 큰 차다. 언덕을 오르는 데 드는 에너지는 같지만, 얼마나 빨리 올라갈 수 있느냐는 다른 얘기다. 파워가 클수록 시간당 내는 에너지가 크다. 따라서 짧은 시간에 오를 수 있다.

무게가 다르면 어떤 결과가 나올까? 질량이 클수록 더 많은 위치에너지가 필요하다. 따라서 같은 시간에 같은 에너지가 나오려면 질량에 비례하는 파워가 필요하다. 질량이 10톤인 화물차와 1톤인 승용차의 경우 두 차가 같은 시간에 언덕을 오르려면 화물차는 10배의 파워가 필요하다 (자동차가 평지를 달리는 데 필요한 기본 에너지는 제외했다). 이 정도의 파워가 나오지 않는다면 화물차는 느리게 갈 수밖에 없다.

파워가 강하다는 말은 단위시간당 내는 에너지가 크다는 뜻이다. 파워는 얼마나 빨리 에너지를 소모하거나 생산할 수 있는지를 표시한다. 우리가 하루에 섭취하는 열량은 대략 3,000kcal 정도이다. 이 열량은 12,552kJ에 해당한다. 이 에너지를 하루 동안 모두 쓴다면 우리 몸이 내는 파워는 12,552kJ/24시간=145W이다. 만일 격렬한 운동을 하여 6시간 만에 발산한다면 파워는 870W가 되어 4배로 늘어난다. 우리나라의 발전용량은 2018년 1월 현재 116GW에 해당한다. 이는 1초에 116 $\times 10^9$J을 생산할 수 있음을 표시한다. 같은 에너지를 1초가 아니라 1일 (86,400초)에 걸쳐 생산한다면 파워는 1/86,400배가 된다.

파워를 표시할 때 마력이라는 단위도 쓰지만, 마력은 표준단위가 아니다. 1마력은 대략 735.5W에서 750W에 해당된다. 250마력과 50마력의 자동차는 일상생활을 하는 데 큰 차이가 없겠지만, 빨리 해치우고자 하는 성미 급한 사람에게는 차이가 크다. 같은 에너지를 5배 빠른 시간 안에 낼 수 있기 때문이다.

'힘이 세다'는 말과 '파워가 크다'는 말은 동일한 의미일까? 공통점이 있지만 다르다. 힘은 물체를 가속시킨다. 힘이 셀수록 가속을 크게 할 수 있는 능력이 있다. 파워가 크면 필요한 에너지를 빠른 시간 안에 만들어낸다. 파워가 크면 같은 일을 해도 빨리 끝낼 수 있다. 힘이 센 것과 파워가 큰 것은 빠른 시간 안에 목적을 달성할 수 있다는 점에서 공통점이 있다.

그러나 파워는 단위가 $W=Nm/s$이고, 힘은 단위가 N이다. 단위가 다르면 서로 다른 양이다. 그렇다면 파워는 힘과 어떤 관계에 있을까? 파워와 힘의 관계는 단위로 짐작할 수 있다. 단위로 유추하자면 '파워=힘×속도'라는 것을 짐작할 수 있다. 실제로 이 짐작이 맞다. 이것을 확인하려면 힘이 하는 일이 $\Delta W=F\Delta x$이라는 사실을 기억하면 된다. 일을 하는 데 걸린 시간을 Δt라고 하면 파워는 $P=\Delta W/\Delta t$이므로 $P=F\Delta x/\Delta t=Fv$라는 사실을 확인할 수 있다.

힘이 세면 물체의 속도를 빨리 가속시킬 수 있다. 가속도는 힘에 비례하기 때문이다. 같은 자동차를 10초 만에 90km/h로 속도를 올리는 경우와 5초 만에 90km/h로 올리는 경우에 드는 힘의 비는 1:2다.[4] 가속도의 비가 1:2이기 때문이다.

---

4 가속도를 처음부터 일정하게 유지시킨다고 가정하였다.

한편, 가속이 클수록 속력이 빨리 증가하므로, 가속이 클수록 운동에너지도 빨리 증가한다. 즉, 운동에너지가 빨리 증가할수록 파워가 크다는 것을 뜻한다. 90km/h의 속력을 얻기 위해 필요한 운동에너지를 5초 만에 얻는 경우는 10초 만에 얻는 경우에 비해 파워는 2배가 된다. 결국 파워가 크면 그만큼 빠른 시간에 가속할 수 있음을 알 수 있다. 힘이 세면 큰 파워를 낼 수 있다는 사실과 물체가 빨리 가속되면 큰 파워가 작용한다는 사실은 동전의 양면이다. '파워를 낼 수 있다'는 것은 에너지를 공급하는 측면에서 하는 말이고, '파워가 작용하고 있다'는 것은 에너지를 공급받는 입장에서 하는 말이다.

파워를 공급받아 운동에너지가 Δt 동안 $\Delta(KE)$만큼 커진다고 하자. 이때 공급받는 파워는 $P=\Delta(KE)/\Delta t$이다. 운동에너지가 $KE=\frac{1}{2}mv^2$이라는 것을 이용하면, 결국 파워는 $P=Fv$라는 사실과 같다.[5]

즉, 힘이 작용하여 일을 하면, 이 일로 인해 물체는 운동에너지를 가지게 된다. 단위시간 동안 얻는 운동에너지 역시 단위시간 동안 힘이 하는 일과 같다. 결국 보는 입장에 따라 힘이 일을 하는지, 아니면 운동에너지가 증가하는지를 다시 한 번 알려주는 셈이다.

운동에너지를 표현하는 다른 형태는 운동량으로 쓰는 방법이다. 운동량(momentum)은 $p=mv$로 정의한다. 따라서 운동에너지는 $KE=\frac{p^2}{2m}$로 표시한다. 물체가 힘을 받지 않는다면 운동에너지가 보존되므로 운동량도 보존된다.[6] 이 때문에 운동량이 때에 따라서는 유용하게 쓰인다(생각해보기

---

5 $P=\Delta(KE)/\Delta t=mv(\Delta v/\Delta t)$이다.

6 운동량은 크기와 방향이 있는 벡터량이다. 뉴턴 방정식을 사용하면, 힘이 없으면 운동량은 크기만이 아니라 방향도 변하지 않는다는 것을 확인할 수 있다.

(12) 참조).

생각해
보기_11 엘리베이터가 1m/s의 속력으로 오르내린다. 이 엘리베이터의 자체 질량은
500kg이다. 사람의 평균 질량을 60kg으로 생각하면, 6명이 탑승한 엘리베이
터에 작용해야 할 파워는 얼마나 될까? 10m/s로 움직이는 고속 엘리베이터의
경우에는 파워가 어떻게 변하는가? 엘리베이터가 비어 있는 상태로 오르내리
는 경우에 작용하는 파워를 줄일 수 있는 쉬운 방법은 무엇일까?

생각해
보기_12 힘은 $F=ma$이고, 이 힘은 속도의 변화량을 사용하여 $F=m\frac{\Delta v}{\Delta t}$로 쓸 수 있다.
한편 운동량은 $p=mv$이므로 $F=\frac{\Delta p}{\Delta t}$로 쓸 수 있다. 이처럼 운동량을 도입해서
힘을 표현하면, 힘이 작용하지 않으면 운동량이 시간에 따라 변하지 않는다는
것을 쉽게 알 수 있다. 입자가 1개가 아니라 2개 있을 때 운동량이 보존되는 경
우를 알아보자. (예: 당구공의 충돌)

알아두면 좋을 공식

❶ 운동에너지 : $KE=\frac{1}{2}mv^2$

❷ 힘이 해주는 일 : $\Delta W=F\Delta x$

❸ 지상에서 중력이 해주는 일 : $W=mgh$

❹ 용수철에 저장되는 위치에너지 : $U=\frac{1}{2}kx^2$

❺ 만유인력에 저장되는 위치에너지 : $U=-G\frac{m_1m_2}{r}$

❻ 에너지와 파워의 관계 : $P=\frac{\Delta W}{\Delta t}$

❼ 힘과 파워의 관계 : $P=Fv$

생각해보기_1

한 조각의 운동에너지는 1,250J이므로 50조각의
운동에너지는 1,250J×50=62,500J

생각해보기_3

높이 3m까지 올라갔던 그네가 아래로 떨어지는
높이 역시 3m이므로 일-에너지 정리를 이용하
면, 질량 M인 사람이 얻는 운동에너지는 $\frac{1}{2}Mv^2 =$
$M(9.8/s^2)(3m)$이다. 따라서 그네가 밑으로 내려
올 때 얻는 운동에너지로부터 속력은 7.7m/s임을
알 수 있다.

생각해보기_5

총알의 운동에너지는 $\frac{1}{2}(0.11kg)(40m/s)^2$=88J.
이 에너지는 용수철이 하는 일 $\frac{1}{2}k(0.01m)^2$와 같
아야 한다. 따라서 용수철 상수는 $1.76×10^6$N/m
이다.

생각해보기_7

용수철은 보존력이다. 압축된 용수철에 저장되는
위치에너지는 $\frac{1}{2}kx^2$=0.5J. 용수철이 원점으로 돌
아가면 위치에너지는 0이 되지만 대신 운동에너지
가 0.5J 생긴다.

생각해보기_9

중력가속도는 거리의 제곱에 반비례하므로, 우
주정거장에서의 중력가속도는 $g\left(\frac{6400}{6802}\right)^2$=0.885$g$=
8.7m/s². 달에서의 중력가속도는 $g\left(\frac{6400}{38400}\right)^2$=0.028$g$
=0.27m/s²이다.

생각해보기_11

총 질량 860kg이 받는 중력은 8,428N이다. 엘리베
이터는 8,428N의 힘을 반대로 작용하여 1m/s의
속력으로 움직이게 해야 하므로 작용해야 할 파워
는 $P=Fv$를 사용하면 8,428W이다. 10m/s로 움직
이는 고속 엘리베이터의 경우에는 파워가 10배 증
가한다. 엘리베이터가 비어 있는 상태로 오르내리
는 경우에 작용해야 할 파워를 줄일 수 있는 쉬운
방법은 엘리베이터가 평형을 유지하도록 500kg의
추를 반대편에 달면 된다.

1. 투수가 야구공을 150km/h의 속력으로 던진다. 공기 저항을 무시한다면 이 공이 허공으로 오를 수 있는 최대 높이는 얼마나 되는가?

2. 구기 종목마다 공이 움직이는 속력이 다르다. 배드민턴 셔틀콕의 속력은 330km/h, 골프공 310km/h, 탁구공 250km/h, 야구공 180km/h, 축구공 150km/h, 배구공 115km/h 등이 상한선이다. 공이 가지는 최대 운동에너지는 각각 얼마인가? 배드민턴 셔틀콕의 질량은 5.0g, 골프공 45.5g, 탁구공 2.7g, 야구공 145g, 축구공 410g, 배구공 260g 등이다.

3. 용수철로 이루어진 헬스 기구로 근육운동을 한다고 하자. 용수철을 늘일 때 근육이 일을 해야 하고, 용수철을 제자리로 가져다 놓을 때도 일을 한다. 용수철을 늘일 때 하는 일과 용수철을 제자리에 놓을 때 하는 일은 어떤 차이가 있을까? 헬스 기구의 용수철 상수는 $k=2,000$N/m이다. 용수철의 늘어나는 길이가 10cm이면, 헬스 기구를 한 번 늘였다 제자리로 돌아올 때 근육이 하는 일은 얼마일까?

4. 지구는 태양을 중심으로 공전한다. 지구의 공전궤도를 원이라고 생각하면 지구가 공전할 때 가지는 운동에너지는 얼마인가? 지구의 공전속력은 30km/s이고, 지구의 질량은 6×10^{24}kg이다.

5. 질량이 60kg인 사람이 40m 높이에서 번지점프를 한다. 로프의 길이는 20m이다. 점프를 하여 20m 높이를 내려올 때까지는 로프와 상관없이 자유낙하한다고 생각하자. 20m 아래로 떨어지면 비로소 로프가 늘어나기 시작한다. 로프가 늘어나는 길이는 최대 10m이다. 처음 20m 높이를 내려올 때 중력이 한 일은 얼마인가? 이때 사람의 운동에너지는 얼마가 되는가? 로프가 최대로 늘어나면 사람은 잠시 정지한다. 이 사람이 내려온 높이는 총 30m이다. 이때 로프에 저장된 위치에너지는 얼마일까? 이 에너지로부터 로프의 용수철 상수를 구해보자.

6. 지상에서 움직이는 물체가 높이 h에 있을 때, 중력에 의한 위치에너지는 보통 mgh로 쓴다. 한편, 위치에너지를 만유인력의 위치에너지로 표시하면 $-GmM/(R+h)$로 쓸 수 있다. 그렇다면 mgh와 $-GmM/(R+h)$는 어떤 관계에 있는가? 두 형태의 위치에너지를 각각 h의 함수로 그려보고, 두 양은 서로 어떤 관계로 연결되어 있는지 알아보자. (h는 R보다 아주 작다.)

7. 반원통형(half pipe) 슬로프에서 스노우보드를 탄다. 반원통의 너비는 20m, 높이는 6.7m이다. 꼭대기에서 정지 상태의 선수가 미끄러지기 시작하면서 원통형 바닥에 도달하면 선수의 속력은 얼마가 되는가? (마찰은 무시하자.)

8. 내리막길에서 트럭이 90km/h의 속력으로 내려온다. 내리막길에는 브레이크 고장에 대비해 비상도로를 만들어 놓고 있다. 비상도로는 보통 올라가는 경사도가 있는 형태로 만든다. 트럭이 안전하게 정지하려면 경사로의 길이는 얼마나 되어야 할까? 비상도로의 경사도는 30도이다. (마찰은 무시하자.)

9. 출력 30마력의 엔진을 장착한 자동차가 평지에 놓여 있다. 자동차와 운전자의 질량은 800kg이다. 정지한 상태에서 90km/h의 속도로 높이는 데 걸리는 시간은 최소한 얼마나 될까? (1마력은 750W로 계산하자.)

10. 승용차와 승객의 질량의 합이 1,500kg이라고 하자. 이 차는 정지 상태에서 5초 만에 100km/h로 가속시킬 수 있다. 5초 동안에 운동에너지는 얼마나 변했는가? 차에 장착된 엔진의 평균파워는 얼마인가?

11. 1톤 자동차를 10초 만에 90km/h로 속도를 올린다고 하자. 평균파워는 순간파워와 어떻게 다른가?

① 88.6m ② 배드민턴 셔틀콕 21J, 골프공 168J, 탁구공 6.5J, 야구공 181J, 축구공 356J, 배구공 133J ③ 20J ④ $2.7×10^{33}$J ⑤ 20m 높이를 내려올 때까지 중력이 한 일은 mgh=60×9.8×20J=11,760J. 이때 사람이 가지는 운동에너지는 '일-에너지 정리'를 쓰면 11,760J이다. 30m 높이를 내려올 때 중력이 하는 일은 mgh이므로 60×9.8×30J=17,640J이다. 로프가 최대로 늘어나면서 정지하면 역학에너지는 보존되므로 사람이 점프하기 전에 가지고 있던 위치에너지는 로프가 늘어날 때 필요한 용수철의 위치에너지로 모두 바뀐다. 즉 $\frac{1}{2}k(10m)^2$= 17,640J. 따라서 로프의 용수철 상수는 352.8N/m이다. ⑥ 지상에서 움직이는 물체가 높이 h에 있을 때, 중력에 의한 위치에너지를 mgh로 쓰는 것은 위치에너지가 0이 되는 기준점을 지면으로 잡았기 때문이다. 만유인력의 위치에너지는 기준점이 무한대에 있기 때문에 두 값을 비교하려면 기준점을 일치시켜야 한다. 지면에서의 위치에너지 값이 0이 되게 만들려면 $-GmM/(R+h)$에 GmM/R 값을 더해주면 된다. 즉 $U=GmM(-1/(R+h)+1/R)$. 그런데 높이 h는 지구 반지름 R에 비해 아주 작아서 $(-1/(R+h)+1/R)$을 h/R^2로 쓸 수 있다. 따라서 $U=m(GM/R^2)h=mgh$가 된다. 물론 $g=(GM/R^2)$이다. $(-1/(R+h)+1/R)$ $=h/R^2$이 되는 것은 그래프에서 확인해볼 수 있다. 또는 테일러 전개해도 같은 값을 얻을 수 있다.
⑦ 11.5m/s ⑧ 37m ⑨ 11.1s ⑩ 579kJ, 116kW ⑪ 평균파워=31.25kW

3장

마찰력은 움직이는 물체를
어떻게 정지시키는가

미끄러지면서 정지하기

주위에 있는 대부분의 물체들은 정지해 있다. 바람에 흔들리는 나뭇잎도 시간이 지나면 멈춘다. 산사태로 흙이 휩쓸려 내려간다고 해도 결국엔 멈추게 된다. 모든 물체들이 멈추게 되는 것은 자연의 이치처럼 보인다. 그러나 갈릴레오는 움직이는 물체가 정지하는 현상이 결코 보편적인 현상이 아니라는 것을 파악했다. 그리고 갈릴레오에 이어 뉴턴은 속도가 변하는 현상을 외부에서 작용하는 힘과 연결시켰다. 주위의 물체들이 정지하게 되는 이유는 물체에 힘이 작용하고 있기 때문이다.

이 단원에서는 물체를 정지시키는 원인이 되는 미끄럼 마찰력과 공기 저항 등을 다룰 예정이다. 이들은 보존력이 아니다. 대신 물체의 운동에너지를 열로 바꿈으로써 역학에너지를 사라지게 한다. 마찰력이 작용하여 물체를 정지시키는 방식을 알아보자.

도로에서 차가 미끄러지면서 남기는 타이어 자국

달리는 자동차를 정지시키려면 운전자는 차의 브레이크를 밟는다. 대부분의 경우에는 우리가 원하는 대로 차가 멈추지만, 급정거를 하면 자동차의 바퀴가 미끄러지면서 제동력을 상실한다. 자동차 경주에서는 미끄러지는 현상을 감안하여 커브 길에서 빠른 속도 경쟁을 벌이기도 한다.

차가 미끄러지면 도로 위에 타이어 자국이 남는데, 이 자국을 '스키드 마크(skid mark)'라고 한다. 차가 남긴 미끄럼 자국의 길이를 보면 자동차의 속도가 미끄러지는 동안 어느 정도 줄어들었는지 짐작할 수 있다. 이 때문에 타이어 자국은 움직이던 자동차의 상황을 재현할 수 있는 단서가 된다.

미끄러진다는 것은 자동차의 속도를 줄이는 과정이다. 도로 바닥은 미끄러지는 동안에 자동차가 진행하는 것을 방해하는 힘을 타이어에 작용한다. 이처럼 물체가 미끄러질 때 물체의 움직임을 방해하는 힘을 미끄럼 마찰력(kinetic friction force)이라고 하자.[1] 미끄러지는 동안 자동차에 작용하

---

1 미끄럼 마찰력을 운동 마찰력이라고도 한다. 그러나 운동 마찰력이라는 용어는 때로 혼란을 일으키기 때문에 이 책에서는 미끄럼 마찰력이라는 용어를 사용하기로 한다. 자동차가 미끄러지지 않고 타이어가 구르면서 정지하는 경우에도 마찰력이 작용하는데, 이때 작용하는 힘은 정지 마찰력이라고 한다.

는 미끄럼 마찰력을 알면, 뉴턴의 운동방정식 $F=ma$로부터 속도가 얼마나 빠르게 줄어드는지 알 수 있다.

마찰력은 접촉하는 두 물체 사이에 작용하는 힘이다. 경험적으로 볼 때, 마찰력은 항력에 비례한다. 항력(normal force)이란 바닥이 물체를 받쳐주는 힘이다. 바닥이 수평이면 바닥이 떠받쳐주는 힘은 무게와 같다. 따라서 이 경우 항력은 무게와 같다(바닥이 경사져 있다면 항력은 무게보다 줄어든다). 항력을 N이라고 표시하면 마찰력은 $F=\mu N$이다. 두 힘 사이의 비례상수 μ는 마찰계수(coefficient of friction)라고 한다.

마찰력 : $F = \mu N$; μ는 마찰계수

물체가 주어지면 무게는 이미 결정되므로 마찰력의 크기는 마찰계수에 따라 달라진다. 물체의 움직임에 따라 마찰계수가 달라지므로, 물체가 미끄러지는 경우에는 미끄럼 마찰계수(kinetic friction coefficient), 물체가 정지하거나 바퀴가 미끄러지지 않는 굴러가는 경우에는 정지 마찰계수(static friction coefficient)라고 구분한다. 이뿐 아니라 접촉하는 두 면의 상태에 따라서도 그 값이 달라진다.

자동차가 도로에서 미끄러지는 경우 미끄럼 마찰계수는 노면과 타이어의 접촉상태에 따라서 달라진다. 아스팔트로 포장된 길이 말라 있으면 미끄럼 마찰계수가 0.8 정도이지만 젖어 있으면 0.25까지 떨어진다. 타이어가 마모되어 있으면 마찰계수는 이보다 더 줄어든다.

이 때문에 노면의 상태뿐 아니라 타이어의 마모상태가 자동차의 안전

에 중요한 요소로 작용한다.

자동차가 평평한 길에서 미끄러질 때 속도가 줄어드는 현상을 분석해 보자. 미끄럼 마찰계수는 자동차가 미끄러지는 동안 크게 변하지는 않는 다. 노면의 경사가 일정하므로 항력도 변하지 않는다. 그 결과 물체가 미 끄러지는 동안에는 미끄럼 마찰력이 일정하게 작용한다고 볼 수 있다. 미 끄럼 마찰력이 일정하면 가속도도 일정하므로 속도가 일정하게 줄어든 다. 결국 마찰력은 속도를 일정하게 줄어들게 하는 역할을 한다. 속도가 감소하는 상황을 확실히 표시하기 위해서, 가속도에 −를 붙이기도 한다.

물체가 마찰력 때문에 정지하면 운동에너지가 사라진다. 물체가 처음 움직이는 속력을 v_0라고 하면, 물체가 처음에 가지고 있던 운동에너지는 $KE = \frac{1}{2}mv_0^2$이다. 이 에너지는 마찰력이 작용하는 과정에서 사라진다. 정 지하는 시간에 걸쳐 사라지는 총 에너지는 처음 가지고 있던 운동에너지 와 같다.

한편, 마찰력이 작용하여 사라지는 파워는 속도에 비례한다. $P = Fv = \mu Nv$이다. μN은 일정하므로, 사라지는 총 에너지는 파워×시간=힘×거 리=μNs이다. s는 정지할 때까지 움직이는 거리(자동차의 제동거리)이다. 결 국 사라진 에너지와 자동차의 운동에너지는 같으므로 $\frac{1}{2}mv_0^2 = \mu(mg)s$ 가 되고, 따라서 제동거리는 $s = \frac{1}{2}v_0^2/(\mu g)$가 된다.

$$제동거리 = \frac{1}{2}\frac{v_0^2}{\mu g}$$

제동거리는 뉴턴의 운동방정식을 사용하여 찾을 수도 있다.

물체가 줄어드는 속도는 마찰력이 클수록 더 빨리 줄어든다. 속도가 줄어드는 모습을 그림으로 그려보자. 이 그래프에서 가속도는 기울기에 해당한다.

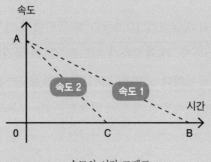

속도와 시간 그래프

'속도 1'과 '속도 2'를 비교해보자. 속도가 줄어드는 비율은 '속도 2'가 더 크다. 속도변화가 더 크다는 것은 가속도가 더 크다는 것을 뜻한다. 즉, 자동차에 더 큰 마찰력이 작용하고 있다는 뜻이다.

자동차의 제동거리(멈출 때까지 간 거리)는 어떻게 구할 수 있을까? 속도가 시시각각 변하기 때문에, 단순히 '속도×시간'으로 표시할 수 없다. 시간 간격을 촘촘하게 나누어 각 시간마다 움직인 거리를 구한 후 이를 다 더해야 한다(적분이다). 그 결과는 '속도와 시간 그래프'에 있는 삼각형의 면적이 된다. 그림에서 보면, '속도 2'에 의한 제동거리는 '속도 1'에 의한 제동거리보다 짧다. 즉, 제동거리는 마찰력이 클수록 짧아진다는 것을 알 수 있다.

그림에서 제동거리는 $s=\frac{1}{2}v_0 t_{\bar{s}}$이다. 여기에서 v_0는 미끄러지기 시작할 때의 속도이고, $t_{\bar{s}}$은 차가 정지할 때까지 걸린 시간(제동시간)이다. 제동시간은 초속도와 가속도로 표현할 수 있다. 삼각형에서 기울기는 가속도에 해당하므로, 가속도는 $a=v_{\bar{s}}/t_{\bar{s}}$이다. 운동법칙을 사용하면, 마찰력과 제동시간의 관계는 $F=ma=mv_0/t_{\bar{s}}$이다.

한편, 차를 감속시키는 미끄럼 마찰력은 $F_{\text{미끄럼}}=\mu N$이고, 평지에서 항력 N은 무게이므로 $F_{\text{미끄럼}}=\mu mg$으로 쓸 수 있다. 이 관계식을 사용하면 $ma=\mu mg$이므로, 제동시간은 $t_{\bar{s}}=v_0/(\mu g)$이다. 제동시간 역시 마찰계수에 반비례한다. 제동시간을 이용하여 제동거리를 다시 쓰면, $s=\frac{1}{2}v_0 t_{\bar{s}}=s=\frac{1}{2}\frac{v_0^2}{Mg}$가 된다. 이 결과는 사라지는 운동에 너지를 이용하여 계산한 결과와 같다.

뉴턴 방정식은 제동시간, 제동거리 등을 자세히 구할 수 있지만, 각 단계의 계산과정을 거쳐야만 결과를 찾아낼 수 있다. 이와 달리 에너지와 파워는 같은 결과를 훨씬 쉽게 찾을 수 있는 장점이 있다.

　질량이 1톤인 화물차가 100km/h로 달리다가 급정거를 했지만, 결국 미끄러졌다고 하자. 이 화물차가 미끄러지면서 남긴 바퀴자국의 길이는 얼마나 될까? 타이어와 도로면의 미끄럼 마찰계수는 0.8로 계산하자.

　미끄럼 마찰력 때문에 생기는 가속도는 μg=7.8m/s^{2}이고, 초속도는 100km/h=27.8m/s이므로, 제동거리는 $s=\frac{1}{2}v_0{}^2$을 이용하면 50m가 된다. 제동시간은 $t_\text{총}=v_0/(\mu g)$=(27.8m/s)/(7.8m/s^2)=3.6초가 된다.

　제동거리는 자동차의 무게와는 상관이 없다. 중요한 것은 초속도와 도로의 마찰계수이다. 화물차나 승용차나 상관없이 속도 100km/h로 달리다가 일단 미끄러지면 적어도 50m 이상을 미끄러지게 되어 있다. 실제로 고속도로에서 주행하다가 미끄러지면 정지하기까지 50m 이상 진행한다. 운전자가 상황을 인지하고 브레이크를 밟는 데 시간이 걸릴 수도 있다. 예를 들어 0.5초의 시간이 흐른 후 반응한다면 자동차는 이미 14m를 진행하고 있다. 또한 타이어가 닳아 있다면 마찰계수는 0.8보다 적을 수도 있다. 이에 따라 자동차가 완전히 멈추기 전까지는 50m보다 먼 거리를 간다. 이러한 여러 가지 이유로 차간거리를 100m 이상 유지하라고 경고하고 있다.

　더욱이 노면이 젖어 있다면 미끄러지는 거리는 훨씬 늘어난다. 노면상태 때문에 마찰계수가 0.4로 줄었다면, 0.8의 경우에 비해 마찰력은 1/2배가 된다. 이 경우 가속도(시간에 따라 속도가 줄어드는 비율) 역시 1/2배가 된다. 이에 따라 속도가 천천히 줄어들고, 정지하는 데 걸리는 시간은 2배로 늘어난다. 결국 미끄러지는 거리는 2배가 늘어난다. 빙판길에서 마찰계수는 더욱 줄어든다. 마찰계수가 0.1로 줄어들면 마찰력은 1/8배가 되고, 이에 따라 미끄러지는 거리는 8배로 늘어난다.

**생각해
보기_1** 비오는 날 10톤 화물차가 80km/h로 달린다고 하자. 화물차가 미끄러지면서 정지할 때 자동차에 작용하는 미끄럼 마찰력을 구하고, 미끄러질 때 제동거리를 계산해보자(타이어와 도로면의 마찰계수는 0.4로 생각하자).

**생각해
보기_2** 도로면이 경사져 있을 때는 항력이 무게보다 작아진다. 이에 따라 마찰력도 작아지는 것을 확인하자.

경사면에서는 항력이 무게보다 작다.

(출처: 위키피디아 ⓒ Mak kuyper)

공기저항 때문에 정지하기

자동차가 평지를 달릴 때 변속기어를 N으로 바꾸면 자동차는 엔진의 도움 없이 관성으로 달린다. 이때 자동차는 미끄러지지 않으므로 타이어와 도로 사이의 미끄럼 마찰력은 무시해도 된다. 그렇다면 평지에서 굴러가는 자동차는 속도 변화 없이 관성으로 움직일까? 실제로는 그렇지 않다. 자동차를 정지시키는 방해 요소가 없어도 상당한 거리를 달리고 나면 결국 정지한다. 자동차의 움직임을 방해하는 요소가 미끄럼 마찰력만이 아님을 보여준다.

자동차의 움직임을 방해하는 중요한 요소는 공기저항이다. 공기저항도 속도를 줄이는 역할을 한다. 공기저항을 줄이기 위해 차량의 모양을 유선형으로 만든다. 유선형은 보기에 좋을 뿐 아니라, 차량의 연비를 올리는 역할도 한다.

공기저항의 효과는 속력에 따라 달라진다. 속력이 크지 않을 때는 공기

저항력이 속력에 비례하지만, 속력이 상당히 빠른 경우에는 제곱에 비례한다. 공기저항이 없다고 가정해보자. 빗방울이 하늘에서 떨어지기 시작하면 중력 때문에 자유낙하 한다. 자유낙하 하는 빗방울의 속도는 시간에 비례하여 계속 증가한다. 자유낙하 하는 속도는 지상에 도달하면 엄청나게 커진다. 예를 들어 1km 상공에서 자유낙하 하면 지상에 도달할 때의 속도는 140m/s=504km/h가 되어야 한다.[2] 그러나 빗방울이 떨어지는 것은 자유낙하와는 다르다. 공기저항 때문이다. 빗방울의 크기에 따라 속력이 약간씩 다르지만, 실제로 빗방울의 낙하속도는 굵은 빗방울의 경우에도 10m/s를 넘지 않는다.

공기저항은 빗방울의 속도가 시간에 비례해서 증가하지 못하도록 방해한다. 결국 빗방울은 낙하하면서 일정속도로 접근하게 된다. 이 속도를 종단속도(terminal velocity)라고 한다. 종단속도는 빗방울의 크기에 따라 다르다. 빗방울과 우박의 경우에도 차이가 난다. 빗방울과 달리 우박의 경우에는 50m/s에 달하기도 한다. 빗방울과 우박은 왜 이런 차이가 날까?

낙하하는 물체에 작용하는 힘은 중력과 공기 마찰력이다. 중력 때문에 생기는 가속도는 물체의 종류나 질량과 상관없이 9.8m/s^{2}이다. 마찰력이 없다면 모든 물체는 낙하하는 모습이 같아야 한다. 그러나 마찰력이 있다면 가속도가 달라진다. 질량이 클수록 마찰력에 의해 생기는 가속도가 줄어들기 때문이다.

중력은 낙하하는 방향으로 힘이 작용하고 마찰력은 움직이는 방향과 반대 방향으로 힘이 작용하므로, 중력과 마찰력 때문에 생기는 총 가속도

---

2 매가 먹이를 잡기 위해 수직으로 강하하는 속도는 300km/h 이상이다. 매는 공기저항을 줄이기 위해 날개를 접고 유선형으로 내려간다.

는 질량이 클수록 $9.8m/s^2$에서 크게 벗어나지 않는다(총 가속도는 $9.8m/s^2$에서 마찰력에 의해 생기는 가속도를 빼야 한다). 따라서 질량이 큰 우박은 빗방울보다 마찰력의 영향을 덜 받는다. 결과적으로 우박이 빗방울보다 더 빠르게 낙하한다.

스카이다이버가 공중에서 팔을 벌리고 낙하한다. 스카이다이버가 낙하하는 경우, 낙하산을 펴지 않고 공기저항을 줄인다면 종단속도는 약 200km/h 정도에 달한다. 그러나 낙하산을 펴면 종단속도는 24km/h 정도까지 줄어든다.

스카이다이버가 받는 힘은 일반적으로 속력의 제곱에 비례한다. 공기저항력을 $F=\eta v^2$라고 쓰면 비례상수는 $\eta=0.23$kg/m이다. 스카이다이버의 총 질량은 $M=60$kg이라 생각하고, 상공에서의 중력가속도는 지상과 크게 다르지 않으므로 $g=9.8$m/s^{2}라 하자. 중력과 공기저항력이 작용하는 힘을 이용하면 속도가 변하는 모습을 알 수 있다. 시간을 0.1s 간격으로 나누어 스카이다이버의 속도를 표로 만들어보고, 이를 이용해 속도를 시간의 그래프로 그려보자.

다음은 야구공이 그리는 궤적을 나타낸 것이다. 공기가 없을 때와 공기가 있을 때 달라지는 모습이다. 공기저항 때문에 실제 궤적은 야구공이 솟을 때와 내려올 때가 대칭적이지 않다. 그 이유는 무엇일까? 이 그래프에서 야구공을 멀리 보내려면 타자는 공을 어느 각도로 쳐야 유리할까?(힌트 : 공이 수직으로 올라가는 시간과 내려오는 시간을 비교해보자. 또한 공이 수평으로 진행하는 속도에 주목하자. 공기저항이 없다면 수평속도는 일정하지만, 공기저항이 있으면 시간이 갈수록 속도가 느려진다. 야구공이 하늘에서 내려와 수평으로 진행하는 거리와 공이 하늘로 솟구치는 동안 수평으로 진행하는 거리를 비교해보자.)

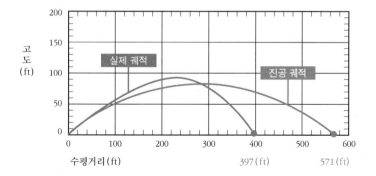

공기 중의 야구공 궤적

(출처: http://webusers.npl.illinois.edu/~a-nathan/pob/carry/carry.html)

미끄러지지 않고 정지하기

무거운 피아노를 다른 방으로 옮기고 싶다. 피아노를 밀어보지만 피아노는 꿈쩍도 하지 않는다. 정지해 있는 피아노가 밀리지 않는 것은 정지 마찰력 때문이다. 정지 마찰력은 정지한 물체가 미끄러지지 않게 방해하는 힘이다. 무거울수록 정지 마찰력이 크다. 정지 마찰력 또한 항력에 비례한다.

무거운 피아노를 어떻게 옮기는 것이 좋을까? 한 가지 방법은 피아노 밑에 담요를 깐 후 담요를 잡아당기는 방법이다. 바닥과 담요 사이에 작용하는 정지 마찰력은 바닥과 피아노 사이에 작용하는 정지 마찰력에 비해 무시할 정도로 작다(마찰계수가 다르다). 바닥에 깔린 담요 덕분에 피아노는 쉽게 움직이기 시작하고, 일단 움직이면 쉽게 미끄러진다.

또 다른 방법으로는 피아노를 바퀴가 있는 수레에 올려놓고 수레를 미는 방법이다. 피아노를 수레에 올려놓으면 왜 쉽게 굴러갈까? 바퀴에 작

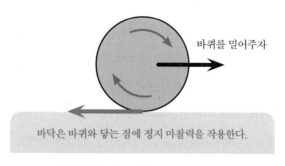

바퀴를 밀어주자

바닥은 바퀴와 닿는 점에 정지 마찰력을 작용한다.

정지 마찰력은 바퀴가 미끄러지지 않게 한다.

용하는 정지 마찰력은 바퀴가 미끄러지지 못하게 방해하는 역할을 한다. 정지 마찰력 때문에 바퀴는 미끄러지지 못하지만 굴러갈 수 있다. 바퀴는 바닥이 미끄럽지 않을 때 정지 마찰력이 작용하고, 쉽게 굴러갈 수 있다.

정지 마찰력은 우리 주위 어디나 존재하기 때문에 정지 마찰력의 위력을 실감하는 것은 마찰력이 사라지는 경우이다. 자동차가 도로를 주행할 수 있는 것은 타이어와 도로 사이에 작용하는 정지 마찰력이 있기 때문이다. 그러나 도로가 얼음판으로 변하면 정지 마찰력이 작아지면서 운전에 큰 어려움을 겪게 된다. 만약 정지 마찰력이 사라진다면 자동차는 도로 위를 달릴 수가 없다. 바퀴가 헛돌기 때문이다. 바퀴가 헛돈다는 것은 타이어가 미끄러진다는 뜻이다. 정지 마찰력 덕분에 타이어는 도로 위에서 미끄러지지 않고 회전할 수 있다.

눈길에 정지해 있던 차를 움직이려 할 때 바퀴가 헛도는 것 역시 정지 마찰력이 약해져서 생기는 현상이다. 눈길을 걸을 때 미끄러지는 것 역시 정지 마찰력이 줄어들어 생기는 현상이다. 젖은 눈길에서는 정지 마찰력이 마른 길에 비해 반 이하로 줄어든다. 젖은 눈길이라면 정지 마찰력이 10% 이하로 떨어진다. 기차가 레일 위에서 제대로 달릴 수 있는 것 역시 기차 바퀴가 레일 위에서 헛돌지 않기 때문이다. 바퀴가 헛돌면 레일에서 미끄러지기 때문에 기차는 달릴 수 없다. 기차는 레일에서 바퀴가 미끄러지지 않게 모래를 레일 위에 뿌리면서 달린다.

정지 마찰력의 특징은 미끄러지는 것을 막아준다는 점이다. 바닥에 놓인 무거운 탁자를 밀어보자. 힘을 주어 밀어도 탁자가 끄떡하지 않는다면 이것은 정지 마찰력이 작용하고 있기 때문이다. 그런데 정지 마찰력은 미끄럼 마찰력과 달리 마찰력이 일정하지 않다. 우리가 힘을 주어 밀면, 이 힘에 대응하는 똑같은 크기의 힘이 정지 마찰력으로 작용한다. 작은 힘으로 밀면 작은 정지 마찰력이 작용하고, 큰 힘으로 밀면 큰 정지 마찰력이 작용한다. 탁자가 미끄러지기 직전까지는 탁자를 밀어주는 힘의 크기에 따라 각기 다른 정지 마찰력이 작용한다. 이처럼 정지 마찰력의 크기는 상황에 따라 달라진다. 이 때문에 정지 마찰력을 말할 때는 최대 정지 마찰력을 뜻한다. 최대 정지 마찰력이란 미끄러지기 직전까지 가능한 최대의 힘으로 밀어줄 수 있는 힘을 말한다. 이것은 최대 정지 마찰력 이상으로 밀어주어야만 물체가 미끄러지기 시작한다는 것을 뜻한다.

최대 정지 마찰력도 미끄럼 마찰력처럼 항력에 비례한다. 그러나 비례상수는 미끄러질 때와 다르다. 최대 정지 마찰력을 나타내는 비례상수를 정지 마찰계수라고 한다.

최대 정지 마찰력 : $F = \mu_s N$; μ_s는 정지 마찰계수

일반적으로 정지 마찰계수는 미끄럼 마찰계수보다 약간 크다. 정지 마

찰계수가 미끄럼 마찰계수보다 크다는 것은 여러 가지로 확인할 수 있다. 무거운 탁자를 밀어보자. 탁자가 일단 미끄러지기 시작하면 밀던 힘보다 약간 힘을 줄여도 탁자는 계속 미끄러진다. 최대 정지 마찰력이 미끄럼 마찰력보다 약간 크기 때문이다. 결과적으로 정지 마찰계수가 미끄럼 마찰계수보다 크다는 것을 알 수 있다.

빙판길을 걷는다고 생각해보자. 우리가 도로를 걸을 수 있는 것은 신발 바닥이 도로면을 밀어주기 때문이다. 신발이 미끄러지지 않는다면, 이때는 정지 마찰력이 작용하고 있다는 신호다. 그런데 급하게 길을 가려고 최대 정지 마찰력보다 큰 힘으로 신발이 도로를 민다면 신발은 미끄러지기 시작한다. 그리고 많이 경험하는 것이지만, 빙판길에서 일단 미끄러지면 쉽게 넘어진다. 최대 정지 마찰력이 미끄럼 마찰력보다 크기 때문에 일어나는 현상이다.

빙판에서 넘어지는 현상을 좀 더 자세히 살펴보면 다음과 같다. 우리가 바닥을 미는 힘이 최대 정지 마찰력을 넘으면, 신발이 미끄러진다. 일단 미끄러지면, 신발과 빙판 사이에 정지 마찰력이 아니라 미끄럼 마찰력이 작용한다. 우리가 작용하는 힘은 최대 정지 마찰력이고, 바닥이 우리에게 작용하는 힘은 미끄럼 마찰력이다. 우리가 작용한 힘이 바닥이 작용하는 힘보다 크기 때문에 두 힘의 차이가 신발을 가속시킨다. 가속도 때문에 신발의 속도 변화가 생기는데, 이 속도 변화에 대해 우리 몸이 재빨리 반응하지 못하면 우리 몸은 결국 넘어진다.

미끄럼 마찰력이 최대 정지 마찰력보다 작다는 사실은, 때로 안전에 중요하게 작용한다. 특히 이 사실은 미끄러운 길에서 자동차 사고를 예방하기 위한 수단으로 활용할 수 있다. 미끄러운 길에서 자동차를 정지시키려면 미끄럼 마찰력보다는 최대 정지 마찰력을 이용하는 것이 더욱 효과적이기 때문이다.

운전자가 자동차를 정지시키려면 차의 브레이크를 밟는다. 브레이크의 역할은 타이어가 회전하지 못하게 하는 것이다. 타이어가 회전하지 못해도 자동차는 움직이던 관성 때문에 앞으로 나가려고 한다. 이때 타이어와 도로면 사이에 마찰력이 작용하면 그 결과 차의 속도가 줄어든다. 그런데 급정거를 하게 되면 보통 타이어가 도로면에서 미끄러진다. 타이어가 미끄러지면 미끄럼 마찰력이 작용한다. 더구나 타이어가 미끄러지면 핸들을 이용하여 자동차가 움직이는 방향을 제어할 수 없기 때문에 사고로 이어질 가능성이 높다. 따라서 가능하면 타이어가 미끄러지지 않도록 예방하는 것이 안전에 큰 도움이 된다.

만약 브레이크를 밟을 때 타이어가 도로면에서 미끄러지지 않게 타이어를 제어할 수 있다면 미끄럼 마찰력 대신에 최대 정지 마찰력을 이용할 수 있다. 이 경우에는 최대 정지 마찰력이 미끄럼 마찰력보다 크기 때문에 자동차의 제동거리가 더 짧아진다. 어떻게 하면 타이어가 미끄러지지 않도록 제어할 수 있을까? 타이어가 미끄러지지 않는 조건은 브레이크를 밟을 때 타이어와 도로면 사이에 작용하는 힘이 최대 정지 마찰력보다 커지지 않게 브레이크의 힘을 조절하는 것이다. 이렇게 브레이크를 조절할 수 있도록 설계한 브레이크를 ABS(Anti-lock brake system)라고 한다. ABS는 (최대) 정지 마찰력을 이용하여 자동차가 멈추도록 설계한 브레이크다.

생각해
보기_5

자동차를 출발시킬 때는 1단의 기어를 사용한다. 1단의 기어가 자동차의 엔진에서 나오는 최대의 힘을 바퀴에 전달해주기 때문이다. 기어의 단수가 높아질수록 바퀴에 전달하는 힘은 줄어든다. 한편, 눈길에서는 기어를 1단으로 놓고 차를 출발하면 바퀴가 헛돈다. 오히려 기어를 2단으로 놓고 출발하면 문제가 없다. 눈길에서는 바퀴가 헛도는 경우에 1단 대신 2단 기어로 출발할 수 있는 이유는 무엇일까?

생각해
보기_6

스키는 눈 위의 경사면에서 미끄러지는 현상을 이용한다. 스키가 출발하면 미끄럼 마찰력이 스키 바닥에 작용한다. 움직이는 스키를 정지시키려면 보통 스키의 옆날(엣지)을 이용한다. 이것은 미끄럼 마찰력을 이용하는 것인가, 아니면 정지 마찰력을 이용하는 것인가? 한편, 크로스컨트리 스키는 평지에서 스키를 이용한다. 평지에서 움직이려면 눈 위로 스키를 밀어주어 반작용의 추진력을 받아야 한다. 평지에서 스키를 움직이게 하는 효과적인 힘은 미끄럼 마찰력인가, 아니면 정지 마찰력인가?

알아두면 좋을 공식

❶ 마찰력과 항력 : $F = \mu N$ (μ는 마찰계수)

❷ 미끄러질 때 제동거리 : $\dfrac{1}{2} \dfrac{v_0^2}{\mu g}$

생각해보기_1

미끄럼 마찰력=0.4×10,000kg×9.8m/s² =39,200N이다. 초속도는 22.2m/s이고, 이 화물차의 제동 거리는 $\frac{1}{2}\frac{(22.2)^2}{0.4\times9.8}$ m=63m이다.

생각해보기_3

중력과 공기저항력이 작용하는 힘은 $F=mg-\eta v^2$로 쓸 수 있다. η=0.23kg/m. 뉴턴의 운동방정식 $F=ma$를 이용하여 가속도와 속도의 표를 만들 수 있다. 시간을 0.1초 간격으로 나누면 다음과 같은 데이터가 나온다.

시간(초)	속도(m/s)	가속도(m/s²) = $g-\eta v^2/M$
0	0	9.80
0.1	0.98	9.79
0.2	1.96	9.79
0.3	2.94	9.77
0.4	3.91	9.74
0.5	4.89	9.71
0.6	5.86	9.67
0.7	6.82	9.62

다음은 엑셀파일로 데이터 도표를 만든 후 속도를 시간의 함수로 그린 그래프이다. 처음에 속도는 시간에 비례해서 증가하는 경향을 보이지만, 시간이 지날수록 속도가 증가하는 정도가 줄어든다. 공기저항 때문에 시간이 지나면 결국 일정 속도에 도달하게 된다. $F=mg-\eta v^2=0$일 때 속도가 변하지 않으므로 종단속도는 $\sqrt{Mg/\eta}$ =50.6m/s =182km/h이다.

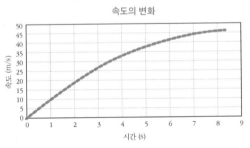

속도의 변화

생각해보기_5

눈길에서는 바퀴가 헛도는 경우에 2단으로 놓고 출발하면 바퀴에 전달되는 힘이 최대 정지 마찰력보다 작기 때문에 바퀴가 미끄러지지 않는다.

1. ABS 브레이크를 사용하는 차가 과속하여 120km/h로 달리다가 급정거를 한다. 이 차의 제동거리는 최대 얼마가 되겠는가? 타이어와 도로면의 미끄럼 마찰계수는 0.8이고, 정지 마찰계수는 1이다.

2. 경사진 스키장에 스키가 멈추어 있다. 이 스키를 정지시키는 힘은 미끄럼 마찰력인가, 아니면 정지 마찰력인가? 경사가 일정 각도 이상이 되면 스키가 정지할 수 없다. 그 이유는 무엇인가? 스키를 타고 서 있을 때 미끄러지기 시작하는 경사각은 얼마인가? 미끄럼 마찰계수는 0.3이다.

3. 경사진 도로에서 자동차가 미끄러지는 경우를 생각해보자. 미끄러지면서 정지하는 모습은 내리막길과 오르막길에서 어떻게 차이가 나는가?

4. 지름이 0.5cm이고 질량이 0.065g인 빗방울의 종단속도는 9m/s이다. 공기에 저항력이 $-\eta v^2$이라면 공기저항계수는 얼마나 될까?

① 미끄러질 때의 제동거리는 71m이다. 미끄러지지 않고 최대 정지 마찰력을 계속 사용할 수 있다면 0.8배에 해당하는 57m로 제동거리를 줄일 수 있다. ② 정지 마찰력. 중력은 빗면에 수직으로 항력을 만들기도 하지만, 빗면 방향으로는 스키가 내려가도록 힘을 작용하기도 한다. 빗면의 경사각을 θ라고 하면, 항력은 $mg \cos\theta$이고, 빗면방향으로 내려가도록 작용하는 힘은 $mg \sin\theta$이다. 따라서 $g \sin\theta > \mu g \cos\theta$이 될 때 미끄러져 내려간다. 경사각이 $\tan\theta > 0.3$ 이상이 되면 미끄러지기 시작한다. 이 각은 약 17도이다. ③ 미끄럼 마찰력은 오르막이나 내리막이나 똑같이 속도를 감소시키는 역할을 한다. 그러나 경사진 곳에서는 중력의 역할도 고려해야 한다. 오르막길에서 중력은 차의 속도를 감소시키는 역할을 하지만, 내리막길에서 중력은 반대로 속도를 증가시키는 역할을 한다. 경사각을 θ라고 하자. 내리막길에서는 마찰력이 $\mu mg \cos\theta$로 방해하고 중력은 $mg \sin\theta$로 속도를 증가시키려고 한다. 따라서 내리막길에서의 가속도는 $g \sin\theta - \mu g \cos\theta$가 된다. +부호는 증가시키는 역할을 표시하고, -부호는 감소시키는 역할을 표시한다. 오르막길에서는 마찰력과 중력이 모두 속도를 감소시키는 역할을 하므로, 가속도는 $-g \sin\theta - \mu g \cos\theta$가 된다. ④ 중력과 마찰력이 빗방울에 작용하는 힘은 $F = mg - \eta v^2$이다. $F = 0$일 때 종단속도에 도달하므로, 종단속도는 $v_0^2 = mg/\eta$이므로 $\eta = mg/v_0^2$의 관계가 있다. 빗방울의 질량 0.065g이 종단속도 9m/s가 되려면 $\eta = 7.9 \times 10^{-7}$kg/m임을 알 수 있다.

4장

주기운동은 어떻게 다루는가

원운동과 각속도

주변에 있는 물체가 아주 먼 곳으로 계속하여 이동하는 일은 거의 없다. 물체는 대부분 주변에서 계속 맴돈다. 그리고 주기적으로 반복하여 움직이기도 한다. 주기를 가지고 움직이는 운동을 주기운동(periodic motion)이라고 한다. 등속으로 회전하거나 단진동하는 모습은 대표적인 주기운동이다. 등속 원운동은 원을 따라 움직일 때 일정 속력으로 움직인다. 단진동(simple harmonic oscillation)은 물체의 위치가 시간에 따라 사인이나 코사인 모양으로 일정하게 반복한다.

지구는 태양을 중심으로 공전한다. 지구의 공전궤도는 원에 가깝고, 공전궤도를 따라가는 속력(공전 속력) 또한 거의 일정하다. 따라서 지구의 공전은 등속 원운동으로 근사할 수 있다. 등속 원운동(uniform circular motion)이라는 뜻은 원주 방향으로 움직이는 속력이 일정하다는 뜻이다. 우주 정거

93

장 역시 원 궤도를 따라가는 등속 원운동을 하고 있다.

회전하는 운동에서는 각이 중요한 역할을 한다. 각은 물체가 어떤 방향에 있는지를 표시한다. 일상생활에서는 방향을 각도로 표시한다. 북쪽을 기준으로 삼아 0도라고 표시하면, 서쪽은 +90도, 동쪽은 −90도로 표시할 수 있다.

회전하는 물체의 방향이 시시각각 변하는 모습은 각속도(angular velocity)로 표현한다. 위치가 시시각각 변하는 것을 속도로 표시하는 것과 같은 방식이다. 각속도란 물체가 움직이는 각을 움직이는 시간으로 나눈 양이다. Δt 동안 움직인 각을 $\Delta\theta$라고 하면, 각속도는 $\omega = \Delta\theta/\Delta t$로 정의한다.($\omega$는 오메가로 읽는다.)

$$\text{각속도}: \ \omega = \frac{\Delta\theta}{\Delta t}$$

지구의 공전 각속도는 360도/(1년)이다. 지구가 하루에 움직이는 각을 계산해보자. 지구가 태양을 중심으로 원을 그리면서 움직이므로 하루 동안 움직이는 각은 '각속도×하루의 시간'이다. 따라서 (360도/1년)×1일=0.99도이다. 즉, 지구는 하루에 약 1도씩 공전한다.

각을 표시하는 다른 방법은 라디안(radian)이라는 단위를 쓰는 방법이다. 이 경우는 호(arc)의 길이와 반지름의 비로 각을 나타낸다. 반지름이 r인 원의 둘레는 $2\pi r$이다. 라디안으로 각을 표시하면 (원의 둘레)/(반지름)=2π(라디안)이다. 이 각을 일상적인 각도로 표시하면 360도, 반원의 각은 180도이다. 따라서 π(라디안)과 180도는 같은 각을 표시한다. 한편,

라디안이라는 단위는 상황이 확실할 때는 단위를 생략하기도 한다. 직각 은 $\pi/2$으로 표시하고, 삼각형의 내각의 합은 π로 표시한다.

반지름이 r인 원을 따라 만들어지는 호를 생각하자. 호의 길이를 Δl, 호 의 각을 $\Delta\theta$라고 하면, 호의 길이는 $\Delta l = r\Delta\theta$의 관계가 있다. 따라서 호의 각은 $\Delta\theta = \Delta l/r$(라디안)이다.

$$\text{각(라디안)} : \Delta\theta = \frac{\Delta l}{r}$$

각을 라디안 단위로 쓰면, 각속도의 단위는 (radian)/s이다. 주기 T는 원을 한 바퀴 도는 데 걸리는 시간이므로, 각속도는 $2\pi/T$다. 지구의 공전 각속도는 $(2\pi/\text{년}) = 2 \times 10^{-7}/s$이고, 자전 각속도는 $(2\pi/\text{일}) = 3.6 \times 10^{-5}/s$ 이다.

각을 라디안으로 쓰는 중요한 이유는 각속도를 속도와 직접 연결할 수 있기 때문이다. 등속으로 원운동하는 물체가 Δt시간 동안 Δl이라는 거 리를 이동한다고 하자. 이 물체의 속력은 $v = \Delta l/\Delta t$이다. 그런데 이 물체 가 반지름 r인 원주를 따라 각 $\Delta\theta$만큼 움직인다면, 물체가 움직인 거리는 $\Delta l = r\Delta\theta$와 같다. 이 경우 물체의 속력은 $v = \Delta l/\Delta t = r\Delta\theta/\Delta t$이다. 여기에 서 $\omega = \Delta l/\Delta t$는 각속도이므로, 원주 위를 운동하는 물체의 속력은 $v = r\omega$로 표시할 수 있다.

$$\text{속력과 각속도} : v = r\omega$$

생각해 보기_1 바퀴의 반지름이 0.5m인 자전거로 1시간 동안 20km를 달린다고 하자. 이 경우 직선을 움직이는 자전거의 속도는 20km/h이다. 그렇다면 바퀴가 1시간 동안 회전한 각은 얼마나 될까? 이 자전거 바퀴의 각속도는 얼마나 될까?

생각해 보기_2 지구의 자전주기는 하루다. 좀 더 정밀하게 측정하면 자전주기는 23시간 56분 4초이다. 지구의 자전 각속도를 구해보자. 지구의 자전은 일정하므로 1960년대까지만 해도 평균 태양일을 표준시간으로 사용하였다. 그러나 지구의 자전주기는 약간씩 느려지고 있다. 100년 전에 비해 17밀리초가 느려졌다. 현재는 원자시계를 이용하여 표준시간을 정의한다. 원자시계는 하루에 10^{-9}초의 정밀도를 유지할 수 있다. 지구의 자전을 이용하는 것과 원자시계를 이용하는 것은 시간을 정의하는 보편성에 어떤 차이가 있는가? 이렇게 정밀한 시계를 개발하여 사용하는 이유는 무엇일까?

원운동과 구심력

원운동을 하는 물체는 둘레를 따라 움직인다.
등속 원운동을 하면 회전각이 일정한 비율로 바뀐다. 즉, 각속도가 일정
하다. 그러나 물체의 움직이는 방향은 시시각각 변한다. 움직이는 방향이
바뀌면 속도가 바뀌기 때문에 가속도가 존재한다. 가속도가 있다는 것은,
(뉴턴의 운동법칙에 따르면) 움직이는 물체에 외부에서 힘이 작용하고 있다는
것을 뜻한다. 회전운동은 직선에서 벗어난 운동이다. 직선에서 벗어나 굽
은 길을 따라가게 하려면 외부에서 힘이 작용해야만 한다. 등속 원운동을
하는 물체에 어떤 힘이 작용하고 있는지는 뉴턴의 운동방정식 $F=ma$ 를
쓰면 알 수 있다. 먼저 가속도를 알면 이 물체에 작용하고 있는 힘을 찾아
낼 수 있다.

먼저 원운동을 할 때 물체의 속도가 어떻게 변하는지를 알아보자. 원둘
레를 따라 움직이는 물체의 속도는 그림처럼 속도의 방향이 바뀐다. 시간

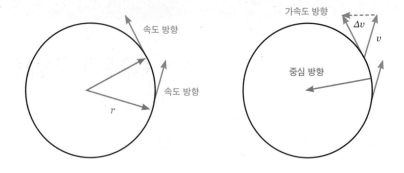

처음 속도와 나중 속도를 비교해보자.

에 따라 달라지는 속도를 찾으려면, 처음 속도와 시간이 지난 후의 속도를 비교해야 한다.

속도를 비교하기 위해 위의 오른쪽 그림처럼 화살표를 평행 이동시키자. 처음 속도에 해당하는 화살표와 나중 속도에 해당하는 화살표의 꼬리를 맞추어 놓아보자. 두 화살표는 서로 다른 방향을 향하고 있다. 화살표 방향이 다르다는 것은 속도의 방향이 달라졌다는 뜻이다. 처음 화살표를 회전시키면 나중 화살표와 일치시킬 수 있다. 회전시켜 만든 화살표의 차이가 바로 속도의 변화량을 나타낸다. 화살촉이 변하는 방향이 가속도의 방향이다.

화살촉이 변하는 방향은 위의 그림에서 보듯이 원의 중심을 향한다. 이것은 가속도가 원의 중심을 향한다는 것을 뜻한다. 가속도가 원의 중심을 향하고 있기 때문에 이 가속도를 구심 가속도라고 한다.

다음 그림처럼 원을 따라 위치가 Δr만큼 변한다고 하자. 출발점과 도착점, 그리고 원점을 이으면 이등변삼각형(회색 삼각형)이 된다. 두 변의 길이

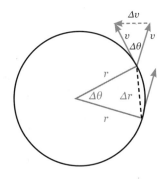

위치의 변화로 나타내는 삼각형과 속도의 변화를 나타내는 삼각형.

는 반지름 r이고, 다른 한 변(밑변)의 길이는 Δr이다. 밑변은 원둘레의 길이와 크게 다르지 않으므로, $\Delta r = r\Delta\theta$라고 놓자. 여기에서 $\Delta\theta$는 물체가 움직이는 각도다.

마찬가지로 속도의 변화를 나타내는 삼각형(초록색 삼각형)을 생각해보자. 출발점의 속도 화살표를 도착점에서의 속도로 평행 이동시켜 화살표의 꼬리를 서로 이어보자. 출발점의 속도와 도착점에서의 속도는 방향이 다르기 때문에 두 화살표의 방향은 다르다. 한편, 물체는 등속으로 움직이기 때문에 두 화살표의 크기(속력)는 같다. 따라서 속도의 변화를 나타내는 (초록색) 삼각형도 이등변삼각형이다.

위치의 변화로 나타난 (회색) 삼각형과 속도 변화로 나타난 (초록색) 삼각형은 서로 닮은 이등변삼각형이다. 그 까닭은, 속도는 원주를 따라가는 방향이며, 지름과는 수직을 유지한다. 따라서 평행 이동한 속도의 틀어진 각도는 $\Delta\theta$와 같다. 이 이등변삼각형을 이용하여 가속도를 구해보자.

(초록색) 이등변삼각형에서 빗변의 길이는 물체가 원둘레를 따라 움

직이는 속력 $v=r\omega$이다. 이등변삼각형의 밑변은 각 $\Delta\theta$를 사용하면, $\Delta v=v\Delta\theta$이다. 그런데 가속도는 속도의 변화량을 시간으로 나눈 것이므로 $a=\Delta v/\Delta t$이다. 가속도를 속도의 변화량($\Delta v=v\Delta\theta$)으로 바꾸어 써보면, $a=v\Delta\theta/\Delta t=v\omega$가 된다. 속력과 각속도는 $v=r\omega$의 관계가 있으므로, 가속도는 다음의 여러 형태로 표시할 수 있다. $a=v\omega=r\omega^2=v^2/r$.

$$\text{구심 가속도} : a = v\omega = r\omega^2 = \frac{v^2}{r}$$

구심 가속도가 있다는 것은 구심 방향으로 힘이 작용하고 있다는 것을 뜻한다. 뉴턴의 운동방정식 $F=ma$를 이용하면, 이 힘은 $F=mr\omega^2=\frac{mv^2}{r}$이 된다. 구심 방향으로 힘이 작용하고 있기 때문에 이 힘을 특별히 구심력이라고 한다.

$$\text{구심력} : F = mr\omega^2 = \frac{mv^2}{r}$$

직선운동과 달리 등속으로 원운동을 하려면 그 물체에는 구심력이 작용해야만 한다. 놀이공원에서 놀이기구를 회전시키려면 튼튼한 철골구조가 필요하다. 그 이유는 속도의 제곱으로 커지는 구심력을 감당해야 하기 때문이다.

생각해 보기_3   지구의 공전주기는 1년이고, 태양까지의 거리는 1억 5천만km이다. 지구가 등속 원운동을 한다고 생각하고, 지구의 구심 가속도를 구해보자. 지구의 질량은 6×10^{24} kg이다. 지구가 공전할 때 받는 구심력은 얼마인가? 이 구심력은 누가 제공하는가?

생각해 보기_4   포뮬러 원 경주에서 자동차가 질주하고 있다. 회전반지름이 150m인 곡선 트랙에서 순간속도 350km/h으로 달리고 있다. 이때 자동차가 받는 구심 가속도는 얼마인가? 이 가속도를 중력 가속도와 비교해보자. 이 자동차가 회전구간을 달릴 때 자동차가 트랙 밖으로 튀어나가지 않고 안전하게 달릴 수 있으려면 트랙을 어떻게 설계하여야 하는가?

토크와 에너지

구심력은 일을 하지 않는다. 구심력만 작용한 다면 물체의 운동에너지는 변하지 않는다. 원운동을 하는 물체의 운동에 너지를 변하게 하려면 원둘레 방향으로 힘을 작용하여 일을 해야 한다. 원둘레 방향으로 힘 f를 작용하여 물체를 $\Delta l = r\Delta\theta$만큼 옮긴다고 하자. 이 힘이 하는 일은 $f\Delta l$이다. 회전하는 경우에는 물체의 위치 변화 Δl을 각 의 변화로 표시하는 것이 편리하다. 힘이 해준 일은 $fr\Delta\theta$이 되고 이 양을 $\tau\Delta\theta$라고 쓴다. τ(타우)는 토크(torque)라 하고, 그 값은 $\tau = rf$이다.

토크가 작용하면, 물체는 운동에너지를 얻는다. 물체가 움직이면 $\frac{1}{2}mv^2$ 의 운동에너지를 가진다. 회전운동을 하는 경우 운동에너지를 속력 대신 각속도로 바꾸어 쓰면 편리하다. 이 경우 운동에너지는 각속도의 제곱에 비례한다. $\frac{1}{2}mr^2\omega^2$. 이러한 형태의 운동에너지를 특별히 회전 운동에너지 (rotational kinetic energy)라고 한다.

회전 운동에너지는 토크가 작용할 때만 변하므로 회전하는 경우에는 토크만이 파워를 제공한다는 것을 알 수 있다. 파워란 단위시간당 제공하는 에너지이므로, 회전하는 경우의 파워는 $P = \dfrac{\tau \Delta \theta}{\Delta t} = \tau \omega$로 쓸 수 있다.

회전 운동에너지는 부피가 없는 물체가 회전하는 경우만이 아니라, 강체가 회전하는 경우에도 비슷하게 쓸 수 있다. 강체란 부피를 가진 물체를 말하며 움직이는 동안 형태가 변하지 않는 특성이 있다. 강체가 회전하면 부피에 퍼져 있는 수많은 입자들이 회전축을 중심으로 집단적으로 움직인다. 각 입자들의 속도는 회전축에서 떨어진 거리에 따라 다르지만, 각속도는 일정하다. 이 때문에 운동에너지를, 속도 대신 각속도를 사용하는 회전 운동에너지로 쓰는 것이 편리하다. 회전 운동에너지는 회전 각속도의 제곱에 비례하므로, 강체의 경우에는 $\frac{1}{2} I \omega^2$이라고 쓴다. I는 관성 모멘트(moment of inertia)라고 하며 단위는 kgm^2이다.

회전 모멘트는 회전축을 중심으로 강체에 질량이 분포되어 있는 정도를 표시한다. 따라서 같은 강체라 하더라도 어떤 축을 중심으로 회전하느냐에 따라 회전 모멘트의 값이 달라진다. 질량이 m이고 반지름이 r인 원판에 질량이 균일하게 분포되어 있는 경우를 보자. 팽이가 회전하듯이 원판을 눕힌 채 가운데 축을 중심으로 회전시키면 회전 모멘트는 $\frac{1}{2} mr^2$이지만, 원판을 세워서 가운데 축을 중심으로 회전시키면 회전 모멘트는 $\frac{1}{4} mr^2$이 되어 반으로 줄어든다. 가운데가 아니라 모서리 축을 중심으로 회전시키면 회전 모멘트는 mr^2만큼 더 늘어난다. 이처럼 같은 물체라 하더라도 회전축을 어디로 잡느냐에 따라 회전 모멘트가 달라진다.

물체가 회전하는 모습을 표시하는 또 다른 형태는 각운동량(angular momentum)을 도입하는 것이다. 질량이 m이고, 회전 반지름이 r이면, 각

운동량은 $L=mrv=mr^2\omega$로 표시한다. 그런데 강체의 경우에는 질량과 회전 반지름을 회전 모멘트로 바꾸어 쓰기 때문에 강체의 각운동량은 $L=I\omega$이고, 회전 운동에너지는 $\frac{1}{2}L^2/I$으로 표시된다. 회전 운동에너지는 외부에서 토크가 일을 해주지 않는다면 보존된다. 따라서 토크가 없다면 각운동량도 보존된다.[1] 보존되는 양을 안다는 것은 움직임을 예측하는 데 중요하기 때문에 회전운동의 경우 각운동량이 중요한 위치를 차지한다.

$$\text{강체의 회전 운동에너지} : \frac{1}{2}I\omega^2 = \frac{1}{2}\frac{L^2}{I}$$

생각해 보기_5 모터가 제공하는 최대 토크가 200rpm에서 400Nm이라고 하자. 이 모터가 제공하는 파워는 얼마인가?

생각해 보기_6 내연기관의 경우 경유 엔진이 내는 토크가 휘발유 엔진이 내는 토크보다 크다. 그 이유는 휘발유를 사용하는 엔진과 경유를 사용하는 엔진의 특성이 다르기 때문이다. 휘발유 엔진의 경우에는 연료와 혼합된 공기를 압축시킨 후 점화 플러그를 이용하여 폭발시킨다. 이때 팽창하는 힘으로 엔진을 돌린다. 이와 달리 경유를 사용하는 경우에는 혼합된 공기를 압축시킨 후 점화 플러그를 사용하는 대신 공기의 압축률을 크게 만들어 자연발화시킨다. 그 결과 경유 엔진의 피스톤이 움직이는 길이는 휘발유 엔진에 비해 길고, 따라서 엔진의 토크도 크다. 토크가 큰 경우의 이점은 무엇인가? 상용으로 사용되는 엔진들이 내는 토크의 차이를 알아보자.

---

1 각운동량은 크기와 방향이 있는 벡터량이고 토크도 벡터량이다. 뉴턴 방정식을 사용하면 토크가 없을 때 각운동량은 크기만이 아니라 방향도 변하지 않는다는 것을 확인할 수 있다.

생각해 보기_7 질량이 20g이고, 반지름이 6cm인 CD가 300rpm으로 회전하고 있다. 이 CD의 회전 운동에너지는 얼마인가? 또 각운동량은 얼마인가?

생각해 보기_8* 케플러는 행성들이 태양을 공전하는 모습을 분석하여 3개의 법칙으로 정리하였다.

(1법칙) 행성은 태양을 초점으로 하는 타원궤도를 공전한다.

(2법칙) 행성이 일정시간 동안 공전하여 만드는 타원의 부채꼴 면적은 공전궤도의 어디서나 같다. 그 결과 태양 가까이에서는 빨리 공전하고 멀어진 곳에서는 천천히 공전한다.

(3법칙) 행성의 공전궤도의 주기를 제곱한 양과 타원의 장반지름을 세제곱한 비는 모든 행성에 대해서 같다.

케플러는 어떤 근본원리에 의해 행성이 공전하는지에 대해서는 잘 몰랐지만, 티코 브라헤가 관측한 행성의 궤적에 대한 데이터만을 가지고 행성이 움직이는 규칙성을 발견한 것이다. 현재 우리의 용어로 표현하면 (2법칙)은 행성이 공전하는 동안 각운동량이 보존되는 것과 같다. 행성의 각운동량이 부채꼴 면적에 비례한다는 것을 보이자. (3법칙)은 뉴턴이 만유인력법칙을 발견하는 데 중요한 단서를 제공하였다. 그 요점을 알아보자.

단진동과 주기

단진동을 하는 물체의 위치는 주기적으로 변하고, 그 변하는 모습은 시간이 지남에 따라 사인이나 코사인 형태로 표시된다. 사인함수로 표시할 때 주기는 어떻게 알 수 있는가? $\sin(t)$는 모양이 2π마다 반복한다. 따라서 사인함수 $\sin(t)$의 주기는 2π(초)임을 알 수 있다. 그렇다면 주기가 T인 함수는 어떻게 쓸 수 있을까? 주기가 T라는 것은 시간이 T만큼 흐르면 제자리로 돌아온다는 것을 뜻한다.

주기가 달라지는 모습을 보기 위해 $\sin(2\pi t)$를 그려보자. 이 함수는 주기가 1(초)로 바뀌었다(107쪽 위). 그렇다면 $\sin(2\pi t/5)$는 어떤가? 주기가 5(초)로 바뀐다(107쪽 아래). 이처럼 함수의 모양에 따라 주기가 달라진다. 일반적으로 주기가 T이면, 사인함수의 형태는 $\sin(2\pi t/T)$가 된다.

주기가 T이면 1초 동안에 몇 번 제자리로 돌아올까? 1초에 몇 번 왕복하는지를 나타내는 양을 진동수(frequency)라 한다. 진동수의 단위는 Hz이

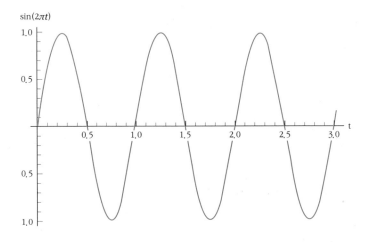

$\sin(2\pi t)$

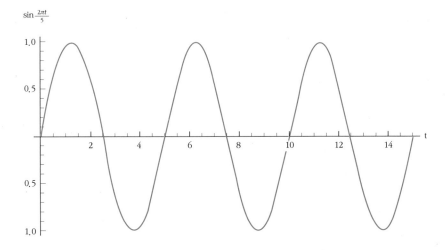

$\sin \frac{2\pi t}{5}$

다. 진동수는 주기와 반비례 관계에 있다. 진동수를 f라고 쓰면 $f=1/T$
이다. 주기가 길면 진동수가 느리고, 주기가 짧으면 진동수가 빠르다.
100MHz는 1초에 1억 번 진동한다는 뜻이다. 따라서 100MHz의 주기

는 $(1/1억)Hz=10^{-8}$초$=0.01$마이크로초이다.

때로는 진동수 대신 각진동수(angular frequency)라는 용어를 사용하기도 한다. 각진동수는 $2\pi f=2\pi/T$로 정의하고 ω로 표시한다.[2] 각진동수를 사용하면 $\sin(2\pi t/T)$를 물체의 주기 대신 간단히 $\sin(\omega t)$라고 쓸 수 있다.

그러나 주기적으로 변하는 모든 물체가 단진동을 하지는 않는다. 단진동의 경우에만 간단하게 사인함수 형태로 쓸 수 있다. 그렇다면 단진동과 다른 주기운동은 어떻게 표시할 수 있을까? 다음의 그림과 같이 진동하는 물체를 보자.

$\sin\dfrac{\pi t}{3} + \sin\dfrac{2\pi t}{5}$

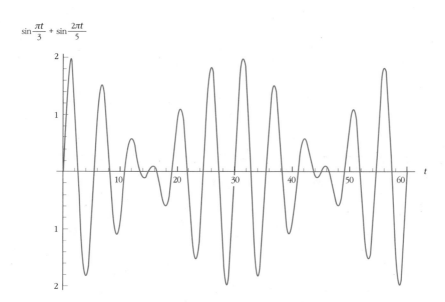

---

2 원운동의 경우에 나오는 각속도도 $\omega=2\pi/T$로 표시한다. 원운동과 진동운동 모두 주기를 가지고 있기 때문이다.

이 물체의 주기는 30초이다. 그러나 이 물체는 단진동을 하지 않는다. 실제로 이 함수는 $\sin(\pi t/3)$와 $\sin(2\pi t/5)$를 더한 형태이다. 즉, 주기가 6초인 단진동과 주기가 5초인 단진동을 합성하여 만든 것이다. 그 결과로 나타나는 운동은 주기가 30초가 되고, 그 모양도 단진동과는 다르게 나타난다.

주기적으로 움직이는 복잡한 운동들은 단진동을 섞어 적절하게 표현할 수 있다. 이 사실은 푸리에가 찾아냈다. 푸리에의 발견에 의하면, 일반적인 주기운동은 단진동을 이해하면 근본적인 이해가 가능하다. 주기가 다른 여러 단진동이 섞여 있으면, 이 운동의 주기는 섞여 있는 단진동 주기들의 최소 공배수가 된다.

생각해 보기_9 용수철에 매달린 단진동하는 물체의 주기는 3초이다. 이 물체의 위치를 다음의 상황에 따라 그려보고 사인이나 코사인함수로 표시해보자.

(가) 용수철을 2cm만큼 당긴 다음 놓는 경우

(나) 용수철에 매달린 채 평형상태에서 정지해 있는 물체에 충격을 주어 속도가 5cm/s로 단진동이 시작되는 경우

생각해 보기_10 주기가 12인 제법 복잡한 형태의 운동을 다음과 같이 여러 가지 단진동의 합성으로 나타내보자.

(가) 주기가 3초와 4초인 두 개의 단진동을 합성하여 만드는 경우

(나) 주기가 4초와 6초인 두 개의 단진동을 합성하여 만드는 경우

(다) 주기가 2초, 3초, 6초인 세 개의 단진동을 합성하여 만드는 경우

용수철과 단진동

단진동하는 물체의 속도는 시시각각으로 변한다. 그리고 가속도 역시 시시각각으로 변한다. 가속도가 0이 아니라는 것은 물체에 힘이 작용하고 있다는 것을 뜻한다. 단진동하는 물체는 원점에서 멀리 가버리지 않기 때문에 원래 위치로 돌아가려는 복원력이 작용하고 있다. 단진동에 작용하는 복원력을 알아보자.

단진동하는 물체의 위치를 $x=A\sin(\omega t)$로 표시하자. A는 물체가 최대로 멀리 갈 수 있는 거리이다. 이 거리를 진폭(amplitude)이라고 한다. 물론 진폭을 나타내는 기본단위는 m이다. ω는 각진동수이며, $\omega=2\pi f=2\pi/T$이다.

이 물체가 움직이는 속도는 x와 t그래프에서 기울기에 해당한다. 순간속도는 위치를 시간으로 미분한 양이다. 사인함수를 미분하면 코사인함수가 되므로, 순간속도는 코사인함수로 쓸 수 있다. $v=A\omega \cos(\omega t)$이다. 마찬가지로 가속도는 속도의 기울기로 표시된다. 코사인함수를 미분하면 사인함수가 되므로, 가속도는 사인함수로 쓸 수 있다. $a = -A\omega^2 \sin(\omega t)$.

이제 가속도와 위치와의 관계를 살펴보자. 놀랍게도 가속도는 물체의 위치에 비례한다. $a = -\omega^2 x$. 비례값 $\omega^2 = (2\pi/T)^2$의 단위는 $1/s^2$이다. 가속도의 단위는 길이/(시간)^{2}이고, 따라서 가속도와 $\omega^2 A$는 단위가 같다는 것을 확인할 수 있다(단위가 같은 양은 더하거나 뺄 수 있다). 단진동을 하는 물체의 위치가 반드시 $x = A \sin(\omega t)$일 필요는 없다. 사인함수 대신 코사인함수를 사용해도 같은 결론에 도달한다. 이 결과에 의하면, 물체가 단진동을 하면 이 물체의 위치와 속도, 가속도는 모두 같은 주기로 변하고, $a = -\omega^2 x$의 관계를 만족한다.

가속도를 알면 물체에 작용하는 힘은 $F = ma$로 알 수 있다. 단진동을 하는 물체에 작용하는 힘은 $F = -m\omega^2 x$이다. 힘에 $-$부호가 붙는 것은 힘의 방향과 위치의 방향이 반대라는 것을 뜻한다. 따라서 단진동에 작용하는 힘은 후크의 힘처럼 복원력이 작용하고 있다. 이 결론에 따르면 용수철에 매달려 움직이는 물체는 단진동을 한다.

후크의 힘 $f = -kx$와 단진동에 작용하는 힘 $F = -m\omega^2 x$를 비교해보자. 후크의 힘에 나오는 용수철 상수 k에 해당하는 양은 $m\omega^2$이다. 따라서 단진동의 진동수는 $k = m\omega^2$의 관계가 있다. 이 관계식에 의하면 $k = m(2\pi f)^2$이므로, 단진동을 하는 물체의 진동수는 용수철 상수와 질량으로 결정된다는 것을 확인할 수 있다. 진동수는 $f = \frac{1}{2\pi}\sqrt{k/m}$이고, 주기는 진동수의 역수이므로 $T = 2\pi\sqrt{m/k}$이다.

이 관계식이 말해주는 중요한 점은 용수철의 진동수나 주기는 용수철의 힘에 의해서 결정된다는 것이다. 용수철의 진동수는 용수철 상수와 용수철에 달린 물체의 질량으로만 결정된다. 진동을 어떻게 시키느냐 하는 방식과는 전혀 무관하게 결정된다.

용수철을 길게 늘인 후 진동시키는 것과 짧게 당긴 후 진동시키는 경우를 비교해보자. 언뜻 생각하기에는 길게 늘인 용수철이 먼 거리를 왕복하기 때문에 시간이 더 걸려야 할 것 같다. 따라서 진폭이 큰 진동의 주기가 더 크지 않을까? 그런데 실제로는 그렇지가 않다. 용수철의 주기는 진폭이 큰 경우나 작은 경우나 똑같다. 용수철의 주기는 진폭과 상관이 없다. 용수철을 처음에 진동시키는 방법과도 상관이 없다. 용수철을 잡아당긴 후 가만히 놓을 때나 용수철에 매달린 물체에 충격을 주어 용수철을 진동시키는 경우에도 주기는 모두 $2\pi\sqrt{m/k}$ 이다.

생각해보기_11 용수철에 매달린 물체의 질량이 0.1kg이고, 용수철 상수가 k=10N/m이라고 하자. 이 용수철에 매달려 진동하는 물체의 진동수는 얼마인가?

생각해보기_12 진동하는 물체의 위치가 사인함수 대신에 코사인함수로 표시되는 경우에도 가속도와 위치의 관계가 $a=-\omega^2 x$로 표시되는 것을 확인해보자.

진동하는 물체의 에너지

물체가 진동하면 위치와 속도도 주기적으로
변한다. 운동에너지는 속도의 제곱에 비례하므로 운동에너지도 주기적으
로 변한다. 속도의 주기가 T면, 운동에너지의 주기는 그의 반인 $T/2$이다.
속도는 +값과 −값을 반복하지만, 속도의 제곱은 +값과 −값을 구별하지
못한다. 이 때문에 진동수는 배로 늘어나고, 주기는 반으로 줄어든다.

위치에너지 역시 주기적으로 변한다. 위치에너지는 위치의 제곱에 비
례한다. 따라서 위치에너지의 주기도 위치의 주기에 비해 반으로 줄어든
다. 위치에너지의 주기는 운동에너지의 주기와 같다. 이것을 그림으로 그
려보면 다음과 같다(114쪽 참조).

그런데 마찰로 사라지는 에너지가 없다면 역학에너지는 보존되어야 한
다. 역학에너지는 운동에너지와 위치에너지의 합이고 일정하므로 진동하
는 과정에서 위치에너지가 운동에너지로 바뀌며, 운동에너지가 위치에너

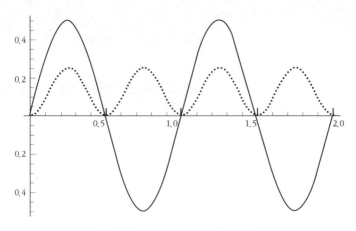

위치(실선)의 주기와 위치에너지(점선)의 주기

지로 바뀐다.

$$\text{용수철 운동의 역학에너지} : E = \frac{1}{2}mv^2 + \frac{1}{2}kx^2 = \text{일정}$$

에너지가 보존된다는 사실을 이용하면 진동 과정을 자세히 몰라도 많은 정보를 쉽게 알아낼 수 있다. 용수철에 매달린 물체를 흔들어보자. 물체가 진동하는 진폭은 외부에서 공급해준 에너지로 결정된다. 왜냐하면 용수철이 최대로 늘어나면 물체의 속도는 0이 되고, 이때의 총 에너지는 위치에너지의 형태로 바뀐다. 용수철이 늘어날 수 있는 최대 길이(진폭)를 A라고 하면, 총 에너지는 $\frac{1}{2}kA^2$이다. 이 에너지는 외부에서 공급해준 에너지와 같아야 한다. 마찬가지로 용수철이 원점에 도달하면 위치에너지는 0이 된다. 대신 총 에너지는 운동에너지와 같아야 한다. 그 결과 원점에서 속력이 최대가 된다는 것을 알 수 있다.

생각해
보기_13
용수철 상수가 k=1,000N/m 인 용수철에 질량이 0.1kg인 사과를 매달아 진동시켜보자. 외부에서 공급된 에너지가 5J이라면, 최대로 늘어나는 길이는 얼마일까? 사과가 진동할 때 움직이는 최대 속도는 얼마일까?

생각해
보기_14
단진동의 경우 운동에너지와 위치에너지를 합하면, 총 에너지(역학에너지)가 일정하다는 것을 확인해보자(힌트 : $\sin^2\theta + \cos^2\theta = 1$과 $k = m\omega^2$이라는 사실을 쓰자).

읽어
보기_1
단진동과 위상

단진동을 하는 물체는 일정 위치를 오간다. 중심에서 가장 멀리 갈 수 있는 위치가 진폭이다. 진폭 A, 주기 T로 단진동을 하는 위치는 $A\sin(2\pi t/T)$로 쓸 수 있다. 물체는 A와 $-A$ 사이에서 진동한다. 진동하는 위치를 주기 대신 진동수로 표시해보자. 주기의 역수는 진동수이므로, $A\sin(2\pi t/T)$ 대신 $A\sin(2\pi f t)$라고 쓸 수 있다. 주기 T를 쓰는 것이나, 진동수 f를 쓰는 것은 모두 같은 표현이다.

단진동을 하는 물체는 주기와 진폭을 가지고 있지만 위치를 표시하는 데는 주기와 진폭으로는 부족하다. $\sin(t)$와 $\sin(t+1)$은 어떻게 다른가? 이 두 가지 단진동은 모두 진폭이 1(m)이고, 주기는 2π(초)이다. 그러나 진동을 시작하는 위치가 다르다.

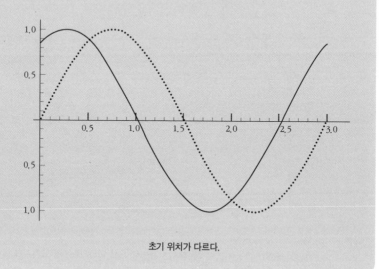

초기 위치가 다르다.

$t=0$일 때 $\sin(t)$는 값이 $\sin(0)=0$이지만, $\sin(t+1)$는 값이 $\sin(1)=0.84$이다. 즉, 초기 위치가 다르다.

같은 단진동을 하는 물체가 여럿 있는 경우에 물체의 위치를 구분할 필요가 있는 경우가 있다. 어떤 물체가 다른 물체의 뒤를 따라가는지, 아니면 앞서 가는지는 어떻게 나타낼 수 있는가? 앞서 가는지 아니면 뒤를 따라가는지를 나타내는 양을 위상(phase)이라고 한다.

먼저 기준이 되는 물체의 위치를 $A\sin(2\pi t/T)$라고 잡자. 그리고 이 물체의 위상을 0이라고 정의하자. 기준이 되는 물체는 초기에($t=0$일 때) 원점에 놓여 있다. 그런데 어떤 다른 물체의 초기 위치가 0이 아니라면, 이 물체의 위치는 $A\sin(2\pi t/T+\Phi)$이라고 쓸 수 있다. 두 물체의 초기 위치는 서로 다르다. 물체의 초기 위치는 기준이 되는 물체에 비해 위상이 Φ만큼 차이가 있다. 예를 들어 물체의 위상이 $\Phi=\pi/6$라면, 초기 위치는 $\sin(\pi/6)=1/2$이다. 이 물체는 기준이 되는 물체보다 항상 앞서간다. 만약 물체의 위상이 $\Phi=-\pi/6$라면 초기 위치는 $\sin(-\pi/6)=-1/2$이고, 이 물체는 기준이 되는 물체보다 항상 뒤처진다.

이처럼 물체의 위상이 0과 $\pi/2$ 사이에 있으면, 이 물체의 초기 위치는 0보다 크고, 시간이 흘러도 계속 앞서간다. 시간이 흘러 1/4 주기가 지나면 기준이 되는 물체는 진폭에 도달하지만, 앞서가는 물체는 이미 진폭까지 갔다가 되돌아오고 있다. 실제로 위상이 0과 π 사이에 있으면, 이 물체의 초기 위치는 0보다 클 뿐만 아니라 기준이 되는 물체를 계속하여 앞서간다. 마찬가지로 위상이 $-\pi$와 0 사이에 있으면 이 물체는 기준이 되는 물체를 뒤 따라간다.

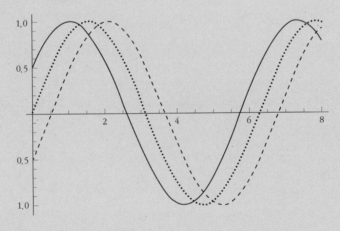

위상은 진동하는 물체들이 앞서가는지, 뒤를 따라가는지를 표시한다.

위상은 초기 값을 표시할 뿐 아니라, 위치의 변화가 어떤 방향으로 일어날지를 알려준다. 그러나 위상이 π보다 크거나 $-\pi$보다 작으면 뒤를 따라가거나 앞서가는 것이 명확하지 않다. 예를 들어 위상이 π인 경우를 보자. 위상이 π이면 $\sin(2\pi t/T + \pi)$가 되고, 초기 위치는 $\sin(\pi) = 0$이다. 이 경우 위상은 0과 다르다. 위상이 0이면 시간이 흐름에 따라 위치가 0보다 커지기 시작한다. 그러나 위상이 π면 위치가 0보다 작아지기 시작한다. 사인함수는 위상이 π만큼 차이가 나면 부호가 달라지기 때문이다. $\sin(2\pi t/T + \pi) = -\sin(2\pi t/T)$. 따라서 위치가 -로 바뀌면, 위상이 π만큼 다르다고 말한다. 그러나 위상이 π만큼 앞서가는지, 아니면 π만큼 뒤따라가는지를 구분하는 것은 분명하지 않다. 따라서 보통 위상 차이를 표시할 때는 $-\pi$보다 크고 $+\pi$보다 작게 위상을 정의한다.

알아두면 좋을 공식

❶ 회전 속력과 각속도 : $v = r\omega$ (각속도: $\omega = \dfrac{\Delta\theta}{\Delta t}$)

❷ 등속 원운동의 구심 가속도와 각속도 : $a = v\omega = r\omega^2 = \dfrac{v^2}{r}$

❸ 구심력 : $F = mr\omega^2 = \dfrac{mv^2}{r}$

❹ 토크 : $\tau = rf$

❺ 토크와 파워 : $P = \tau\omega$

❻ 회전 운동에너지 : $\dfrac{1}{2}I\omega^2$

❼ 주기와 진동수 : $T = \dfrac{1}{f}$

❽ 용수철의 각진동수 : $\omega = 2\pi f = \sqrt{\dfrac{k}{m}}$

생각해보기_1

1시간 동안 바퀴가 n번 돌았다고 하자. 1시간 동안 바퀴가 회전한 각은 $2\pi n$이고, 바퀴가 달린 거리는 $2\pi n r$이다. 20km를 움직였으므로 $2\pi n r=20$km이다. 이를 이용하면, 움직인 각은 $2\pi n=20$km/r이다. 즉, $2\pi n=20$km/0.5m$=40,000$(radian)이다. 1시간 동안 4만 라디안을 회전하므로, 각속도는 40,000라디안/h=11.1라디안/s이다.

생각해보기_3

r=1억 5천만km, $\omega=\frac{2\pi}{3.15\times10^7 s}$를 사용하여 구심 가속도 $r\omega^2$를 구하면 6×10^{-6}m/s^{2}이 나온다. 따라서 구심력 $mr\omega^2$은 3.6×10^{19}N이다. 구심력은 만유인력이 제공한다.

생각해보기_5

최대 토크가 τ=400Nm이고, 각속도는 $\omega=\frac{2\pi\times200}{60s}$이므로 파워 $P=\tau\omega$=17,5460W(약 234마력)

생각해보기_7

질량이 20g이고, 반지름이 6cm인 CD의 회전 모멘트는 $I=\frac{1}{2}MR^2$를 사용하면 $\frac{1}{2}(0.02\text{kg})(0.06\text{m})^2$ $=3.6\times10^{-5}$kgm^{2}이다. 300rpm으로 회전하고 있으므로, 이 CD의 회전 운동에너지는 0.018J. 각운동량은 1.1×10^{-3}kgm^2/s^2.

생각해보기_8 *

'2법칙'의 행성이 속력 v로 Δt 동안 공전할 때 만드는 부채꼴 면적은 삼각형 면적으로 근사할 수 있다. r은 태양에서 행성까지의 거리라고 하고, 궤도를 따라가는 방향과 지름 방향이 만드는 각을 θ라고 하면 그 면적은 $\frac{1}{2}r(v\Delta t)\sin\theta$이다. Δt 동안 면적이 변하는 비율은 $\frac{1}{2}rv\sin\theta$이다. 만약 공전 궤도가 타원이 아니라 원이라면 θ는 언제나 $\pi/2$이고, $\sin\frac{1}{2}\pi$=1이다. 따라서 면적이 변하는 비율은 각운동량 $L=mvr$에 비례한다. $\frac{1}{2}rv=\frac{1}{2}\frac{L}{m}$. m은 행성의 질량이다. 각운동량의 일반적인 모습은 지름 방향과 속도 방향이 이루는 각이 θ일 때 $L=mvr\sin\theta$로 표시된다. 따라서 면적이 변하는 비율은 원이나 타원에서 $\frac{1}{2}\frac{L}{m}$이다. 결론적으로 케플러의 2법칙은 각운동량이 보존된다는 것을 표시하고 있다.

'3법칙'이 의미하는 것은 행성이 공전하는 궤도를 원으로 생각하면 쉽게 짐작할 수 있다. 주기를 T라고 하면 T^2/r^3이 모든 행성에 대해 같다는 것이다. 주기를 각속도로 표시하면 $\omega=(2\pi/T)$이므로, 이 결과는 ω^2r^3의 값이 모든 행성에 같다는 것을 의미한다. 구심 가속도가 $r\omega^2$이라는 것을 감안하면 구심 가속도$=\frac{\text{상수값}}{r^2}$임을 알 수 있다. 이것은 모든 행성에 작용하는 구심 가속도는 r^2에 반비례한다는 것을 내포하고 있다. 뉴턴은 이 의미를 파악하고, 만유인력이 r^2에 반비례해야 한다는 사실을 추정해냈다.

생각해보기_9

(가) 초기 위치가 2cm이고 주기가 3초인 단진동이므로 위치의 단위를 m로 쓰면 단진동을 하는 함수는 $0.02\cos(2\pi t/3)$. (나) t=0일 때 원점에서 움직이기 시작하는 함수는 $A\sin(2\pi t/3)$이다. 그런데 속도는 위치를 한 번 미분하면 되므로, 속도 함수는 $A(2\pi/3)\cos(2\pi t/3)$이다. 이 함수의 초기 속도는 $A(2\pi/3)$이고, 이 값이 0.05m/s이다. 따라서 $A=\frac{3}{40\pi}$(m/s)가 됨을 알 수 있다.

생각해보기_11

f=10/($2\pi s$)=1.6/s이다.

생각해보기_13

위치가 최대로 늘어날 때 운동에너지는 0이 되고, 대신 위치에너지는 최대로 된다. 따라서 위치에너지가 5J이 되는 위치는 $A=\sqrt{10\text{J}/k}$=0.1m이다. 사과가 가장 빨리 움직이는 경우는 위치에너지가 0일 때이다. 사과가 원점에 있는 경우에 위치에너지가 0이 되므로 사과는 원점에서 속력이 최대가 된다. 이때의 운동에너지는 $\frac{1}{2}mv^2$=5J이 되어야 하므로 속력은 v=10m/s이 된다.

1. 모터가 60rpm으로 돌고 있다(1rpm이란 1분에 한 바퀴 도는 것을 뜻한다). 모터의 각속도를 라디안으로 표시해보자.

2. 육상선수는 2kg 원반을 던지기 위해 자신의 몸을 축으로 회전한다. 원반의 회전주기는 0.5초이고, 원반의 위치는 몸의 중심축으로부터 90cm 떨어져 있다. 원반의 구심 가속도와 구심력을 구해보자.

3. 10Nm의 토크를 작용하여 π라디안만큼 회전시켰다. 이때 토크가 해준 일은 얼마인가?

4. 반지름의 길이가 20cm인 원을 따라 5N의 힘을 10rpm으로 작용한다. 토크가 제공하는 파워는 얼마인가?

5. 지름이 12cm인 CD를 회전시킬 때, 팽이처럼 회전시키는 경우와 CD를 수직으로 세워서 회전시키는 경우에 회전 운동에너지는 어떻게 달라지는가?(회전축은 모두 중심을 지난다고 생각하자.)

6. 반지름의 길이가 1m인 원형의 레일 위에 정지해 있는 물체에 원둘레 방향으로 50N의 힘을 30초 동안 작용한다. 이 물체의 회전 각속도는 어떻게 변하는가? 이 물체의 질량은 0.5kg이고 물체의 크기와 미끄럼 마찰은 무시하자.

7. 속이 균일한 공이 300rpm으로 회전하고 있다. 공의 질량은 1kg이고 반지름은 50cm이다. 이 공이 가지고 있는 회전 운동에너지는 얼마인가? 공의 중심을 통과하는 축에 대한 회전 모멘트는 $\frac{2}{5}MR^2$이다.

8. 속이 찬 공 안에 질량 M이 골고루 분포하는 경우에 중심을 통과하는 축에 대한 회전 모멘트는 $\frac{2}{5}MR^2$이다. 그런데 같은 질량이 분포된 원판을 팽이처럼 회전시키면 회전 모멘트는 오히려 줄어든다. 공 안에 분포된 회전

모멘트가 원판에 분포된 회전 모멘트보다 작아지는 이유는 무엇이라고 보는가?

9. 용수철 상수가 k=600N/m인 용수철에 1kg의 물체가 매달려 있다. 이 물체를 진동시키면 주기는 얼마인가?

10. 승용차에 사람이 타면 차가 내려앉는다. 이때 내려앉는 정도가 크면 거리를 달릴 때 흔들림이 심하게 되고, 파인 곳이나 과속방지턱을 지날 때 진동 때문에 문제가 될 수도 있다. 이 때문에 차는 적당한 용수철 상수를 유지해야 한다. 차가 흔들리는 진동수로부터 용수철 상수를 알아낼 수 있다.
1톤 무게의 승용차가 1초에 4번 진동한다고 하자. 이 차에 4인 가족이 탄다면 얼마나 내려앉겠는가? 각 사람의 질량은 60kg으로 생각하자.

11. 주기가 2π초인 기준파의 모습을 $f(t)$라고 하면, $f(t)=f(t+2\pi)$의 관계가 있다. 이 기준파보다 위상이 0.1π만큼 앞서가는 파의 모습은 어떻게 표현할 수 있는가?

12. 진동수와 진폭은 같지만 위상이 π만큼 다른 두 진동이 만나면 진동이 사라진다. 이 경우 무슨 일이 벌어질까? 어떻게 이런 일이 가능한 것일까?

〈정답〉

① 모터가 60rpm으로 돌면 $60\times2\pi/60s=2\pi/s$ ② 구심 가속도=142m/s². 구심력=285N ③ 31.4J
④ 1Watt ⑤ 팽이처럼 회전시키는 경우가 세워서 회전시키는 경우보다 회전 운동에너지가 2배가 된다. ⑥ 3,000radian/s ⑦ 49.3J ⑧ 힌트: 회전축 가까이에 질량이 많이 분포할수록 회전 모멘트는 작아진다. ⑨ 0.26초 ⑩ 용수철 상수와 진동수는 $k=m(2\pi f)^2$의 관계를 사용하면, 용수철 상수는 $k=1000(8\pi)^2$kg/s²= 631,655N/m이다. ⑪ $f(t+0.1\pi)$. 예를 들어 $f(t)=\sin t$이면, 위상이 0.1π만큼 앞서가는 파는 $\sin(t+0.1\pi)$로 표현할 수 있다. ⑫ 진동수와 진폭은 같지만 위상이 π만큼 다른 두 진동이 만나면 진동이 사라진다. 이는 두 진동이 서로 생기지 못하게 방해하여 결과적으로 진동이 만들어지지 않는 것과 같다.

5장

압력과 힘은 어떻게 다른가

압력

      마술사가 그렇듯 사람의 시선을 끄는 데는 차력사의 시범이 그만이다. 사람이 차력사의 배 위에 큰 돌 판을 올려놓고 망치로 내려치는 광경은 보는 이들을 섬뜩하게 한다. 돌만 해도 무거운데 망치로 내려치면 돌 아래 깔린 차력사에게는 얼마나 대단한 충격이 전달될까? 차력사가 이런 쇼에서 견딜 수 있는 이유는 무엇일까? 힘과 압력의 차이가 그 이유를 설명해준다.

      압력이 작용하고 있다면 힘도 작용하고 있다. 산 위에 올라가면 압력이 낮아진다. 높은 산 위에서 빈 페트병 뚜껑을 닫은 뒤 산 아래로 내려오면 페트병이 찌그러진다. 산 아래

(출처: http://www.physics.ucla.edu/demoweb/ demomanual/mechanics/index.html)

마우나키아 산(하와이 소재)에서 빈 페트병 뚜껑을 닫고서 내려올 때 생기는 변화
(왼쪽부터 각각의 고도는 4300미터, 2700미터, 300미터) (출처: 위키디피아)

에서는 페트병에 작용하는 대기압이 커지므로 페트병을 찌그러뜨릴 정도의 상당한 힘이 작용한다. 압력이 클수록 물체에 작용하는 힘이 세다는 것을 짐작할 수 있다.

그렇다면 압력과 힘은 같은가? 그렇지 않다. 압력이란 물체의 면적에 힘이 분산되어 나타나는 정도를 말한다. 정확하게 말하면 압력(pressure)이란 단위 면적에 작용하는 힘이다. 물체의 표면적을 ΔA라 하자. 이 표면적 전체에 힘 ΔF이 작용하여 골고루 누르고 있다면, 이때 작용하는 압력은 $P=\Delta F/\Delta A$이다. 압력의 단위는 Pa(파스칼)이다.

$$\text{압력: } P = \frac{\Delta F}{\Delta A}$$

대기가 만들어내는 압력을 대기압(atmospheric pressure)이라고 한다. 1기

압의 표준단위는 101.325kPa이다.[1]

대기는 우리 몸을 1기압으로 누르고 있다. 이것을 힘으로 환산해보자. 1기압이 1m²의 표면적에 작용하는 힘은 약 10만N(약 10톤의 무게)에 해당한다. 우리 몸의 표면적을 대략 2m²라고 생각하면, 대기는 약 20톤의 무게로 우리 몸을 누르고 있다는 것을 알 수 있다. 우리 몸이 쪼그라들지 않고 균형을 유지할 수 있는 것은, 몸의 내부가 같은 압력으로 대기압에 대항하기 때문이다.

비행기를 타고 하늘로 올라가면 대기의 압력은 크게 변한다. 지상에서 섭씨 15도일 때 10만Pa인 대기압은 10km 상공으로 올라가면 압력이 1/4로 줄어들어 대기압이 2만 5천Pa로 떨어진다. 따라서 10km 상공을 비행하는 비행기는 객실의 압력을 높여야 승객이 안전하게 여행할 수 있다. 비행기는 내부의 압력을 약 0.8기압 정도로 유지한다. 이 압력은 약 2km 상공에서의 대기압과 같다. 순항하는 비행기 안에서 라면봉지가 팽팽해진다. 사람의 몸도 압력 차이로 약간 부풀어 오른다. 우주 상공으로 올라가면 대기압은 거의 0으로 떨어지기 때문에 비행체 밖으로 나갈 때 우주복으로 몸을 보호하지 않으면 살아남을 수 없다.

생각해 보기_1 해수면에서 공기의 밀도는 1.2kg/m³다. 공기의 밀도가 균일하다면, 1기압을 만들려면 공기의 두께는 얼마나 되어야 하는가?

생각해 보기_2 독일 물리학자 게리케는 1654년 마그데부르크에서 대기압의 위력을 차력 시범보다 더 극적으로 보여주었다. 그는 쇠로 된 두 개의 반구를 접착제를 사용하지 않고 이음새를 정밀하게 맞추고 나서 두 반구 안에 있던 공기를 빼낸 뒤,

---

1　10^5Pa은 1바(bar)이다.

말들로 하여금 이 공의 양 끝을 잡아당기게 했다. 접착제 없이 붙은 두 반구는 양쪽에서 각각 말 여덟 마리가 잡아당겨도 떼어낼 수 없었다. 반구의 지름은 0.254m(20인치)였다.

반구를 떼어내는 데 필요한 힘은 얼마나 되었을까? 자연에 진공이 존재하지 않는다고 믿었던 사람들에게 이 실험은 어떤 의미가 되었을까?

게리케가 마그데부르크에서 반구 실험을 하는
장면을 묘사한 그림(Gaspar Schott, 1657년)

**생각해
보기_3** 토리첼리는 1643년에 수은으로 기압을 쟀다. 그는 1m 정도 길이의 유리관을 만든 후 한쪽 끝을 막았다. 이 관에 수은을 채운 다음, 수은이 담긴 그릇 위에 관을 거꾸로 세워 수은이 아래로 흘러내리는 것을 관찰했다. 이때 수은은 관

수은 기압계

베르티의 기압계

에서 완전히 흘러내리지 않고 일정 높이에서 멈추었다. 관의 높이는 76cm 정도였으며, 실험 장소를 바꾸어도 크게 변하지 않았다. 수은이 관 아래로 완전히 흘러내리지 않은 이유는 무엇인가? 토리첼리가 이 실험으로 찾아낸 대기압의 크기는 얼마일까?

한편, 베르티는 토리첼리보다 3년 앞선 1641년에 물을 이용하여 비슷한 실험을 했다. 이때 물기둥의 높이는 얼마나 되었을까?

**생각해
보기_4**   아래 그래프는 지상에서 섭씨 15도일 때 고도에 따른 압력을 나타낸다. 이 그래프에 나타난 데이터를 이용하여 4,000m 높이의 산 위에서 사람이 느끼는 힘과 해수면에서 느끼는 힘은 얼마나 차이가 나는지 확인해보자.

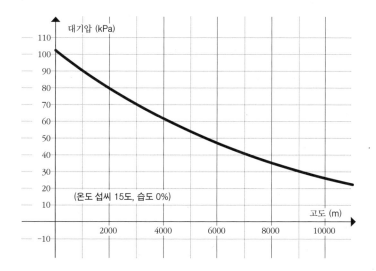

고도에 따른 압력 변화

(출처: http://en.wikipedia.org/wiki/File:Atmospheric_Pressure_vs._Altitude.png)

정지한 유체와 압력

카센터에서는 유압을 이용하여 차량을 쉽게 들어 올린다. 즉, 한쪽에서 작은 힘을 작용하여 다른 한쪽 끝의 차를 들어 올린다. 어떻게 작은 힘으로 무거운 차를 들어 올릴 수 있을까?

유체는 압력을 전달한다. 유체가 정지해 있으면 유체의 어떤 면에 대해서도 압력이 같다. 이 사실을 파스칼의 원리(Pascal's law)라고 한다. 파스칼의 원리에 따르면, 유체 내에서는 압력이 같으므로 작은 면적에는 작은 힘이 작용하고, 큰 면적에는 큰 힘이 작용한다. 따라서 작은 면적에 작은 힘을 작용시켜서 다른 쪽에 있는 넓은 면적에 큰 힘이 작용하도록 힘을 증폭시킬 수 있다. 파스칼의 원리는 압력과 힘의 차이를 확실히 보여준다.

파스칼의 원리는 유체가 가진 특성 때문에 나타나는 현상이다. 힘이 작용하면 유체는 쉽게 모양을 바꾸어 움직일 수 있다. 따라서 유체가 움직

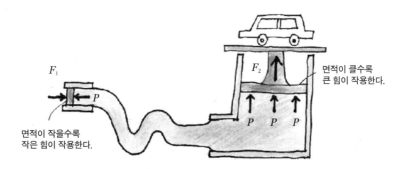

면적이 클수록
큰 힘이 작용한다.

F_1

P

면적이 작을수록
작은 힘이 작용한다.

F_2

P　P　P

이지 않고 정지한 상태를 유지하려면 유체에 작용하는 모든 힘이 균형을 이루어야 한다. 왼쪽으로 작용하는 힘과 오른쪽으로 작용하는 힘이 같아야 하고, 위로 작용하는 힘과 아래로 작용하는 힘도 같아야 한다. 힘의 균형을 유지하기 위해서는 유체 내의 모든 면에 작용하는 압력이 같아야 한다(읽어보기(3) 참조).

정지한 유체가 평형을 이루면 어떤 면에 대해서든 압력은 모두 같다. 이 결과는 유체가 같은 높이에 있는 경우에 해당한다. 높이가 다른 유체에 대해서는 유체의 무게를 고려해야 한다. 유체의 무게 때문에 압력이 달라지기 때문이다. 수영장의 수면과 바닥 사이에는 수압의 차이가 존재한다. 물의 무게 때문이다. 유체가 깊을수록 압력이 커지는 것은 당연한 일이다. 높이가 달라지면 유체의 무게가 유체의 아랫면으로 작용하기 때문이다.

높이가 h이고 면적이 A인 부피에 유체가 들어 있는 유체의 질량을 m이라고 하자. 이 유체의 무게는 mg이므로, 깊이가 h인 면에는 $\Delta P=mg/A$인 압력이 추가된다. 유체의 질량을 부피밀도 ρ(rho, 로우)로 표시하면 $m=\rho Ah$이므로, 추가되는 압력은 $\Delta P=\rho gh$가 된다.

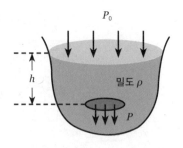

P_0

h

밀도 ρ

P

유체 내에서는 유체의 무게 때문에 높이에 따라 압력이 달라진다.

읽어
보기_1
유체 내에서 힘이 균형을 이루어야 한다는 의미를 알아보자.

유체 안에 프리즘 형태의 삼각통을 놓고 각 면에 작용하는 힘이 균형을 유지해야
할 조건을 조사해보자. 삼각통의 비스듬한 면을 (가)라 하고, 그 면적을 A라고 하
자. (가)에 힘 $F_가$ 작용하면 이 힘은 면에 수직해야 하고, (가)의 압력은 $P_가 = F_가/A$이
다.

힘이 (가)의 면에 수평하게 작용할 수는 없다. 만일 힘이 수평하게 작용한다면, 유

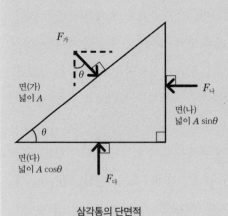

$F_가$

θ

면(가)
넓이 A

면(나)
넓이 $A\sin\theta$

θ

$F_나$

면(다)
넓이 $A\cos\theta$

$F_다$

삼각통의 단면적

체는 빗면을 따라 가속을 하게 되고 따
라서 유체는 정지해 있을 수가 없기 때
문이다.

삼각통의 아랫면 (다)에 수직으로 작용
하는 힘을 $F_다$라고 하자. (다)에 작용하
는 압력은 $P_다 = F_다/$(다)의 면적이다. 그
런데 (다)의 면적은 (가)의 면적에 비해
작다. 삼각통의 비스듬한 면과 아랫면이
이루는 각이 θ라면, 빗변과 밑변의 길이
의 비는 $1 : \cos\theta$이므로, (다)의 면적은
$A\cos\theta$가 된다.

(가)와 (다)의 면에 각각 작용하는 힘 $F_다$
와 $F_가$는 어떤 관계에 있는가? 유체가 서

로 균형을 유지하고 있으므로 위로 받드는 힘과 아래로 내리누르는 힘이 서로 같아야 한다. 그런데 (가)와 (다)는 비스듬하게 만나고 있으므로, 힘 $F_가$의 일부만이 아래로 작용하고 있다. 아래로 내리누르는 힘은 $F_가 \cos\theta$이고, 이 힘은 $F_다$와 같아야 한다.

이제 힘과 면적의 관계를 이용하여 (다)에서의 압력을 다시 써보면, $P_다 = F_다/$(다)의 면적$= (F_가 \cos\theta)/(A\cos\theta) = F_가/A$이다. 따라서 (다)에 작용하는 압력은 (가)에 작용하는 압력과 같다. 마찬가지 이유로 (나)에 작용하는 압력도 (가)에 작용하는 압력과 같다.

생각해 보기_5 아르키메데스는 물속에서 부력이 생기는 이유가 물체의 부피에 해당하는 물의 무게 때문이라는 것을 알아냈다. 아르키메데스 원리(Archimes' principle)를 설명해보자. 달에 수영장을 만든다면 부력이 생길까? 부력이 있다면 지구에서와는 어떻게 다를까?

생각해 보기_6 * 유압을 이용하면 힘을 증폭시킬 수 있다. 그러면 유압으로 에너지의 증폭도 가능한가? 유압을 이용하는 원리와 지렛대를 이용하는 원리를 비교해보자.

움직이는 유체의 에너지

관을 따라 흐르는 유체를 생각해보자. 관의 양쪽 끝에서 작용하는 압력이 같다면 평형을 이룬 유체는 정지해 있거나 일정한 속력을 유지하며 흐른다(관성으로 움직인다). 그러나 관의 왼쪽과 오른쪽의 압력 차이가 있다면 유체는 가속되고, 속력도 달라진다. 이때 외부에서 작용하는 압력 차는 유체에 일을 하게 되고, 대신 유체는 운동에너지를 얻게 된다.

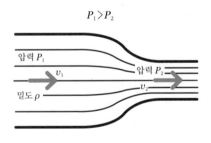

압력 차 때문에 속도가 달라진다.

유체에 한 일과 유체가 얻는 운동에너지를 자세히 알아보자. 외부에서 양쪽 끝에 작용하는 압력을 각각 P_1과 P_2라고 하자. 그리고 유체의 평형을 깨기 위해 P_1을 P_2보다 크게 만들자. 유체의 양쪽 끝에는 압력 차이가 생기므로, 이 압력 차가 유체에 힘으로 작용한다. 관의 단면적을 A라고 하면 유체에 작용하는 힘은 $F=(P_1-P_2)A$이다.

외부에서 힘이 작용하여 유체가 Δx만큼 움직였다면, 이 힘은 $\Delta W = F\Delta x$에 해당하는 일을 유체에 한다. 따라서 유체의 압력 차이가 한 일은 $\Delta W=(P_1-P_2)(A\,\Delta x)$이다. 그런데 이동하는 유체의 부피는 $\Delta V=A\,\Delta x$이므로, 움직인 거리 대신 유체의 부피 변화를 써서 유체에 한 일을 표시한다면 $\Delta W=(P_1-P_2)\Delta V$가 된다.

압력이 유체에 한 일 : $\Delta W = (P_1 - P_2)\,\Delta V$

외부에서 유체의 양쪽 끝에 작용하는 압력에 차이가 있고, 이 압력 차이로 유체가 움직이면 유체는 외부로부터 에너지를 공급받게 된다. 이 에너지는(마찰을 무시하면) 유체의 운동에너지로 바뀐다. 즉, 유체의 속력이 변하게 된다. 유체의 속력이 달라지면 어떤 현상이 생길까? 복잡한 문제를 피하기 위해 유체와 관 사이에 작용하는 마찰력은 무시하고, 유체의 밀도도 변하지 않는다고 생각하자(밀도가 변하지 않는다는 것은 유체가 압력을 받아도 압축되지 않는다는 것을 뜻한다).

유체가 관의 왼쪽에서 들어가 오른쪽으로 흘러 나간다고 하자. 들어오는 속력이 나가는 속력과 다르다면, 왼쪽에서 들어올 때 움직인 거리와 오른쪽 끝으로 나가는 거리가 달라진다. 그런데 유체가 흘러가는 양은 들어가는 양과 나가는 양이 같아야 하므로, 유체의 부피는 변하지 말아야 한다. 그 결과, 양쪽 끝에서 유체의 속도가 다르면 들어가는 유체의 단면적과 나가는 유체의 단면적이 달라져야만 한다.

단면적이 달라지는 현상은 수도꼭지에서 나오는 물줄기에서 쉽게 볼 수 있다. 수도꼭지에서 나온 물줄기는 아래로 떨어질수록 가늘어지는 경향을 보인다. 물줄기가 아래로 갈수록 중력에 의해 속력이 빨라지므로 물줄기의 단면적이 줄어들기 때문이다. 왼쪽에서 들어오는 유체의 부피와 오른쪽으로 나가는 유체의 부피는 같아야 한다. 이처럼 유체의 부피가 변하지 않는 모습을 유체의 연속방정식(continuity equation of fluid)이라고 한다.

단면적이 달라지는 현상을 자세히 표현해보자. 왼쪽에서 들어가는 유체의 단면적을 A_1, 오른쪽으로 나가는 단면적을 A_2라고 하자. 시간 Δt 동안 움직이는 유체의 부피는 일정하므로 $\Delta V = A_1 \Delta x_1 = A_2 x_2$를 만족한다. 이 식을 Δt로 나누어주면 속력의 관계식으로 바꿀 수 있다. $A_1 v_1 = A_2 v_2$. 결국 유체가 단위시간당 움직이는 부피 Av는 일정하게 유지되어야 한다. 따라서 단면적이 좁아질수록 유체의 속도는 빨라진다.

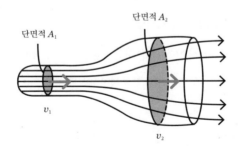

단위시간 동안 흐르는 유체의 양은 가는 물줄기나 굵은 물줄기나 같다.

유체의 연속방정식 : $Av = $ 일정

유체의 속력이 달라지는 모습을 유체의 운동에너지로 바꾸어 생각해 보자. Δt 동안 흐르는 유체의 질량은 $\rho A \Delta x = \rho \Delta V$이다. 유체가 흘러 들어가는 속력은 v_1이고, 흘러 나가는 속력은 v_2다. 따라서 흘러 들어올 때는 $\frac{1}{2}(\rho \Delta V)v_1{}^2$의 운동에너지를 가지고 있고, 흘러 나갈 때는 $\frac{1}{2}(\rho \Delta V)v_2{}^2$의 운동에너지를 가진다. 이 과정에서 유체가 얻는 운동에너지의 변화량은 $\Delta K = \frac{1}{2}(\rho \Delta V)(v_2{}^2 - v_1{}^2)$이다. 이 운동에너지는 외부의 압력 차이가 유체에 한 일 $\Delta W = (P_1 - P_2)\Delta V$와 같다. 즉, $(P_1 - P_2)\Delta V = \frac{1}{2}(\rho \Delta V)(v_2{}^2 - v_1{}^2)$.

이 식을 유체가 들어갈 때의 값과 나올 때의 값으로 구분하여 쓰면 $P_1 + \frac{1}{2}\rho v_1{}^2 = P_2 + \frac{1}{2}\rho v_2{}^2$이다. 들어갈 때의 값은 왼쪽 항에, 그리고 나올 때의 값은 오른쪽 항에 표시된다. 즉, 들어갈 때의 값과 나올 때의 값은 같다. 이 식은 유체가 압력을 받아 움직일 때에도 보존되는 양이 존재한다는 것을 보여준다. 이 결과를 베르누이 원리(Bernoulli's principle)라고 한다.

베르누이 원리는 유체의 역학에너지가 보존된다는 것을 정리한 것이다. 유체가 점성이나 마찰로 본래 가지고 있던 에너지가 열이나 다른 에너지로 바뀌지 않는다면, 역학에너지는 보존된다.

베르누이 원리 : $P + \frac{1}{2}\rho v^2 = $ 일정

베르누이 원리를 수도에 적용해보자. 수원지에서 도시 근방까지 연결되는 상수도관은 아주 굵고, 가정으로 연결되는 관은 가늘다. 유체의 연속방정식에 따르면, 수원지에서 보내는 물은 천천히 흐르고, 가정으로 보내는 물은 빠르게 움직인다. 또한 베르누이 원리에 따르면, 천천히 흐르는 유체는 운동에너지가 작은 대신 압력은 높다. 가정에서 빠르게 흐르는 유체는 압력이 줄어든다. 결과적으로 수원지 근방에서는 유체가 높은 압력으로 천천히 흐르지만, 가정의 수도관에서는 낮은 압력으로 빠르게 움직인다.

베르누이 원리를 비행기 날개 주위에 흐르는 기류에 적용해보자. 비행기 날개는 날개 위로 흐르는 기체가 날개 아래로 흐르는 기체보다 빠르게 흐르도록 설계되어 있다. 베르누이 원리에 따르면, 빠르게 움직이는 기체 때문에 날개 위에서의 압력이 떨어진다. 날개 위의 압력은 낮고, 날개 아래의 압력은 높다. 기체가 빠르게 움직일수록 날개 위와 아래의 압력 차는 커진다. 결과적으로 비행기 날개는 위로 향하는 힘을 받게 된다. 이 힘

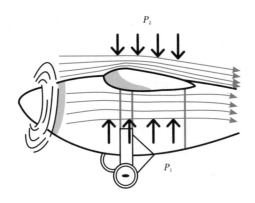

날개 위로 기체가 빠르게 흐르면 양력이 생긴다.

을 양력(lift)이라고 한다. 비행기는 양력의 도움을 받아 하늘로 이륙할 수 있다.

한편, 유체가 움직이는 관의 높이가 다르면 중력에 의한 위치에너지도 고려해야 한다. 높이 차이로 위치에너지 차이가 생기기 때문이다. 관의 높이를 각각 h_1과 h_2라고 하면 위치에너지는 $\Delta U = (\rho \Delta V) g (h_2 - h_1)$만큼 차이가 난다. 위치에너지와 운동에너지를 고려하면 결국 $P + \frac{1}{2}\rho v^2 + \rho g h =$ 일정하다는 것을 알 수 있다. 외부에서 압력 차이를 이용하여 공급한 에너지는 유체의 운동에너지와 위치에너지로 간직된다.

생각해 보기_7
2002년 7월 26일 태풍 '펑셴'이 몰고 온 강풍으로 서귀포 월드컵 경기장의 지붕이 파손되었다. 당시 파손된 지붕의 면적은 3천4백19m²였고, 강풍의 속력은 28.7m/s였다. 강풍 속력이 빨라질수록 강풍이 만들어내는 양력의 압력 차는 커진다. 공기 밀도를 1.2로 생각하고 베르누이 정리를 이용하여 압력 차를 구해보자. 이 압력 차가 만든 힘을 중력과 비교해보자.

태풍에 날아간 지붕

생각해 보기_8
공동난방을 하는 경우, 사용한 뜨거운 물의 양에 비례하여 난방비를 지불한다. 난방비를 아끼기 위해 대부분의 난방용 꼭지를 잠그고 일부만 열어놓는 경우 난방비를 절약할 수 있을까? 뜨거운 물이 흐르는 관의 굵기가 달라지면 물의 흐름이 어떻게 될지를 생각해보자. 샤워꼭지에서 나오는 물줄기를 세게 하려면 어떤 방법을 사용하면 좋을까?

**생각해
보기_9** 사람 몸속에는 혈액이 순환하고 있다. 심장에서 박동하는 압력으로 혈액이 온
몸을 순환한다. 동맥에서 나오는 혈관은 굵고 정맥을 연결하는 혈관의 굵기는
가늘다. 마치 수원지에서 높은 압력으로 보내는 수도관이 굵은 것과 같은 이
치다.

그런데 사람은 서서 다닌다. 머리는 심장보다 40cm 위에 있고, 일어서면 발은
심장보다 120cm 아래에 있다고 생각하자. 높이가 달라지면 높이에 따라 위치
에너지에 차이가 생기고, 위치에너지가 달라지면 머리에서의 압력과 발에서
의 압력도 달라진다. 혈액의 밀도는 $1.06{\times}10^3 kg/m^3$로 물의 밀도와 비슷하다.
동맥이 흐르는 혈관은 머리에서나 발에서나 굵기가 비슷하다고 가정하면, 높
이에 따라 압력이 어떻게 달라지는지 알아보자.

**생각해
보기_10*** 부력과 양력은 원리적으로 어떻게 다른가? 하늘에 뜨는 기구는 부력과 양력
중 어느 것을 이용하는가?

> ### 알아두면 좋을 공식
>
> ❶ 유체의 연속방정식 : Av = 일정
> ❷ 베르누이 정리 : $P + \frac{1}{2}\rho v^2 + \rho gh$ = 일정

생각해보기_1

밀도가 1.2kg/m^3인 공기가 h(m) 쌓여 있다면 이 공기가 만드는 압력은 1기압$=10^5$ Pascal$=1.2\text{kg/m}^3$ $\times h$(m)$\times 9.8\text{m/s}^2$을 만족한다. 따라서 두께 h는 약 8,500m이다.

생각해보기_3

수은이 관 아래로 완전히 흘러내리지 않는 이유는 대기압이 받쳐주기 때문이다. 관 속에 들어 있는 수은은 중력 때문에 관을 담고 있는 그릇을 내리누른다. 한편, 바닥에 있는 그릇에는 대기압이 작용하고 있다. 수은이 작용하는 압력이 대기압보다 크면 수은은 아래로 흘러내린다. 그런데 수은이 관 속에서 내려가면 수은이 바닥을 내리누르는 압력도 줄어든다. 결국 관 속에 있는 수은에 작용하는 압력이 대기압과 맞먹게 되면 수은은 더 이상 흘러내리지 않고 멈춘다.

수은 유리관의 높이가 760mm일 때 대기압을 계산해보자. 수은 유리관이 만들어내는 압력은 단위면적당 작용하는 힘이므로 '수은 밀도×중력가속도×수은 높이'로 표시된다. 수은의 밀도는 $13.6 \times 10^3\text{kg/m}^3$이므로, 대기압은 $(13.6\times10^3\text{kg/m}^3)\times$ $(9.8\text{m/s}^2)\times0.76\text{m}=1.013\times10^5$ Pa임을 확인할 수 있다.

수은 대신 물을 사용하면, 물의 밀도는 10^3kg/m^3이므로 수은에 비해 13.6배다. 따라서 필요한 높이는 760mm×13.6=10.3m이다.

생각해보기_5

아르키메데스 원리는 유체 안에 들어 있는 물체가 받는 부력의 크기를 알려준다. 부력은 물체의 부피에 해당하는 유체의 무게와 같다. 그 이유는 유체가 깊을수록 중력 때문에 압력이 커진다. 물체의 아랫면에 작용하는 압력과 물체의 윗면에 작용하는 압력이 달라진다. 이 압력 차에 의해 생기는 힘은 유체의 무게와 정확히 같다. 달에 수영장을 만

들어도 달의 중력이 있으므로 부력이 생긴다. 그러나 달 표면 위에서의 중력가속도는 1.622m/s^2로 지구에 비해 0.1655배이다. 따라서 부력도 비례해서 줄어든다.

생각해보기_6★

작은 면적을 A라고 하고, 큰 면적을 B라고 하자. A에 압력 P가 작용하여 Δx_A만큼 움직이면 힘 PA가 하는 일은 $PA\Delta x_A$이다. B에는 힘이 PB로 증폭되고, 이 힘이 Δx_B만큼 움직이면 하는 일은 $PB\Delta x_B$가 된다. 한편, 유체가 움직이는 양은 유체의 부피에 비례하므로 $A\Delta x_A = B\Delta x_B$가 되어야 한다. 따라서 유체의 작은 면적에서 작은 힘으로 한 일은 큰 면적에서 큰 힘이 한 일과 같다. 유압을 이용하는 원리나 지렛대를 이용하는 원리는 모두 작은 힘으로 일을 한다는 점에서는 같다.

생각해보기_7

공기 밀도가 1.2kg/m^3이고 속력이 28.7m/s인 강풍이 만드는 압력 차는 공기가 정지해 있는 경우와 비교하면 $\Delta P=\frac{1}{2}\rho v^2$이므로 494.2Pascal이고, 단위면적에 작용하는 힘은 494N이다. 한편, 지붕의 면적 밀도를 $\mu(\text{kg/m}^2)$라고 하면 단위면적에 지붕을 내리누르는 힘은 $\mu\times9.8$ N이다. 결국 강풍이 지붕을 날리는 힘은 94N>($\mu\times9.8$N +지붕을 고정시키는 힘)이 되었을 것이다. 소재에 따라 μ값이 달라지지만, 50kg/m^2에 못 미쳤을 것으로 추정할 수 있다.

생각해보기_9

혈관의 굵기가 비슷하면 동맥을 흐르는 혈액의 속력은(연속방정식을 사용하면) 거의 같다고 볼 수 있다. 속력이 같으면 운동에너지도 같다. 따라서 압력 차이는 높이 차로 나타나게 된다. 심장과 머리에서의 압력 차는 $\Delta P=\rho g\Delta h$를 이용하면 높이 차는 40cm, 혈액의 밀도는 $1.06\times10^3\text{kg/m}^3$이므로

$(1.06×10^3\text{kg/m}^3)$ (9.8m/s^2) (0.4m)=4,155Pa이
다. 일어서면 심장과 발 사이의 높이 차는 120cm
가 되어, 심장과 발 사이의 압력 차는 심장과 머리
의 3배인 12,465Pa로 높아진다.

한편, 심장에서의 평균 압력은 100토르이다(토
르 Torr는 토리첼리의 업적을 딴 비표준단위로 쓰인다. 1토
르는 133Pa이고, 760토르가 1기압이다). 이 압력을 기
준으로 환산하면 머리에서의 압력은 100토르-
4,155Pa=100-31토르=69토르이다. 발에서의 압
력은 100토르+12,465Pa=100+94토르=194토르
가 된다.

생각해보기_10*

부력은 유체가 정지해 있을 때 유체와 다른 물체
사이의 무게 차이로 압력이 달라져 생기는 현상이
고, 양력은 유체가 움직일 때 속도 차이로 생기는
현상이다. 기구는 부력을 이용한다.

1. 지하수를 사용하기 위해서는 보통 물 펌프를 사용한다. 펌프로 퍼올릴 수 있는 지하수는 지하 10m 이내에 있는 경우에만 가능하다. 그 이유는 무엇인가? 지하 10m보다 더 깊은 지하수는 어떻게 지상으로 퍼올릴 수 있는가?

2. 금 1kg이 물에 잠길 때 금에 작용하는 부력은 얼마인가? (금의 밀도는 19,300kg/m³이다.)

3. 압력 차를 이용하여 비행기의 속도를 측정하고자 한다. 피토관은 작은 구멍을 통해 공기가 흘러 들어올 수 있도록 한다. 관 속에는 액체가 들어 있고 구멍으로 들어오는 공기의 속도에 따라 액체의 높이가 달라진다. 액체의 높이로 측정한 압력 차가 150Pa이라면 바깥 공기의 흐름은 얼마인가? 상공에서 공기의 밀도는 0.03kg/m³로 계산하자.

4. 타이어 압력을 잴 때 보통 psi 단위로 잰다. 1psi는 대략 6,895N/m²이다. 자동차 타이어의 압력이 32psi였다. 이 압력은 대기압의 몇 배인가?

5. 저수지에서 물을 끌어들여 낮은 곳으로 보낸다. 흡입구에서의 물의 속력은 0.5m/s이다. 배출구에서는 물의 속력은 10m/s이다. 흡입구와 배출구의 압력 차가 1메가 파스칼이라고 하면, 흡입구와 배출구의 높이 차는 얼마나 될까?

6. 높이 10m의 큰 수족관에 3m 깊이의 물이 채워져 있다. 이때 수족관의 아래 벽에 작용하는 압력은 얼마인가? 이 수족관에 5m의 물을 더 채운다면 압력은 얼마나 증가하는가?

7. 건물 아래에서 반지름이 3cm인 관을 통해 1m/s의 속력과 190kPa의 압력으로 물을 공급하고 있다. 10m 높이의 건물에서 관이 1.5cm로 가늘어진다면 이곳에서의 물의 속력과 압력은 얼마인가?

8. 보트가 수면 아래 30cm 지점에 지름 3cm의 구멍이 났다. 이 구멍을 통해 5분 동안 들어오는 물의 양은 얼마나 될까?

9. 투수가 던지는 커브볼의 원리를 알아보자. 스트라이크 존에서 공을 뜨게 하거나 가라앉게 하려면 스핀을 어느 방향으로 주면 되는가?

〈정답〉

① 대기압과 맞먹는 물기둥의 높이는 약 11m이기 때문이다. 지하 10m보다 더 깊은 지하수는 보통의 펌프가 아니라 밀펌프(압력을 가해 물을 밀어내는 펌프)를 사용하면 가능하다. ② 0.5N ③ 100m/s ④ 2.2배 ⑤ 107m ⑥ 29,400Pa, 49,000Pa ⑦ 4m/s, 90.5kPa ⑧ 구멍으로 들어오는 물의 속력은 $v = \sqrt{2gh} = 2.4$m/s이다. 구멍의 넓이는 0.0007m^2이므로 물이 5분 동안 들어오는 양은 $vAt = 0.5\text{m}^3$이다. 물 0.5톤에 해당한다. ⑨ 투수가 공을 던질 때 공에 스핀을 주면 공 주위를 흐르는 공기의 속력에 변화가 생긴다. 공기의 속력이 달라지면 공기의 압력이 달라지고, 이 압력 차는 공을 휘게 한다.

6장

파동은 어떻게 다루는가

진동의 전달

축구장의 관람석에 관중들이 운집해 있다. 관중들은 선수들의 움직임에 신이 나서 모두들 일어났다 앉았다 한다. 그런데 좀 더 재미난 광경을 연출하기도 한다. 한쪽에서 관중들이 일어났다 앉으면, 옆 좌석에 있던 관중이 따라 일어났다 앉는다. 이 광경이 계속 옆으로 전달되면, 마치 물결이 한 곳에서 다른 곳으로 이동하듯 관중들의 움직임이 전파가 된다. 관중들은 제자리에서 일어섰다 앉았다를 반복할 뿐이지만, 그 광경은 시차를 두고 옆으로 이동한다.

진동이 전파되어 파동으로 바뀌는 것도 같은 원리다. 호수에 돌을 던져보자. 돌이 만들어낸 파원이 출렁거리면 물결파가 퍼져나간다. 실제로 물이 밖으로 이동하는 것은 아니지만 물결은 물이 출렁거림에 따라 이동한다. 파동은 이처럼 진동이 다른 곳으로 전달되는 현상이다. 파동의 특성에 대해 알아보자.

파동은 진동을 전달하는 현상이다. 진동이 한 곳에서 다른 곳으로 전달되려면 진동하는 물체와 옆에 있는 물체가 서로 연결되어 있어야 한다. 진동이 전달될 수 있게 서로 연결되어 있는 물질을 매질(transmission medium)이라고 한다. 매질은 진동을 옆으로 전달하는 역할을 한다.

축구장에 모인 관중들이 파도타기 하는 모습을 생각해보자. 한 무리의 사람들이 일어났다 앉았다 하지만, 옆에 앉아 있는 관중들이 이 사람들의 행동에 무관심하다면 아무런 일도 일어나지 않는다. 이와 달리 관중들이 옆에 있는 사람들의 행동을 시차적으로 따라한다면 파도가 만들어진다. 이 경우 파동을 전파하는 매질은 관중이다.

매질은 마치 수많은 그네가 모여 있는 것과 같다. 그네 하나가 흔들린다고 해서 옆의 그네가 흔들릴 이유는 없다. 그러나 그네와 그네 사이가 연결되어 있다면 다른 결과가 생긴다. 그네 하나가 흔들리면 옆에 있는 그네도 따라서 흔들린다. 마찬가지로 그 옆에 있는 그네도 흔들리고, 이런 과정을 반복하면서 그네의 흔들림이 옆으로 전파된다.

축구장에서 물결파가 얼마나 빨리 옆으로 전파되는가는 관중석에 앉아 있는 사람이 옆 사람의 동작을 얼마나 빨리 따라하느냐로 결정된다. 그네

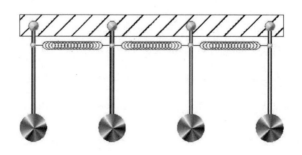

그네의 움직임이 다른 그네로 전달된다.

의 흔들림이 옆으로 전파되는 속도 역
시 그네와 그네 사이가 얼마나 강하게
연결되어 있느냐에 따라 달라진다.

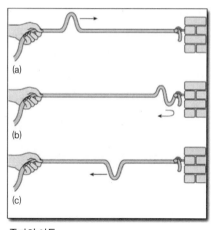

줄파의 이동

팽팽하게 당겨진 줄을 따라 전파
되는 줄파를 관찰해보자. 줄을 팽팽
하게 당겨주는 힘을 장력(tension)이라
고 한다. 줄의 한쪽 끝을 출렁이면, 줄
을 따라 물결 모양이 이동한다. 즉, 줄
파(wave on a string)가 전파된다. 줄파는
줄을 팽팽하게 당길수록 빨리 전파된다.

뉴턴 운동방정식을 이용하면 장력의 변화에 따라 줄파가 얼마나 빨리
전달되는지를 알아낼 수 있다. 팽팽하게 당겨진 줄이 위아래로 진동한다
는 것은 줄에 복원력이 작용하고 있다는 것과 같다. 복원력은 장력이 제
공하므로 장력이 클수록 복원력도 크다.

장력이 옆의 줄을 자극하면 옆에 놓인 줄이 반응한다. 그런데 줄이 무
겁다면 옆에 있는 줄은 쉽게 출렁이지 않는다. 줄이 가벼우면 옆에 있는
줄도 쉽게 움직인다. 결국 반응하는 정도는 매질의 밀도에 따라 달리 나
타난다. 다시 말해, 장력이 강할수록, 밀도가 가벼울수록 반응이 빨리 나
타난다.

줄의 장력을 $\mathfrak{J}$, 줄의 선밀도를 μ라 하면, 줄파의 속력은 $v = \sqrt{\mathfrak{J}/\mu}$로 표
현된다. 속력이 $\mathfrak{J}/\mu$의 함수로 표현된다는 것은 장력이 강할수록, 밀도가
가벼울수록 파동의 전달속도가 빠르다는 사실과 부합한다. 그런데 이때
속력이 아니라 속력의 제곱이 $\mathfrak{J}/\mu$에 비례한다($v^2 \propto \mathfrak{J}/\mu$)는 것을 어떻게

확인할 수 있을까?

그 실마리는 단위에 있다. 먼저 mv^2은 운동에너지에 비례하므로 에너지 단위를 가지고 있다. 여기에서 질량 m 대신 밀도 μ로 바꾸어보자. 밀도는 질량/길이의 단위를 가지고 있으므로 μv^2은 에너지/길이의 단위를 갖는다.

한편, 장력은 힘이다. 힘이 하는 일은 힘에 물체를 이동하는 거리를 곱해주어야 한다. 따라서 장력도 에너지/길이의 단위를 가진다. 따라서 μv^2와 $\mathfrak{I}$은 단위가 같다는 것을 알 수 있다. 하지만 μv^2와 $\mathfrak{I}$값의 비가 구체적으로 얼마가 되는지를 찾는 일은 쉽지 않다.[1] 결과적으로 보면, 줄파의 경우에는 $\mu v^2 = \mathfrak{I}$의 관계식을 만족한다. 즉, 줄파의 속력은 $\sqrt{\mathfrak{I}/\mu}$ 이다.

$$\text{줄파의 속력} : v = \sqrt{\frac{\mathfrak{I}}{\mu}}$$

생각해 보기_1 헬기가 로프의 한 끝에 짐을 매단 상태로 하늘을 날고 있다. 로프의 길이는 20m이고, 질량은 3kg이며, 로프의 끝에는 100kg의 짐이 매달려 있다. 로프에 걸린 장력은 얼마인가?(로프의 질량으로 생기는 장력은 무시하자.) 짐이 충격으로 흔들리면서 줄파를 만들면 이 줄파의 전달 속도는 얼마일까?

생각해 보기_2 기타나 하프, 피아노와 같은 현악기는 굵기가 다른 여러 개의 줄을 이용한다. 현악기는 각 줄이 만드는 줄파의 속력을 조절하여 소리를 조율한다. 이를 위해 피아노 조율사는 소리굽쇠를 가지고 다닌다. 줄파의 속력을 바꾸기 위해 조율사는 어떤 방법을 사용하겠는가?

---

1 이 결과는 뉴턴의 운동방정식을 직접 풀어야 알 수 있다.

압력이 만드는 파동

관악기나 타악기는 공기를 진동시켜 소리를 낸다. 공기를 진동시킨다는 것은 공기를 떨게 만들어 공기의 압력을 변화시키는 것이다. 드럼을 친다고 하자. 막이 흔들리면 막 주변의 공기가 압축·팽창되고 이 과정에서 공기의 압력 변화가 생긴다. 압력의 변화는 주기적으로 반복되고, 이 압력의 변화가 파동으로 전달된다. 압력 차가 만드는 파동을 음파(sound wave)라고 한다.

음파의 속력 역시 줄파처럼 매질의 상태가 결정한다. 압력이 작용할 때 매질의 탄성이 클수록, 매질의 밀도가 작을수록 속력이 더 빠르다. 음파의 속력은 공기를 통과할 때는 340m/s이지만, 물속에서는 이보다 빠른 1,500m/s이다. 강철의 경우에는 더욱 빨라 음속이 5,000m/s에 달한다.

공기나 유체를 통해 전파되는 음파는 진동 방향과 파동의 진행 방향이

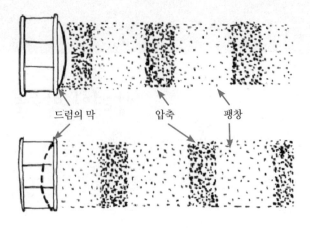

공기 중에서 음파가 전달되는 방식

드럼의 막   압축   팽창

같다.[2] 즉, 종파(longitudinal wave)이다. 음파는 압력의 차이를 전달하므로 음파가 물체에 도달하면 물체는 압력의 변화를 받아 흔들린다. 이 성질을 이용하면 초음파로 먼지를 떨어낼 수도 있다.

고체가 매질이 되어 음파가 전파될 때는 종파만이 아니라 횡파가 생길 수도 있다. 고체에 압력이 작용할 때 진행 방향으로 균일하게 압축과 팽창을 반복하는 경우에는 종파가 생긴다. 그러나 고체는 유체와 달리 일부분이 찌그러지면서 압축과 팽창이 생길 수 있다. 이 때문에 고체에서 음파가 전파될 때는 진행 방향과 수직인 방향으로 진동하는 횡파가 생길 수도 있다.

고체를 매질로 하는 대표적인 음파는 지진파이다. 지진파는 지구를 매질로 전파되며 종파인 P파와 횡파인 S파로 구분한다. P파의 속력이 S파보다 빠르기 때문에 지진이 일어나면 진원지에서 가까운 지표면에 P파가

---

2 점성이 있는 유체의 경우에는 종파만이 아니라 횡파도 생길 수 있다. 점성이 있는 유체는 경계면에서 층밀리기 힘(shear force)이 생길 수 있기 때문이다.

먼저 도착하고 S파는 나중에 도착한다.[3] 진원지에서 생긴 진동이 지표면으로 전달되면 지진의 파괴력은 P파와 S파에서 달리 나타난다. P파는 종파이므로 진원지 위의 지표면을 위아래로 흔들어준다. 이에 비해 횡파인 S파는 지표면을 좌우로 흔들어준다. 그 결과 P파보다는 S파가 건물에 더욱 심각한 피해를 준다.

또한 지구의 중심은 내핵(inner core)과 외핵(outer core)으로 구분되며, 내핵은 고체 상태로 외핵은 액체 상태로 존재한다. 종파인 P파는 지구의 중심부인 외핵과 내핵을 모두 통과할 수 있으므로 지구 반대편까지 쉽게 전달된다. 그러나 횡파인 S파는 액체로 된 외핵을 통과하지 못하고 차단되기 때문에 외핵 바깥에 암석으로 이루어져 있는 맨틀을 따라 전파된다. 이러한 지진파의 특성으로 지진파는 지구 내부의 모습을 연구하는 데 중요한 수단이 된다.

생각해 보기_3 다음의 파동에서 종파와 횡파를 구분해보자.
① 줄파 ② 소나(sonar) ③ 초음파 ④ 수면파(surface wave) ⑤ 전자파

생각해 보기_4 음파의 속도는 매질의 부피 탄성계수와 매질의 부피 밀도로 결정된다. '부피 탄성계수(bulk modulus)'란 압력이 변할 때 부피가 어떻게 변하는지를 표현하는 양이다. $B=-\Delta P/(\Delta V/V)$. 압력이 커지면 부피가 작아지므로 부피 탄성계수를 +로 만들기 위해서 −부호를 앞에 붙였다. 줄파에서처럼 단위를 이용하여 음파의 속도가 $\sqrt{B/\rho}$ 에 비례한다는 것을 확인해보자. ρ는 매질의 부피 밀도이다.

---

3 S파의 속력은 P파 속력의 60% 정도이다.

에너지를 전달하는 파동

파동은 진동에너지를 다른 곳으로 전달하는 역할을 한다. 파원이 에너지를 보내면 사방으로 퍼져 나간다. r만큼 떨어진 곳에서 보면 총 에너지가 표면적 $4\pi r^2$을 통해 퍼져 나간다. 따라서 파원과 떨어진 곳에서 파동을 관찰하는 경우 그 점에서 관찰되는 에너지를 표시하는 것이 편리하다.

파원이 파워 P를 보내면 파원에서 떨어진 곳에 단위면적을 통과하는 파워는 거리의 제곱에 반비례한다. 파원에서 r만큼 떨어진 곳에서 받는 단위면적을 통해 전달되는 파워를 파동의 세기(intensity)라고 한다. 파원에서 r만큼 떨어진 곳에서 감지하는 파동의 세기는 $I=P/(4\pi r^2)$이다.

소리의 세기도 파동의 세기로 표시한다. 사람이 겨우 들을 수 있는 소리 세기의 기준은 $I_0=10^{-12}\text{W/m}^2$로 정의한다. 그러나 감각기관은 보통 파동의 세기에 비례하여 반응하지 않는다. 귀가 소리에 반응하는 정도

는 파동의 세기의 로그 값에 비례한다. 소리 세기의 등급(sound intensity level)
은 소리에 인체가 반응하는 정도를 나타내는 방식이다. 소리 세기의 비
I/I_0를 로그로 표현한 양을 소리 세기의 등급이라고 한다. 소리 세기의 등
급=$\log_{10}(I/I_0)$이고, 단위는 벨(Bel, B)이다. 등급은 보통 벨 대신 데시벨
(decibel, dB)의 단위로 표시하므로 log 앞에 10을 붙인다.

$$\text{소리 세기의 등급 (데시벨)} : dB = 10 \log_{10}\left(\frac{I}{I_0}\right)$$

  겨우 들을 수 있는 소리 세기의 등급은 0이다. 사람이 일상에서 대화할
때 느끼는 소리 세기의 등급은 60dB이다. 이 소리 세기는 우리가 겨우
들을 수 있는 소리 세기에 비해 백만 배가 된다. 길가의 자동차 소음으로
혼잡한 지역의 소리는 80dB 정도이며, 스피커에서 나오는 시끄러운 음
악소리는 100dB이 넘는다. 시끄러운 소리 세기는 겨우 들을 수 있는 소
리 세기의 백억(10^{10})배 이상이 된다.

  지진의 경우에 지진의 규모는 리히터 스케일(Richter scale)로 표시한다.
이 스케일 역시 로그함수를 사용한다. 진원에서 100km 떨어진 지점에
서 관측할 때, 땅과 수평하게 흔들리는 지진계 바늘의 진폭을 A라고 하
자. 기준이 되는 진폭 A_0는 1.0마이크로미터이다. 리히터 스케일은 이 진
폭의 비를 로그로 표시한다. $M = \log_{10}(A/A_0)$. 한편, 지진이 전달하는 에
너지는 진폭의 $\frac{3}{2}$제곱에 비례한다. 따라서 리히터 스케일로 6은 5에 비
해 진폭은 10배이고 전달되는 에너지는 $10^{3/2} = 31.6$배이다. 마찬가지
로 리히터 스케일 7은 5에 비해 진폭은 100이고, 전달되는 에너지는

$100^{3/2}$=1000배가 된다.

파동은 에너지를 전달한다. 상대방에 에너지를 효과적으로 전달하는 방법은 공명을 이용하는 방법이다. 그네를 흔들어줄 때, 그네가 저절로 흔들리는 진동수(고유 진동수)에 맞추어 흔들어주면 잘 흔들린다. 이처럼 진동이 특정한 진동수에 크게 반응하는 현상을 공명(resonance)이라고 한다. 공명은 파동이 흔들어주는 진동의 진동수와 물체가 가진 자체의 고유 진동수가 같을 때 일어난다.[4] 스피커로 음파를 발생하여 에너지를 유리잔 쪽으로 내보낸다고 하자. 음파의 진동수를 유리잔 자체의 기본 진동수에 맞추어 보내면 유리잔은 음파를 받아 공명을 일으킨다. 유리잔이 음파의 진동에너지를 제대로 흡수하면 유리잔이 깨질 수도 있다.

음파가 귀에 도달하면 고막이 진동하고, 이 진동을 뇌가 감지하게 된다. 그러나 음파의 모든 진동수를 사람이 들을 수 있는 것은 아니다. 20Hz에서 20,000Hz 사이에 있는 음파만 사람이 감지할 수 있다. 이 진동수를 가청 진동수라고 한다. 그러나 가청 진동수라 하더라도 모든 사람이 감지할 수 있는 것은 아니다. 정상적인 사람도 나이가 들면 고음에 대해 고막이 반응하지 않기 때문에 고음을 듣지 못한다. 동물들 중에는 가청 진동수 밖의 음파를 감지하기도 한다. 개는 초음파를 감지하지만 40Hz 미만의 저주파는 감지하지 못한다. 시각이 거의 퇴화한 박쥐는 초음파를 이용하여 먹이를 찾아내고 물체를 식별한다. 초음파는 태아에 큰 영향을 주지 않기 때문에 태아 사진을 찍는 데 사용하기도 한다.

---

4 용수철의 고유 진동수는 용수철 상수 k와 물체의 질량 m으로 결정된다($2\pi f = \sqrt{k/m}$).

100W 출력의 스피커에서 나오는 소리를 10m 앞에서 듣는다면 이 사람이 듣는 소리 세기는 얼마나 될까? (스피커에서 나오는 소리는 사방으로 똑같이 퍼져 나간다고 생각하라.) 이 소리 세기의 등급은 얼마인가? 스피커 대신 이어폰을 사용하는 경우를 보자. 1mW의 파워를 내는 이어폰을 낄 때 귀에 들리는 소리 세기의 등급은 얼마나 될까? 귀의 면적은 대략 $1cm^2$로 계산하자.

파동이 공명을 일으키면 에너지 전달이 효과적으로 일어난다. 미국 타코마에 있던 현수교는 고유 진동수가 0.2Hzfh, 바람이 현수교를 흔드는 진동수가 고유 진동수가 되자 공명에 의해 붕괴되었다. 바람의 에너지가 다리에 효과적으로 전달된 셈이다. 실생활에서 공명현상이 나타나는 경우를 조사해보자.

파동이 전달되는 모습

진동에는 주기가 있다. 위치가 주기적으로 변하기 때문이다. 매질이 출렁거리면 파동은 옆으로 전달되고, 출렁거리는 모습이 공간에 반복되어 나타난다. 이렇게 반복되는 길이를 파장(wavelength)이라고 한다. 따라서 파동에는 파장이 있고, 진동에는 주기가 있다.

진동은 한 곳에서 매질이 움직이는 형태이기 때문에 매질의 한 점을 관찰하면 진동이 나타난다. 이것은 마치 시선을 무대 위의 배우 한 사람에게 오랜 시간 집중하는 것과 같다. 카메라를 매질의 한 부분에 고정시킨 채 한 점만을 오랫동안 촬영하면 이 비디오에는 매질의 진동하는 모습이 자세히 나타난다. 즉, 주기가 보인다.

파동은 진동이 옆으로 전달되는 현상이다. 파장을 보려면 매질의 넓은 지역을 관찰해야 한다. 마치 무대 전체를 스틸 사진으로 찍으면 한순간에

여러 배우와 모든 배경이 나타나듯
이, 매질을 찍은 사진에는 파동의 굴
곡이 나타난다. 매질에 산과 골짜기
가 반복되는 것이 보인다. 즉, 파장
이 보인다.

파동을 찍은 스틸사진에는 파장이 보인다.

매질의 한 점이 주기적으로 반복
되는 진동 현상과 매질의 넓은 지역
이 공간적으로 반복되는 파동 현상은 서로 연결되어 있다. 한 점이 한 번
진동할 때마다 파동은 한 파장의 거리를 이동한다. 파장을 λ, 주기를 T,
파동의 속력을 v라고 하면, 한 주기 동안 파동이 이동한 거리는 한 파장
이 된다. $\lambda = vT$. 주기 대신 진동수로 표시하면 파동의 속력은 $v = \lambda f$이다.
이처럼 매질을 따라 흐르는 파동의 속력과 매질이 진동하는 진동수, 그리
고 파장은 서로 하나의 식으로 연결되어 있다.

$$\text{파동의 속력과 주기}: v = \lambda f = \frac{\lambda}{T}$$

생각해
보기_7
박쥐는 반사되는 파동으로 물체를 구별한다. 이때 물체의 크기가 파장보다 커
야 구별이 가능하다. 박쥐가 사용하는 100kHz에서 200kHz의 초음파의 파장
은 공기 중에서 얼마인가? 고래가 사용하는 150kHz의 초음파의 파장은 물에
서 얼마인가? 20MHz의 초음파를 사용하여 몸속의 사진을 찍는다. 이 초음파
의 파장은 얼마인가?

생각해 보기_8 태평양을 따라 진행하는 쓰나미 파동을 보자. 쓰나미의 파장은 아주 길어서 보통 100km 정도 된다. 수심이 4km 정도인 바다를 따라서 이 쓰나미가 전파되면 쓰나미의 속력은 대략 200m/s 정도가 된다. 시속으로 바꾸면 대략 700km/h가 된다. 이러한 쓰나미의 진폭은 아주 작아서 태평양에서 이를 발견하기란 그리 쉽지 않다. 쓰나미가 해변에 도착하면 거대한 파로 돌변한다. 그 이유는 무엇이라고 보는가? 쓰나미의 거대한 에너지는 어디에 저장되어 있던 것일까?

생각해 보기_9 파원이 진동하는 모습은 $\sin \omega t$이다. 이 파동이 속도 v로 이동한다면, 오른쪽으로 전파되는 경우와 왼쪽으로 전파되는 경우에 파동의 형태는 어떻게 표시할까?

생각해 보기_10 * 음파는 공기를 매질로 전파된다. 그런데 음원이 움직이면서 소리를 내거나 관찰자가 음원을 향해 움직일 때 소리의 높이가 달라진다. 이런 현상을 도플러 효과(Doppler shift)라고 한다. 도플러 효과를 다음과 같이 이해해보자. 먼저 음원이 가까이 다가오는 경우를 살펴보자. 음파를 듣는 관찰자는 음의 파장이 짧아지는 것을 경험한다. 그 이유는 무엇일까? 물론 파장이 짧아지면 소리의 높이가 올라간다. 원래 진동수를 f, 음파의 속력을 v라고 하자. 음원이 다가오는 속도를 v_s라고 하면, 관찰자가 측정하는 진동수는 $f_0 = \dfrac{f}{1-v_s/v}$ 이다.

다음으로 관찰자가 음원으로 다가가는 경우를 살펴보자. 관찰자는 음파의 속도가 빨라지는 것을 경험한다. 그 이유는 무엇일까? 음의 파장은 같은데 음파의 속도가 빨라지면 당연히 소리의 높이가 올라간다. 관찰자가 다가가는 속도가 v_0이면, 관찰자가 측정하는 진동수는 $f_0 = f(1+\dfrac{v_0}{v})$이다.

음속이 340m/s일 때 (가) 150m/s로 다가오는 비행기에서 내는 소리를 관제탑에서 듣는 경우와 (나) 관제탑에서 내는 소리를 150m/s로 다가가는 비행기가 듣는 경우에 소리의 높이는 얼마나 달라질까?

파동과 간섭

파동의 전파속도는 매질 자체가 결정한다. 매질이 얼마나 가볍고 서로 강하게 연결되어 있느냐에 따라 파동의 전달속도가 결정된다. 따라서 $v=\lambda f$의 관계식은 파장이 주어지면 진동수가 결정되고, 반대로 진동수가 주어지면 파장이 결정된다는 것을 보여준다. 그렇다면 파장과 진동수는 어느 양이 먼저인가? 그 대답은 파동이 진행하는 매질의 형태에 따라 달라진다.

백사장으로 밀려오는 파도를 보자. 파도는 주기적으로 밀려온다. 밀려오는 파도는 먼바다에서 만들어진다. 바람이 파도를 만들어내기도 하고 지진이 일어나 파도가 만들어지기도 한다. 파도가 처음 만들어질 때 수면이 진동하는 주기는, 파도가 밀려올 때 수면이 진동하는 주기와 같다. 따라서 파도는 진동수가 먼저 주어지고, 그 결과 파장이 결정된다. 이처럼 매질이 커다란 공간에 퍼져 있으면 파동은 매질을 따라 퍼져 나가는 진행

파가 되고, 이 파동은 파원의 진동수를 그대로 유지한다.

그러나 일정 공간 안에 파동이 갇혀 있으면 파동의 모습이 달라진다. 수영장의 갇힌 물에서 출렁거리는 파동을 보자. 이 파동은 넓은 공간에 놓인 매질을 따라 멀리 전파되는 파동과는 다르다. 수영을 하면 주위에 물결이 생기고 이 물결이 퍼져 나가지만, 얼마 못 가서 다른 사람이나 수영장 벽에 부딪친 후 반사된다. 반사된 물결이 퍼져 나가는 물결과 만나면 새로운 파형이 생긴다. 이를 간섭(interference)이라고 한다.

두 파가 만나 더해지는 과정을 중첩(superposition)이라고 한다. 바닷가에는 밀려오는 파도와 반사되는 파도가 서로 만난다. 그 결과 더 큰 파도가 만들어지기도 하고 상쇄되어 사라지기도 한다. 파도가 보여주는 것처럼 파동의 가장 큰 특징은 파동들이 서로 만나면 간섭을 일으킨다는 점이다.

일정 공간 안에 갇혀 있는 파동은 파동의 간섭을 확실하게 보여준다. 특히 서로 반대로 진행하는 파가 만나면, 두 파가 간섭을 일으켜 마치 파가 정지한 것처럼 보일 수 있다. 수영장 안에서 반사되는 물결들이 중첩하면 물결은 흘러가지 않고 그 자리에서 출렁거린다. 물결이 퍼져 나가는 것이 아니라 정지한 상태에서 출렁거린다. 이러한 파를 정지파(standing wave)라고 한다.[5] 정지파에는 진동하지 않는 점과 출렁거리는 점이 존재한다. 진동하지 않는 점을 마디, 출렁거리는 점을 배라고 한다.

작은 공간 안에 파동이 갇혀 있으면 진행파와 반사파가 서로 중첩되면서 결과적으로 공간 안에 머물 수 있는 일정한 파장을 가진 정지파가 만들어진다. 정지파의 특징은 유한한 공간 안에 머물 수 있는 파장이 선별

---

5 정상파(stationary wave)라고도 한다.

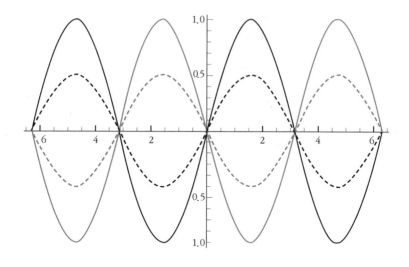

마디와 배가 있는 정지파

적으로 결정된다는 점이다. 파장이 결정되면 진동수는 $v=\lambda f$의 관계식에 따라 자동으로 결정된다. 그 까닭은 파동의 속도는 매질에 의해 이미 정해져 있기 때문이다.

정지파를 이용하는 대표적인 경우는 악기다. 악기는 정지파의 성질을 이용하여 소리의 높낮이를 조절한다. 피아노나 바이올린 같은 현악기는 줄파를 이용한다. 피리나 대금과 같은 관악기는 공기를 매질로 하는 음파를 이용한다.

현악기의 경우 소리의 높낮이를 어떻게 결정하는지 알아보자. 줄파의 가장 큰 파장을 기본 파장이라고 한다. 악기의 줄의 길이를 L이라고 하면, 기본 파장은 $\lambda=2L$로 결정된다. 기본 파장이 정해지면 기본 진동수는 $f=v/\lambda$식으로 결정된다. v는 줄파의 속력이다. 따라서 현악기가 내는 기본 진동수는 $f=v/(2L)$이다. 한편, 기본 진동수의 정수배가 되는 다른 파장들은 하모닉스(harmonics)를 만든다. 진동수가 2배가 되면, 파장은 1/2배가 된다.

현악기 소리의 높낮이를 조절하려면, 파장은 이미 결정되어 있으므로 줄파의 속력을 바꾸면 된다. 줄파의 속력은 줄의 밀도와 장력으로 결정되므로 줄이 굵은 줄은 낮은 소리를 내고 가는 줄은 높은 소리를 낸다. 또한 줄을 팽팽하게 조이면 장력이 커져 높은 소리가 나고, 줄을 느슨하게 풀어주면 낮은 소리가 난다.

관악기 역시 현악기처럼 관의 길이에 따라 파장이 결정된다. 관의 양쪽이 터져 있으면 두 구멍 사이의 간격이 4배가 기본 파장이 된다. 이때의 기본 진동수는 $f=v/(4L)$이다. 관의 한쪽이 막혀 있으면 공기를 넣는 곳으로부터 구멍까지 간격의 2배가 기본 파장이다. 이때의 기본 진동수는 $f=v/(2L)$이다.

그러나 관악기가 현악기와 다른 점은 현악기처럼 음을 조율할 수가 없다는 점이다. 매질은 공기이고 음파의 속도는 공기가 결정한다. 더구나 음파의 속력은 그 날의 날씨와 압력, 공연장의 습도 등에 따라 미세하게 달라진다. 이 때문에 소리의 높낮이 또한 공연장의 상태에 따라 미세하게 변한다. 이런 이유로 관현악을 연주할 때는 오케스트라의 모든 악기의 음을 관악기인 오보에의 음에 맞춘다.

생각해 보기_11 잔잔한 파도가 바닷가에 밀려온다. 이 파동의 속력은 수심에 따라 달라진다. 수심 1m 정도에 파도의 속력은 대략 3m/s다. 파도가 밀려오는 주기가 5초라면 이 파도의 진동수와 파장은 얼마인가?

생각해 보기_12 파동의 에너지는 진폭의 제곱에 비례한다. 각각 1J의 에너지를 가지는 두 파동이 만나 간섭을 일으킨다고 하자. 간섭이 일어나면 파의 진폭은 2배가 될 수도 있고, 0이 되어 사라질 수도 있다. 이 경우 파동의 에너지는 4배가 될 수도 있고, 0이 될 수도 있다. 그렇다면 두 파가 만나면 파동의 역학에너지는 보존되지 않는 것일까? 외부에서 들리는 소음을 상쇄시키는 헤드폰을 사용하면, 귀에 들리던 소음이 사라진다. 그렇다면 소음을 만들던 에너지는 어디로 간 것일까?

생각해 보기_13 현의 길이가 5m나 되는 긴 줄의 베이스가 있다고 하자. 이 줄의 밀도는 40g/m이고, 현의 기본 진동수는 20Hz로 맞춘다. 이 줄은 어느 정도의 장력으로 조여야 할까?

알아두면 좋을 공식

❶ 줄파의 속력 : $v = \sqrt{\dfrac{c}{\mu}}$

❷ 소리의 세기 등급 : $dB = 10\log(\dfrac{I}{I_0})$

지진의 리히터 스케일 : $M = \log_{10}(\dfrac{A}{A_0})$

❸ 파동의 속력과 주기의 관계 : $v = \lambda f = \dfrac{\lambda}{T}$

생각해보기_1

줄에 걸리는 장력은 로프의 질량을 무시하면 짐의 무게로 결정된다. 따라서 100kg×9.8m/s²=980N. 줄파의 속력은 $\sqrt{\frac{980}{3/20}}$ m/s=80.8m/s

생각해보기_3

(1)줄파(횡파), (2)소나(종파), (3)초음파(종파), (4)수면파(surface wave, 횡파와 종파가 섞여 있다) (5)전자파(횡파).

생각해보기_5

100W 출력을 10m 앞에서 듣는다면 소리 세기는 $100W/(400\pi m^2)=0.08$ W/m². 소리 세기의 등급은 $10\log_{10}(0.08/10^{-12})$dB=109dB이다.

이어폰을 사용하는 경우 소리 세기는 $(10^{-3}/0.01)$ W/m² $=0.1$ W/m²이고, 소리 세기의 등급은 $10\log_{10}(10^{12}\times10)$dB=130dB 이다.

생각해보기_7

공기 중에서 음파의 속력은 340m/s이므로 100kHz에서 200kHz의 초음파에 해당하는 파장은 v/f을 쓰면 1.7mm에서 3.4mm이다. 물속에서는 음파의 속력이 빨라지므로 1,500m/s을 사용하면 150kHz의 파장은 10cm이다. 몸속에서 초음파의 속력 1,550m/s 정도이다. 따라서 20MHz의 파장은 78 마이크로미터이다.

생각해보기_9

진동하는 사인파형 $\sin\omega t$가 오른쪽으로 전파되면 t초 후에는 점 $x=vt$에서 똑같은 사인파동이 진동한다. 시간적으로 볼 때 $t=x/v$ 후에 진동하므로, $\sin(\omega(t-x/v))$로 쓸 수 있다. 즉 파원에서는 $t=0$일 때 $\sin\omega t=0$에서 진동을 시작하지만, x만큼 떨어진 점에서는 $t=x/v$일 때 $\sin(\omega(t-x/v))=0$에서 진동을 시작한다.

마찬가지로 파동이 왼쪽으로 전파되는 경우에는 $x<0$이고, $t=-x/v$에서 진동을 시작하므로

$\sin(\omega(t+x/v))$로 쓸 수 있다.

$\omega=2\pi/T$와 $v=\lambda/T$를 사용하면 왼쪽으로 이동하는 파는 $\sin(2\pi(t/T-x/\lambda))$이고, 오른쪽으로 이동하는 파는 $\sin(2\pi(t/T+x/\lambda))$가 된다.

생각해보기_10★

음원은 주기 T 간격으로 파동을 내면서 속력 v_s로 다가오면 음원이 한 주기 동안 움직인 거리 v_sT만큼 파장이 짧아진다. 소리의 원래 파장을 λ라고 하면 관찰자가 느끼는 파장은 $\lambda_0=\lambda-v_sT$이다. 관찰자가 볼 때 매질을 따라 전파되는 소리의 속도는 $v=340$m/s이므로, 관찰자가 듣는 소리의 진동수는 $f_0=v/\lambda_0>v/\lambda=f$가 된다. 따라서 소리의 높이가 올라간다.

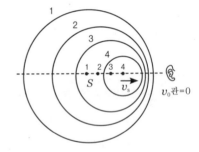

음원이 v_s로 다가올 때 파장의 모습

관찰자가 음원으로 다가가는 경우에는 소리의 파동이 빨리 다가오는 것으로 관찰된다. 따라서 관찰자가 느끼는 소리의 속도는 $v_r=v+v_0$이다. 음원이 내는 소리의 파장은 이므로 관찰자가 느끼는 소리의 진동수는 $f_0=v_r/\lambda>v/\lambda_0=f$이며, 소리의 높이가 올라간다.

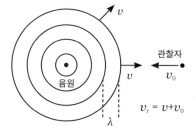

관찰자가 v_0로 움직이면 소리의 속도가 빨라진다.

(가) 비행기가 다가오면서 내는 소리를 관제탑에서 듣는 소리의 높이는 $f_0=f/(1-150/340)=1.79f$

(나) 관제탑에서 내는 소리를 다가가는 비행기가 듣는 소리의 높이는 $f_0=f/(1+150/340)=1.44f$
두 경우가 다르다.

생각해보기_11
주기가 5초이면 진동수는 0.2Hz이고, 파장은 3m/s×5s=15m이다.

생각해보기_13
현의 길이가 5m이면 기본파장은 10m이다. 현의 기본 진동수가 20Hz이면 줄파의 속력은 200m/s이다. 줄의 밀도는 40g/m이므로 줄에 작용하고 있는 장력 $\mathfrak{J}=\mu v^2$으로 1,600N이다.

1. 200N의 장력을 작용할 때 줄파에 생긴 횡파의 속력은 100m/s였다. 줄파의 속력을 150m/s로 올리려면 장력은 얼마로 작용해야 하는가?

2. 소리 세기의 등급이 80dB에서 120dB로 증가하면 소리의 세기는 얼마나 증가하는가?

3. 음원에서 1km 떨어진 곳에서의 소리 100dB이다. 이 음원의 소리의 파워는 얼마인가?

4. 소리가 고막에 전해지면 고막이 진동하는 진폭은 전달되는 에너지의 제곱근에 비례한다. 60dB의 소리에 비해 100dB에 해당하는 소리가 고막을 진동시키는 진폭은 얼마나 다를까?

5. 바이올린 줄의 길이가 15cm이고 줄파의 속력은 280m/s이다. 이 줄파가 내는 진동수는 얼마인가? 이 음이 공기를 타고 전파할 때 음의 파장은 얼마인가? 공기의 음속은 340m/s이다.

6. 양쪽이 트인 관을 사용하는 오르간의 경우 가장 긴 파이프의 길이는 2.4m이고 이 파이프는 C음을 낸다. C음의 기본 진동수는 262Hz이다. 가장 긴 파이프가 내는 C음은 어떤 하모닉스인가? 한쪽 관이 막힌 파이프를 사용하면 소리는 어떻게 달라지는가?

7. A음의 기본 진동수는 440Hz, C음의 진동수는 262Hz이다. 한편, 기본 진동수를 f_1이라고 하면 다음 하모닉스의 진동수는 $2f_1$이다. 그런데 C의 하모닉스에는 12개의 반음(C, 반음, D, 반음, E, F, 반음, G, 반음, A, 반음, B, C)이 모여 하모닉스를 형성한다. 반음의 진동수는 수학적으로 $2^{1/12}$배씩 증가하도록 설계되어 있다. 이 진동수를 사용하면 C와 G의 진동수 비가 2 : 3이고, C와 E는 4 : 5임을 확인해보자.

8. 맥놀이(beat) : 맥놀이란 비슷한 두 개의 파가 중첩하여 생기는 현상이다. 진동수가 약간 큰 f_1과 약간 작은 f_2의 두 음이 만나면 중첩되는 파의 진폭은 $\frac{1}{2}(f_1-f_2)$의 진동수로 커졌다 작아졌다 한다. 귀에 들리는 소리는 진폭의 제곱이므로 귀에 들리는 소리는 (f_1-f_2)의 진동수로 커졌다 작아졌다 하게 된다. 따라서 맥놀이의 주기는 $\frac{1}{f_1-f_2}$ 이다.

피아노를 조율하는 경우 440Hz의 표준음을 가진 소리굽쇠를 사용한다. 피아노 소리와 소리굽쇠가 간섭하여 5Hz의 맥놀이를 만든다면 이 피아노 소리의 진동수는 얼마일까?

9. 두파의 중첩 : 두 파가 만나 간섭을 일으키는 현상은 두 파를 더해보면 알 수 있다. $t=0$일 때 파의 모습을 $\sin x$로 표시한다고 하자. 이 파가 오른쪽으로 움직이면 t초 후에는 $\sin(x-vt)$가 된다. 시간마다 달라지는 파의 모습을 그래프로 그려서 확인해보자. 마찬가지로 왼쪽으로 움직이는 파는 $\sin(x+vt)$이다.

t초 후에 두 파가 만난다고 하자. 두 파가 만나는 현상은 두 파를 더하는 것과 같다. $\sin(x-vt)+\sin(x+vt)$. 두 파가 만나 정지파가 되는 것을, 시간마다 달라지는 모습을 그래프로 그려서 확인해보자.

10. 충격파 : 음원이 음속을 돌파하면 굉음(sonic boom)이 생긴다. 충격파가 생기기 때문이다. 물 위에서 보트가 빠른 속도로 지나가면 보트 뒤로 파형이 생겨나는 현상과 비슷하다. 음원을 중심으로 생기는 충격파의 파형은, 음원이 이동한 거리를 빗변으로 하고 음파가 이동한 거리와 수직인 변으로 하는 삼각형을 형성한다. 정찰기가 10km 상공에서 마하 3으로 날고 있을 때 지상에서 충격파를 감지하면 이 정찰기는 지상의 관찰자로부터 얼마나 떨어져 있을까? 음속은 330m/s로 생각하자.

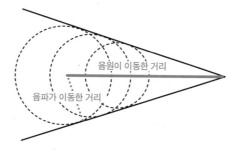

11. 바닷가에 부딪치는 파도를 보자. 잔잔하게 이동하는 파도는 출렁거리는 모양이 그대로 유지된다. 그러나 너울성 파도처럼 파도가 거세게 몰아치는 경우에는 파형이 부서진다. 그 이유는 무엇이라고 생각하는가?

〈정답〉

① 450N ② 10,000배 ③ $4\pi 10^4\text{W}=125,664\text{W}$ ④ 100dB의 소리는 60dB에 비해 소리 세기가 10,000배이고, 따라서 진폭은 100배가 된다. 고막의 떨림 역시 100배가 된다. ⑤ 933Hz, 36.4cm ⑥ 양쪽이 터진 관의 파장$=2L=v/f$를 만족한다. 기본 C음을 내는 파이프의 길이는 0.6m에 해당한다. 따라서 2.4m에 해당하는 C음은 기본 진동수의 1/4에 해당하므로 2옥타브 낮은 C음이다. 한쪽 관이 막힌 관의 파장$=4L=v/f$를 만족한다. 기본 C음을 내는 파이프의 길이는 0.3m이므로 2.4m는 3옥타브 낮은 음을 낸다. ⑦ C와 G 사이에는 반음이 7개가 있다. C의 진동수를 f_1이라고 하면, G의 진동수는 $2^{7/12}f_1=1.5f_1$이므로 C와 G의 진동수 비는 2 : 3 이다. C와 E 사이에는 반음이 4개가 존재한다. E의 진동수는 $2^{4/12}f_1=1.26f_1$이고, C와 E는 대략 4 : 5가 된다. ⑧ 435Hz, 또는 445Hz ⑨ 합성된 파가 정지파가 되는 것은 $\sin(x-vt)+\sin(x+vt)=2A\cos(vt)\sin(x)$를 이용하면 쉽게 알 수 있다. 두 파가 만나면 각각 이동하는 대신 정지한 채로 진동한다. 정지파의 진폭은 $2A\cos(vt)$이다. 이 진폭은 시간에 따라 커졌다 작아졌다 한다. ⑩ 음파는 330m/s 속력으로 10km를 이동한다. 음파가 걸린 시간은 30초이고, 이 시간 동안 정찰기가 990m/s 속력으로 이동한 거리는 29.7km이다. 따라서 지상의 관찰자와 정찰기와의 거리는 $\sqrt{(29.7)^2-(10)^2}$ 이다. ⑪ 파형의 진폭에 따라 속도가 달라지기 때문이다. 진폭이 큰 파가 진폭이 작은 파보다 속도가 빠르면 파도의 마루가 먼저 도착하므로 파형이 부서진다.

7장

전기에너지와 기전력

전류와 전자석

전기가 없는 현대의 일상생활을 상상이나 할 수 있겠는가? 전기 덕분에 밤에도 대낮처럼 생활이 가능하게 되었고, 전기기기의 출현으로 현대인의 생활은 전에 없이 윤택해졌다. 전기는 현대 문명을 가능하게 하는 기반자원이다.

전기를 본격적으로 이해할 수 있게 된 계기는 19세기 초에 등장한 볼타전지이다. 볼타전지 덕분에 강한 전류로 실험할 수 있게 되었고, 이 과정에서 외르스테드는 전류가 자석이 되는 현상을 우연히 발견하게 되었다. 이후 전류와 관련된 괄목할 만한 사실들이 실험으로 알려지게 된다. 전류가 보여주는 자연 현상들을 알아보자.

나침반은 지자기가 작용하는 힘의 방향을 알려준다. 나침반은 자석 가까이에서도 반응한다. 자석이 나침반에 힘을 작용하기 때문이다. 따라서

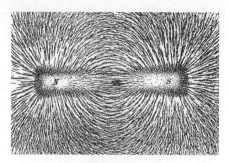

자석 주위에 뿌린 쇳가루의 모습

나침반을 이용하면 자석이 주위에 작용하는 힘의 방향을 지도처럼 표시할 수 있다. 나침반 대신 쇳가루를 뿌려도 같은 효과가 나타난다. 쇳가루가 작은 나침반 역할을 하기 때문이다.[1] 쇳가루가 촘촘하게 배열되는 곳은 자석의 영향이 큰 곳이다. 배열된 형태는 힘의 방향을 표시한다.

쇳가루가 가리키는 방향을 따라 화살표를 그려보자. 화살표를 사용하면 자석이 작용하는 힘의 정도를 공간에 표시할 수 있다. 공간에 표시된 화살표처럼, 자석이 공간에 작용하는 정도를 나타내는 양을 자장(magnetic field, 또는 자기장)이라고 한다. 자장이란 자석 주위에서 나침반이 반응할 방향과 크기를 알려주는 벡터량이며, 보통 B로 표시한다. 자장의 표준단위는 T(테슬라, tesla)이다. 1테슬라는 10,000가우스(G, gauss)이다.

전류는 자석과 전혀 무관하게 보인다. 그러나 전선에 전류가 흐르면 전선 주위에도 자장이 생긴다. 이 사실은 전류가 흐르는 전선 주위에서 나침반이 반응하는 것으로부터 알 수 있다. 긴 전선에 전류가 흐르면 전선 주위를 돌아가는 자장이 생긴다.

---

1 쇳가루는 작은 영구자석과 같다. 전자의 스핀이 영구자석의 역할을 한다. 스핀은 12장에서 다루기로 한다.

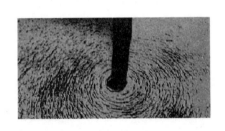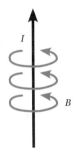

긴 전선 주위를 따라 생기는 자장

전류가 흐르는 전선 주위에 만들어지는 자장의 형태는 전선의 모양에
따라 달라진다. 전선을 고리 형태로 감으면 고리를 둘러싸는 자장이 생긴
다. 전선을 코일 모양으로 촘촘히 감아 막대 모양으로 만들면 이때 생기
는 자장은 마치 막대자석이 만드는 자장처럼 보인다.

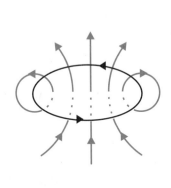

전류 고리 하나가 만드는 자장   솔레노이드가 만드는 자장

코일을 촘촘히 감아 만든 전선을 솔레노이드(solenoid)라고 한다. 솔레노이드 주위에 생기는 자장은 솔레노이드 바깥에만 존재하는 것이 아니다. 솔레노이드 내부에도 자장이 존재한다. 솔레노이드 바깥에서는 자장의 방향이 N극에서 S극으로 향하지만 솔레노이드 내부에서는 자장의 방향이 S극에서 N극으로 향한다. 따라서 자장의 방향을 따라가다 보면 끝이 없다. 솔레노이드 내부에서는 자장이 N극으로 향하고, 솔레노이드 밖으로 나오면 자장은 S극으로 향한다.

일반적으로 자석이 만드는 자장을 따라가면 그 곡선은 항상 폐곡선을 만든다. 즉, 자장은 시작하는 점과 끝나는 점이 없다. 그 이유는 자석의 N극과 S극이 분리되지 않기 때문이다. 만일 N극과 S극이 분리된다면 자장은 N극에서 출발해서 S극에서 끝날 것이다. 그러나 자석은 자기 쌍극자(magnetic dipole)이고, N극과 S극이 분리되지 않기 때문에 자장을 따라가면 결국 시작점으로 다시 돌아오게 된다.

생각해 보기_1 나침반의 바늘은 북쪽을 가리킨다. 나침반 바로 아래에 바늘과 나란히(남북으로) 전선을 놓아보자. 전선에 전류를 흘리면, 나침반의 바늘은 어떻게 움직일까? (남북으로 나란히 놓인) 전선을 나침반 위에 놓아보자. 나침반은 어떻게 반응하는가? 전선을 동서로 놓고 전류를 흘리면 나침반은 어떻게 반응할까?

생각해 보기_2 나침반은 지구가 자석이라는 것을 이용하여 방향을 알아낸다. 나침반이 북쪽을 가리키는 것은 지표면에 남극에서 북극으로 향하는 자장이 존재하기 때문이다. 지구의 북극에는 자석의 S극이 놓여 있고, 지구의 남극에는 자석의 N극이 놓여 있다. 지표면에서는 자장이 북극을 향하고 있지만, 지구 내부에선 자장이 남극을 향한다. 지구 내부에도 자장이 있다는 사실을 어떻게 알아낼 수 있을까?

지구 내부에도 자장이 있다.

(출처 : NASA, Credit/Copyright: Peter Reid, The University of Edinburg)

전류 사이에 작용하는 힘

앙페르는 외르스테드의 발견에 착안하여 전선에 전류가 흐르면 전선 사이에 힘이 작용한다는 사실을 알아냈다. 그는 1820년 프랑스 과학아카데미에서 전류 사이에 힘이 작용하는 것을 시연했다. 그가 알아낸 사실은 같은 방향으로 흐르는 전류 사이에는 인력이 작

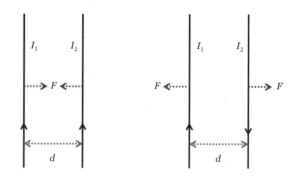

같은 방향의 전류에는 인력이, 반대 방향의 전류에는 척력이 작용한다.

용하고, 반대 방향으로 흐르는 전류 사이에는 척력이 작용한다는 것이다.

전선 사이에 작용하는 힘은 만유인력의 경우와 다르다. 전선은 길게 뻗어 있어 전선을 작은 점으로 표시할 수는 없다. 전선의 특징은 길게 늘어져 있다는 점이다. 그리고 전선 사이에 작용하는 힘은 전선의 길이에 비례한다. 또한 전선에 흐르는 전류가 클수록 크기에 비례하여 힘이 커진다. 한편, 전선 사이의 거리가 멀어질수록 거리에 반비례해서 힘이 줄어든다.

이것을 종합하면, 앙페르가 찾아낸 힘은 길이와 각 전류의 크기에 비례하며 전선 사이의 거리에 반비례한다. 전선의 길이를 L, 평행한 전선에 흐르는 전류를 각각 I_1과 I_2, 두 전선 사이의 거리를 d라고 하면, 평행한 전류 사이에 작용하는 힘은 $F = \frac{\mu_0}{2\pi} \frac{I_1 I_2}{d} L$이다. 여기에서 전류의 단위는 A(암페어)이다. μ_0는 단위가 있는 비례상수이며, 그 값은 좀 독특하게도 $4\pi \times 10^{-7} \mathrm{N/A^2}$로 정의한다.

앙페르 힘의 법칙 : $F = \dfrac{\mu_0}{2\pi} \dfrac{I_1 I_2}{d} L$

앙페르가 찾은 힘의 공식으로 전류의 크기를 정의한다. 평행한 두 전선에 같은 크기의 전류가 흐르고 거리가 1mm 떨어져 있을 때, 단위길이당 두 전선 사이에 힘이 $2 \times 10^{-4} \mathrm{N/m}$이라면 이때 흐르는 전류가 1A이다.

1A가 흐르는 1m 전선 사이에는 약한 힘이 작용하지만, 10A가 흐르는 10m의 전선 사이에는 그 힘이 1,000배로 커진다. 그러나 전선을 길게 늘어뜨리면 큰 공간이 필요하므로 전선을 늘어뜨리는 대신에 원형으

로 감아 긴 전선을 좁은 공간 안에 넣을 수 있다. 전선을 원형으로 감으면 솔레노이드가 되고, 전류가 흐르는 두 개의 솔레노이드 사이에 강한 힘이 작용한다.

전류가 흐르는 솔레노이드는 전자석이다. 더욱 강한 전자석을 만들려면 솔레노이드 안에 철을 넣으면 된다. 이때 전자석의 세기가 1만 배까지도 커진다. 철은 자석에 반응하는 강자성체이기 때문이다. 철과 같은 강자성체로는 니켈, 코발트 등이 있다. 전선 사이에 작용하는 앙페르 힘은 전선 사이가 빈 공간일 때 나타내는 관계식이다. 이 때문에 μ_0를 진공의 투자율(permeability)이라고 한다. 자성체 안에서는 진공의 투자율 대신 자성체의 투자율 μ를 쓴다. μ는 μ_0에 비해 수천 배에서 백만 배에 이른다.

한편, 전류는 전선 주위에 자장을 만들어내기 때문에 두 전류 사이에 작용하는 힘을 자석과 전류 사이에 작용하는 힘으로 보면 편리하다. 전선 하나가 전자석이 되면 주위에 자장을 만들고, 이 자장으로 다른 전선이 힘을 받는다고 생각하는 방법이다. 이런 논리를 적용하면 전류는 자장 때문에 힘을 받는다고 볼 수 있다.

전류 사이에 작용하는 힘을 자장과 전류 사이에 힘이 작용하는 관계식으로 새롭게 표현한 힘을 로렌츠 힘(Lorentz force)이라고 한다.[2] 전류 사이에 작용하는 힘을 나타내는 '암페어 힘'과 전류와 자장 사이에 작용하는 힘을 나타내는 '로렌츠 힘'은 같은 힘을 표현하지만 힘을 해석하는 방식은 매우 다르다.

로렌츠에 따르면, 전류 I_1이 힘을 받는 것은 전류 I_2가 만드는 자장 때

2　일반적인 로렌츠 힘은 전하와 전류의 자장 때문에 받는 힘을 모두 포함한다.

문이다. 따라서 전류 I_2가 (전류 I_1이 있는 지점에) 만드는 자장을 B_1이라고 하면, 두 전류 사이에 작용하는 힘은 $F = I_1 B_1 L$이라고 쓸 수 있다. 앙페르 힘과 로렌츠 힘을 비교하면, $B_1 = \dfrac{\mu_0}{2\pi} \dfrac{I_2}{d}$이다. 마찬가지로 전류 I_2는 전류 I_1이 만드는 자장 때문에 로렌츠 힘을 받는다. 이 힘은 $F = I_2 B_2 L$이다. 물론 B_2는 전류 I_1이 (전류 I_2가 있는 지점에) 만드는 자장이고 $B_2 = \dfrac{\mu_0}{2\pi} \dfrac{I_1}{d}$이다. 따라서 평행하게 흐르는 두 전류 사이에 작용하는 힘은 $F = IBL$이라고 쓸 수 있다. 여기에서 전류 I가 흐르는 방향과 전선에 작용하는 자장 B의 방향은 서로 수직이다.

로렌츠 힘 : $F = IBL$

앙페르 힘과 로렌츠 힘은 같은 힘을 다른 입장에서 표현하는 방식이다. 그러나 로렌츠의 해석은 앙페르의 해석보다 적용되는 범위가 넓다. 왜냐하면 전류가 흐르는 점에 작용하는 자장은 전자석에 의한 자장일 필요가 없기 때문이다. 자장이 영구자석에 의해 생기는 경우에도 로렌츠 힘을 사용할 수 있다. 전기모터는 로렌츠 힘을 사용한다.

전기모터는 다음의 그림처럼 강한 영구자석(또는 전자석) 사이에서 전자석 막대가 회전하도록 되어 있다. 이 회전막대를 회전자(rotor)라고 한다. 회전자에는 코일이 감겨 있고 코일에 전류가 흐른다. 회전자에 전류가 흐르면 영구자석이 만드는 자장으로 로렌츠 힘을 받는다.

로렌츠 힘이 작용하면 회전자가 회전한다. 그러나 힘의 방향을 직관적으로 알아내기가 쉽지 않다. 전류의 방향과 자장의 방향, 그리고 힘의 방

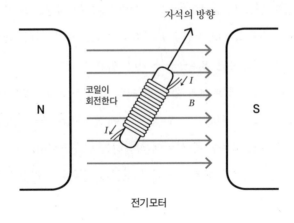

자석의 방향

코일이
회전한다

N

S

I

B

I

전기모터

향이 간단하지 않기 때문이다. 이 경우에는 회전자를 솔레노이드가 만드
는 자석으로 생각하면 힘의 방향을 쉽게 알아낼 수 있다. 회전자를 막대
자석처럼 생각하면, 회전자와 영구자석 자석 사이에 자기력이 작용하는
것과 같다. 자석들은 같은 극끼리는 밀어내고 다른 극끼리는 잡아당기기
때문이다.

회전자에 전류가 흐르면 그림처럼 막대자석이 된다. 회전자의 N극은
외부 자석의 S극으로 끌려간다. 두 극이 서로 잡아당기는 덕분에 회전을
시작한다. 그러나 N극과 S극이 가까이 다가간 후에는 회전을 계속할 수
가 없다. 이번에는 외부 자석의 S극이 회전자의 N극을 잡아당겨 회전이
반대로 일어나기 때문이다. 회전자가 계속 한 방향으로 회전하려면 외부
자석의 S극이 회전자를 밀어줄 수 있어야 한다.

회전자가 계속 한 방향으로 회전할 수 있게 조치하는 방법 중 하나는,
회전자의 전자석 방향을 주기적으로 바꾸는 방법이다. 회전자가 외부 자
석(S극)에 다가가는 순간, 코일에 흐르는 전류의 방향을 뒤집으면 회전자

의 N극이 S극으로 바뀐다. 극이 바뀌면 외부 자석(S극)은 회전자의 S극을 밀어준다. 따라서 회전자의 극을 주기적으로 바꾸어주면 회전자는 주기적으로 당기고 밀리면서 계속 한 방향으로 회전할 수 있다.

전류의 방향이 주기적으로 바뀌는 교류를 전원으로 쓰면 회전자가 만드는 자석의 방향이 주기적으로 바뀌기 때문에 회전자는 이 주기에 맞추어 회전하게 된다. 교류의 주기를 이용하는 모터를 이용하면 시곗바늘을 돌릴 수 있다. 이 경우 발전소에서 공급하는 교류의 주기가 중요한 역할을 한다. 우리나라는 교류의 진동수가 60Hz이지만 다른 나라에서는 여러 가지 진동수의 교류를 사용한다. 진동수가 다른 교류를 사용하면 당연히 시계는 맞지 않는다.

모터를 만드는 다른 방법으로 회전자의 자석은 그대로 둔 채, 외부 자석의 방향을 주기적으로 바꾸어주는 방법이 있다. 아래의 그림처럼 외부 자석 6개를 60도 간격으로 배치하자.

외부 자석들의 자극이 시간 간격을 두고 바뀌게 하자. 먼저 외부 자석

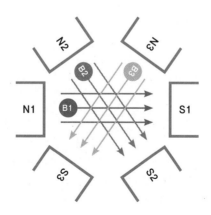

외부 자석의 극이 주기적으로 바뀐다.

에 전류를 흘려 보내 N1과 S1을 자석으로 만들자. 외부 자석은 회전자를 잡아당겨 회전시킨다. 회전자가 N1과 S1으로 다가가면 N1과 S1의 전류를 끄고, 대신에 N2와 S2에 전류를 흘려 보내 자석을 만든다. 회전자는 새로운 자석 N2와 S2 방향으로 움직인다. 이처럼 시간차를 두고 외부 자석의 방향을 계속적으로 바꾸어주면 회전자는 자장을 따라 계속 회전할 수 있다.

외부 자석의 자극을 바꾸는 방법으로 산업체에서는 보통 삼상전류를 이용한다. 삼상전류란 발전소에서 3가닥의 전선에 각각 시간차를 두고 교류를 흘려 보내는 것을 말한다(각 전선에 흐르는 전류는 위상이 120도 차이가 난다). 삼상전류의 시차를 이용하면 외부 전자석을 주기적으로 바꿀 수 있다. 이런 방식의 전기모터를 삼상모터라고 한다.

생각해 보기_3 직선으로 된 전선에 3A의 전류가 흐른다. 이 전선에서 1cm 떨어진 주위에 생기는 자장의 크기와 방향을 알아보자.

생각해 보기_4 평행하게 흐르는 두 전류 사이에 작용하는 앙페르 힘을 로렌츠 힘으로 바꾸어 쓸 때 전류의 방향과 자장의 방향, 힘의 방향 사이의 관계를 찾아보자. 전류의 방향과 자장의 방향이 수직일 때 로렌츠 힘이 가장 세고, 전류의 방향과 자장의 방향이 평행하면 로렌츠 힘이 사라진다. 이 사실을 고려하여 자석 사이에 작용하는 힘을 설명해보자.

생각해 보기_5 앙페르 힘에 따르면, 전류가 만드는 자장은 전류의 세기와 전선의 길이에 비례한다. 따라서 강한 전자석을 만들기 위해 긴 전선을 촘촘하게 감아 솔레노이드로 만든다. 솔레노이드가 만드는 자장은 당연히 전류의 세기에 비례하고, 전선의 길이, 즉 코일의 감은 수에 비례한다. 한편, 솔레노이드 내부에 생기는 자장은 솔레노이드 축 방향과 나란하고 균일하다. 솔레노이드 외부에서는 자장이 퍼져 나가므로 자장이 약해진다. 이 때문에 강한 자장을 사용하여 실험을 하려면 솔레노이드 내부를 이용한다. 솔레노이드 내부의 자장 역시 전류의 세기에 비례하고, 코일의 감은 수에 비례한다.

내부에서의 자장은 간단히 $B=\mu_0 nI$로 표현된다. n은 단위길이당 감은 코일 수이다. 길이가 0.5m인 솔레노이드 내부에서 500가우스(0.05테슬라)의 자장이 나오도록 하려면 솔레노이드를 어떻게 설계하는 것이 좋을까?

생각해
보기_6 지구의 남극과 북극에는 오로라가 생긴다. 태양풍이 강하게 불면 오로라가 더 현란해진다. 태양풍은 강한 이온입자이다. 평소에도 우주로부터 강한 이온입자들이 몰아치고 있다. 이러한 이온입자들을 막아주고 오로라를 만드는 역할을 하는 것이 지자기다. 지구 가까이에 도착한 이온입자들은 지구의 자장 때문에 로렌츠 힘을 받게 되며, 자장을 중심으로 회전하게 된다. 자장이 강할수록 회전 반지름은 줄어들고, 그 결과 이온입자들은 지자기를 따라 남극과 북극 지방의 지표면 가까이로 이동하게 된다. 지표면에 가까워진 이온입자들은 대기와 충돌하면서 오로라를 만든다. 이온입자가 지자기 때문에 회전하면서 극지방으로 이동하는 현상을 로렌츠 힘으로 설명해보자.

남극과 북극에 나타난 오로라

코일에 저장되는 에너지

전류가 흐르면 코일은 자석이 된다. 그런데 코일과 자석은 전혀 예기치 않은 현상도 만들어낸다. 자석만으로도 코일에 전류를 흐르게 할 수 있다. 전선을 감아 만든 코일 안으로 자석을 넣었다 뺐다 하면 전선에 전류가 흐른다. 패러데이가 자석과 코일로 교류를 생산할 수 있는 방법을 발견한 것이다. 이 놀라운 사실을 전자기 유도(electromagnetic induction)라고 한다.

패러데이는 다음과 같은 실험을 했다. 자석을 만들기 위해 다음의 그림처럼 코일 하나(A라고 부르자)에 전류를 흘려 보내 전자석을 만들었다. 그리고 다른 코일(B라고 부르자)에는 검류계를 달았다. 코일 B에는 전원이 연결되어 있지 않고, 코일 A와도 연결되어 있지 않다. 이렇게 준비한 후, 자석 A를 코일 B 안으로 움직이자 코일 B에 전류가 흐르기 시작했다. 전류가 흐르는 양은 검류계가 알려준다.

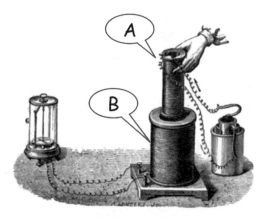

패러데이 유도 실험

자석이 코일 근처에서 움직이면 코일에 전류가 흐른다. 코일 안으로 자석을 넣었다 뺐다 하면 코일에 기전력(electromotive force)이 생기고 전류가 흐르는 방향도 바뀐다. 코일을 통과하는 자석의 세기를 자장다발(magnetic flux)이라 하고, 자장다발이 얼마나 빨리 변하는지에 비례해서 기전력이 생긴다. 이 발견을 패러데이 유도법칙(Faraday's law of induction)이라 한다. 전자기 유도로 만들어지는 전류는 직류가 아니라 교류다. 볼타전지는 직류를 흐르게 하지만 전자기 유도는 교류를 흐르게 한다.

전자기 유도는 어떻게 설명할 수 있는가? 코일에 기전력이 생기는 원리는 무엇인가? 렌츠는 코일에 전류가 흐르는 것을 다음과 같이 설명했다. 코일 안으로 자석이 들어오거나 나가면 코일은 자장이 변하는 것을 감지한다. 그러나 코일은 고리 안으로 통과하는 자장이 변하는 것을 원치 않는 성질이 있다. 코일은 고리 안으로 통과하는 자장이 변하는 것을 막기 위해 반응을 한다. 한 가지 방법은 코일 스스로 전자석이 되면서 외부에서 만들어주는 자장의 변화를 상쇄시키려고 한다. 그 결과 코일에 자장의 변화를 상쇄시키려는 전류가 유도되어 흐르게 된다. 코일이 외부 자장

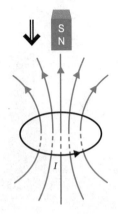

코일은 스스로 전자석이 되어 자석의 움직임을 방해한다.

의 변화에 대응하여 반대로 반응하는 이러한 원리를 렌츠의 법칙(Lenz's law)
이라고 한다.

렌츠의 법칙에 따르면, 자장의 변화가 생기면 이를 방해하기 위한 전류
가 코일을 따라 흐르게 된다. N극의 자석이 다가오면 코일 고리는 자체적
으로 N극을 만들어내는 전류를 흐르게 한다. N극이 멀어져 가면 코일 고
리는 S극을 만들어내는 전류를 흐르게 한다.

같은 원리로 코일은 상대방 자석의 움직임만이 아니라, 코일 스스로 만
드는 자석의 변화에도 반응한다. 코일에 전류를 흘려 보내기 시작한다
고 하자. 코일에 전류가 흐르면 코일은 전자석이 된다. 코일은 자체에 새
로 만들어지는 자장 역시 방해하도록 반응한다. 전류가 흐르기 시작할 때
나 흐르던 전류가 멈추는 경우에도 코일이 반응한다. 코일의 한결같은 속
성은 코일에 자장의 변화가 없기를 바라는 것이다. 외부의 자장이 변하는
경우는 물론이고, 코일에 통과하는 전류가 변하는 경우에도 코일은 변화
를 상쇄시키려는 속성이 있다. 따라서 코일에 직류가 흐르면 전자석의 변
화가 없으므로 코일이 반응하지 않지만 교류의 경우는 다르다. 코일에 교

류가 흐르면 교류의 흐름을 방해하는 유도 기전력이 만들어진다. 이렇게 만들어진 기전력을 역기전력(counter-electromotive force)이라고 한다. 역기전력이란 교류의 흐름을 방해하는 기전력을 강조하는 용어다. 물론 기전력의 단위는 볼트(V)이다.

코일에 흐르는 전류의 변화가 클수록 변화를 반대하는 기전력도 커진다. 따라서 코일에는 주기가 짧은 고주파 교류는 쉽게 흐를 수 없다. 전류가 급격히 증가하거나 급격히 감소하면 기전력이 그만큼 커지기 때문이다. 이것은 기전력의 크기가 전류의 변화율에 비례한다는 것을 뜻한다.

전류의 변화율(current change rate)이란 전류를 시간으로 미분한 양 $\Delta i/\Delta t$ 이다. 따라서 코일 자체에서 만드는 기전력을 다음과 같이 수식으로 표현하면 $V = -L\Delta i/\Delta t$이 된다. − 부호가 의미하는 것은 전류가 증가하면 감소하는 방향으로 기전력이 생기고, 전류가 감소하면 전류를 유지하는 방향으로 기전력이 생긴다는 뜻이다. 기전력과 전류의 증가는 물리량이 서로 다르므로 이를 연결하는 비례상수 h는 단위가 있다. 회로에서는 L을 인덕턴스(inductance)라고 한다. 인덕턴스의 단위는 헨리(H)이다. 인덕턴스는 코일의 감은 수에 비례하며, 코일의 모양에 따라 달라진다.

$$\text{코일에 생기는 기전력}: V = -L\frac{\Delta i}{\Delta t}$$

코일에 교류가 흐르기 어려운 성질은 마치 물체가 속도를 바꾸지 않으려는 관성과 비슷하다. 교류는 주기적으로 전류의 크기가 바뀌지만, 코일은 전류의 크기가 바뀌는 것을 싫어하기 때문에 교류의 흐름을 방해하는 기전력이 생긴다. 따라서 코일에 교류를 흐르게 하려면, 흐름을 방해하는 기전력을 이길 수 있게 외부에서 일을 해주는 작업이 필요하다. 그 결과 일정 전류가 흐르게 되면 외부에서 해준 일에 해당하는 전기에너지가 코일에 저장된다. 마치 움직이는 물체가 운동에너지를 얻게 되는 것과 같은 원리다.

코일에 저장되는 전기에너지의 양을 알기 위해서는 코일에 교류가 흐를 수 있도록 외부에서 해준 일을 파악하면 된다. 파워는 단위시간당 하는 일이다. 역학적으로 일을 하려면 힘을 작용하여 물체를 움직이게 해야 한다. 전기적으로 하는 일도 비슷하다. 전압을 걸어주어 전류를 흘려 보내야 한다.[3] 전압 V를 작용하여 전류 i를 흘려 보낸다면 전기적으로 해주는 파워는 전압과 전류를 곱한 양과 같다. $P=iV$. 파워의 단위는 물론 와트 (W)이다.

코일에 흐르는 전류를 변화시키려면 외부에서 파워를 공급해야 한다. 그런데 코일의 경우 전류를 흐르게 하려면 역기전력 $-L\Delta i/\Delta t$에 대항하여 일을 해야 한다. 따라서 작용해주어야 하는 전압 V는 역기전력에 대항하는 전압 $L\Delta i/\Delta t$와 같다. 따라서 외부에서 공급해주어야 하는 파워는 $P=i(L\Delta i/\Delta t)$이다.

한편, Δt 시간 동안 파워 P로 전기를 보내면 이때 보내는 전기에너지는 $\Delta W=P\Delta t$이다. 따라서 $\Delta W=Li\Delta i$의 일을 외부에서 해준다. 오랜 시간에 걸쳐 코일에 흐르는 전류를 0에서 I만큼 증가시킨다면 해주는 일은

---

3 전기적 에너지를 공급하는 일은 전압을 작용하여 전하를 움직이게 하는 것이다. 전하가 움직이면 전류가 된다. 이와 관련된 자세한 사항은 다음 장에서 다룬다.

$\frac{1}{2}LI^2$이다.[4] 따라서 코일에 전류 I가 흐르고 있으면, 전류가 흐르지 않을 때에 비해 $\frac{1}{2}LI^2$의 전기에너지가 저장된다.

전류가 흐르는 코일에 저장된 전기에너지 : $W = \frac{1}{2}LI^2$

생각해 보기_7　50mH의 코일에 전류를 보내기 시작한다. 0.1초 동안에 3A로 전류를 일정하게 증가시킨다면 이 코일에는 얼마의 기전력이 생길까?

생각해 보기_8　전열기를 켠 채 전기 코드를 콘센트에 꽂거나 빼는 경우 콘센트에서 불꽃이 튄다. 그 이유를 설명해보자. 대량의 전류를 사용하는 공장에서 스위치를 올리거나 내리면 더 큰 불꽃이 튄다. 이러한 위험을 피하기 위해 공장이나 실험실에서는 회로 차단기(circuit breaker)를 사용한다. 그 원리를 알아보자.

생각해 보기_9　50mH의 코일에 3A의 전류를 흘려 보낸다고 하자. 이 코일에 저장되는 전기에너지는 얼마인가?

생각해 보기_10　알루미늄 고리로 그네를 만든 후 영구자석 사이에 가져다 놓으면 그네는 진동하지 않고 그대로 영구자석 사이에서 멈추어버린다. 이 현상을 렌츠의 법칙으로 설명해보자. 이번에는 알루미늄 판 근방에서 자석이 움직이면 어떤 일이 벌어질까? 알루미늄은 좋은 도체가 아니기 때문에 전류는 도체 전체로 퍼지지 않고 자장의 영향이 있는 작은 공간에 전류 고리가 생겨난다. 이 전류는 멀리 가지 않고 맴돌아 맴돌이 전류(eddy current)라고 한다. 놀이공원에서 롤러코스터나 자이로드롭 같은 탈것을 멈추게 하는 브레이크는 맴돌이 전류를 이용한다. 맴돌이 전류는 어떻게 브레이크 역할을 하는 것일까? 유도전류를 이용하는 유도 전기밥솥, 유도 냄비 등의 전기기기들과 고속열차나 전기자동차의 맴돌이 전류를 이용하는 브레이크 등에 대해 알아보자.

4　일의 양은 용수철 경우처럼 (Li)와 i 그래프에서 삼각형 면적에 해당한다.

전기에너지의 변환

배터리에 전등을 연결하면 불이 켜진다. 전등을 밝힌다는 것은 전기에너지를 사용한다는 것이다. 배터리는 전기에너지를 공급한다. 한편, 발전소는 교류 전력을 생산하므로 발전소가 배터리 역할을 한다고 볼 수 있다. 그런데 발전소는 어떻게 소비자가 얼마만큼의 전기에너지를 원하는지 아는가?

발전소가 전기에너지를 생산하는 과정은 소비자가 전기에너지를 사용하는 것과 밀접한 관계가 있다. 그 이유는 소비자가 전기에너지를 사용하면 발전소의 발전기에 상당한 힘이 걸리기 때문이다. 이 힘을 만드는 모든 전기적 요소를 부하(load)라고 한다. 부하는 전력을 생산하기 위해 움직이는 코일의 움직임에 제동을 건다. 따라서 전력을 계속 생산하려면 부하

가 발전기에 작용하는 힘을 이겨내고 일을 해야 한다.[5]

그런데 소비전력이 발전용량보다 크면 문제가 생긴다. 발전기가 견딜 수 있는 용량 이상의 부하가 걸리면 발전기는 더 이상 전기를 생산할 수 없다. 이 경우 전력 공급이 중단되고 정전이 일어난다. 따라서 발전소에서는 매 순간 소비자가 소비하려는 전기에너지 이상을 공급할 수 있는 여력을 갖추고 있어야 한다. 이를 예비전력이라고 한다. 전기의 안정적인 공급을 위해 발전소는 보통 10% 이상의 예비전력을 보유하고 있다.

발전소에서 생산된 전기에너지를 소비자에게 보내려면 송전을 해야 한다. 송전은 발전소로부터 먼 도시까지 연결된 구리선을 통해 이루어진다. 그러나 구리선에 전기가 흐를 때는 전기적 저항이 생겨 구리선 내부에서 열이 발생하고, 결국 전기에너지의 일부가 사라진다.

저항이 있는 전선을 통해 전류가 흐르면 전기에너지는 열로 사라질 뿐 아니라, 전압도 떨어진다. 구리선의 경우에 저항 때문에 떨어지는 전압은 구리선에 흐르는 전류에 비례한다. 떨어진 전압을 ΔV라고 하고 전선에

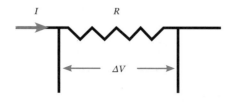

저항은 전압이 떨어지는 정도를 표시한다.

---

5 발전소에서는 보통 자석을 정지시키고 코일을 움직여 발전을 한다. 이 경우는 패러데이 전기유도가 아니라 로렌츠 힘으로 설명한다. 그러나 전력이 생산되는 결과는 같다. 부하로 연결되어 전류가 흐르면 코일이 움직이지 못하게 로렌츠 힘이 작용한다. 전류가 많이 흐를수록 로렌츠 힘도 커진다.

흐르는 전류를 I라고 하면, $\Delta V = RI$라는 관계식이 성립한다. 비례상수 R은 저항이고 단위는 옴(Ω)이다.

저항이 있는 전선에 전류가 흐르면 열로 사라지는 에너지는 얼마나 될까? 전류 I가 저항 R을 통과할 때 사라지는 파워를 알아보기 위해 저항에 배터리를 연결해보자.

배터리는 에너지를 공급하는 원천이고, 배터리가 공급하는 에너지는 저항에서 열로 사라진다. 따라서 배터리가 공급하는 파워는 저항에서 열로 사라지는 파워와 같다. 단위시간당 일하는 양이 파워이므로 배터리가 공급하는 파워는 $P = I\Delta V$이다. 즉, $I(IR) = I^2R$이 저항에서 열로 바뀌는 에너지이다. 저항으로 사라지는 열은 전선을 통과하는 전류의 제곱에 비례한다.

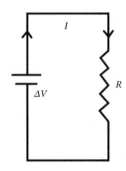

배터리는 저항에 의해 떨어진 전압을 보강한다.

저항에서 열로 사라지는 파워 : $P = I^2R$

장거리 송전에서는 보통 고압으로 전류를 보낸다. 그 이유는 무엇인가? 전압을 V로 유지하면서 전류 i를 보내면 발전소에서 송전하는 파워는 $P=Vi$이다. 많은 파워를 보내기 위해서는 전압을 높이거나 많은 양의 전류를 보내면 된다.

그런데 전류의 양이 많아지면 제곱에 비례해서 전기에너지가 송전선에서 열로 사라진다. 결국 전류가 클수록 많은 전기에너지가 사라진다. 따라서 송전할 때는 전류를 적게 흘려 보낼수록 이익이다. 전류는 적게, 전압을 높게 하면 열 손실을 줄이면서 같은 파워를 보낼 수 있다. 우리나라는 장거리 송전에서 보통 154kV나 345kV의 전압을 사용하고 있으며, 일부 구간에서는 단계적으로 765kV로 송전하는 전력망을 구축하고 있다.

생각해 보기_11 송전선에 전류를 보낼 때 저항에서 열로 사라지는 전력은 $P=I^2R$이므로 전류를 줄일수록 열 손실을 줄일 수 있다. 그런데 같은 공식을 전압으로 바꾸어 써 보자. 전압과 전류는 $V=IR$의 관계가 있으므로 열 손실을 $P=V^2/R$으로 표시할 수 있다. 이 공식에 따르면, 고압으로 보낼수록 열 손실이 커지는 것처럼 보인다. 이 결론은 물론 틀렸다. 어디에서 잘못되었는가?

생각해 보기_12 발전소에서는 154kV나 345kV의 고압으로 송전한다. 그러나 1990년 이후에는 단계적으로 765kV로 승압하여 송전하는 송전망을 구축하고 있다. 그리고 2005년에는 가정으로 공급하는 전기의 전압도 100V에서 220V로 올렸다. 이러한 승압 과정에서 얻을 수 있는 이점은, 열 손실을 줄이는 것 이외에 어떤 것이 더 있을까?

교류가 상업적으로 널리 채택된 것은 전압을 손쉽게 바꿈으로써 열 손실을 줄일 수 있는 장점이 있었기 때문이다. 교류는 변압기를 이용하여 전압을 쉽게 올리거나 내릴 수 있다. 변압기의 원리에 대해 알아보자.

변압기는 철심을 감고 있는 1차 코일과 2차 코일로 구성되어 있다. 1차 코일은 전기가 들어가는 코일이고, 2차 코일은 전기가 나오는 코일이다. 1차 코일과 2차 코일은 서로 연결되어 있지 않다.

코일 사이에 있는 철심은 분리된 코일 회로의 다리 역할을 한다. 코일에 전류가 흐르면 코일은 전자석이 된다. 그런데 코일 사이에 철심이 있으면 코일 자체가 만드는 전자석보다 보통 1,000배에서 10,000배 정도 더 강한 자석이 된다.

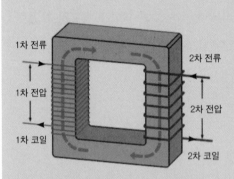

철심은 자장을 전달하는 역할을 한다.

1차 코일이 만드는 자장은 철심 때문에 증폭되고 철심을 따라 2차 코일로 전달된다. 렌츠의 법칙(자기적 관성을 유지하려는 성질)에 따르면, 2차 코일을 통과하는 자장이 변하면 기전력이 생겨난다. 한 번 감은 코일 고리는 하나의 배터리에 해당하므로 여러 번 감은 코일 고리는 마치 직렬로 연결된 배터리와 같다. 따라서 2차 코일에 유도되는 총 기전력은 코일의 감은 수에 비례한다. 마찬가지로 1차 코일에 유도되는 총 기전력 역시 1차 코일의 감은 수에 비례한다.

그런데 철심을 통해 전달되는 자장의 크기는 1차 코일에서나 2차 코일에서나 같다. 즉, 1차 코일이나 2차 코일의 고리 하나에 나타나는 기전력은 같다. 결국 들어가는 전압과 나오는 전압의 비는 1차 코일을 감은 수와 2차 코일을 감은 수의 비로 표시된다. 따라서 코일의 감은 수를 조절하면 전압을 올리거나 내릴 수 있다.

물론 전기에너지는 보존되어야 하므로, 1차 코일로 들어가는 파워는 2차 코일로 나오는 파워와 같다. (실제로는 변압기 자체에서 생기는 열로 전기에너지 일부가 사라지기 때문에 약간의 파워 감소가 나타난다.)

❶ 긴 전선이 만드는 자장의 크기 : $B = \dfrac{\mu_0}{2\pi}\dfrac{I}{r}$

❷ 암페어가 찾아낸 힘 : $F = \dfrac{\mu_0}{2\pi}\dfrac{I_1 I_2}{d}\text{L}$

  로렌츠 힘 : $F = IBL$

❸ 전류가 흐르는 코일에 간직된 전기 에너지 : $W = \dfrac{1}{2}LI^2$

❹ 저항에서 열로 사라지는 파워 : $P = I^2 R$

| 생각해보기 (홀수 번 답안) |

생각해보기_1

전류가 남에서 북으로 흐르면 전선 위에 있는 나침반에는 동쪽으로 향하는 자장이 새로 생긴다. 따라서 나침반은 북에서 동쪽 방향으로 기울어진다. 전류가 셀수록 나침반은 더욱 동쪽 방향으로 향하게 된다. 나침반을 전선 아래에 놓으면 동쪽으로 기울어지는 대신 서쪽으로 방향이 바뀐다. 전선을 동서로 놓는다면 나침반은 전류의 세기와 방향에 따라 나침반이 가리키는 남북 방향이 바뀔 수 있다.

생각해보기_3

전선을 감아 도는 방향으로 자장이 생긴다(오른손 엄지가 전류 방향을 가리키면 손바닥이 가리키는 방향이 자장의 방향이다). 앙페르 힘과 로렌츠 힘의 관계식을 사용하면, 자장의 세기는 $B = \frac{\mu_0}{2\pi}\frac{I}{d}$ 이므로 d=1cm, I=3A를 사용하면, 자장의 세기는 6×10^{-5}T이다.

생각해보기_5

$B = \mu_0 nI$가 0.05테슬라가 되려면 nI=40,000A/m가 된다. 0.5m 길이의 솔레노이드에 감은 수를 N이라 하면, $n = N/(0.5\text{m})$가 되므로 NI=20,000암페어가 나온다. 만일 10암페어의 전류를 흘려 보낸다면 감아야 하는 코일의 수는 2,000번이다. 만일 1암페어의 전류를 흘려 보낸다면 감아야 하는 코일의 수는 20,000번이다.

생각해보기_7

코일에 생기는 역기전력은 $(0.05\text{H}) \times \frac{3\text{A}}{0.1\text{s}} = 1.5$V

생각해보기_9

코일에 저장되는 전기에너지는 $\frac{1}{2}(0.05\text{H})(3\text{A})^2$ $= 0.225$J

생각해보기_11

역기전력은 $\frac{\Delta i}{\Delta t}$에 비례하므로 전류의 변화가 크거나 시간 간격이 짧으면 큰 역기전력이 생긴다. 큰 역기전력이 생겨 플러그와 콘센트 사이에 30kV/cm 정도의 전장이 생기면 공기 중에서 방전이 일어난다. 공장에서는 대량의 전류를 사용하므로, 전류의 시간적 변화율을 줄이는 방법은 circuit breaker처럼 전류를 변화시키는 시간 간격을 되도록 늘이는 것이 방법이다. 천천히 전류의 변화를 만들어 낸다.

생각해보기_13

저항에서 열로 사라지는 전력은 $P = I^2 R$을 사용하는 경우 전류 I는 저항 R을 통과하는 전류이다. 그런데 열 손실을 $P = V^2/R$로 표시하는 경우 전압 V는 저항 양단에서 떨어지는 전압을 나타낸다. 이 전압은 발전소에서 송전하는 154kV나 345kV, 765kV 등의 전압과는 전혀 무관하다.

1. 1000A의 전류가 흐르는 전선이 5m 떨어진 곳에 만드는 자장의 세기는?

2. 자동차의 점퍼 케이블의 길이는 1m이고 케이블 간격이 2cm 떨어져 있다. 이 전선에 50A의 전류가 흐르면 케이블 사이에 작용하는 힘은 얼마인가?

3. 자석 사이에 10암페어의 전류가 흐른다. 전류가 흐르는 전선의 0.5m 지역에 자석이 만드는 자장이 있다. 자장은 크기는 0.1테슬라이다. 전선이 받는 로렌츠 힘은 어느 경우에 최대가 되는가? 힘의 크기는 얼마인가?

4. 한 변이 10cm인 정사각형 모양의 고리에 전선에 30번 감겨 있다. 고리와 수직으로 100가우스의 자장을 걸고 전선에 5A의 전류를 흘리면, 고리의 각 변이 받는 힘은 얼마인가? 정사각형의 각 변에 작용하는 힘의 방향을 고려하여 정사각형 고리에 토크가 생기는 것을 확인하자.

5. 솔레노이드 코일에 전류가 흐르면 솔레노이드 안에는 축 방향을 따라서 $\mu_0 n i$의 자장이 생긴다. i는 전선에 흐르는 전류의 양이고, n은 솔레노이드에 감은 전선의 선밀도(단위길이당 감은 횟수)이다. 길이가 1m인 솔레노이드에 15,000번 전선을 감은 후 5A의 전류를 흘려 보낼 때 내부에 생기는 자장의 세기는 얼마인가?

6. 지름이 3cm이고 단위길이당 감은 횟수가 200/cm인 긴 솔레노이드에 5A의 전류가 흐르고 있다.

　(가) 이 솔레노이드 내부에 생기는 자장은 얼마인가?

　(나) 솔레노이드 안쪽에는 지름이 2cm이고 100번 감은 짧은 솔레노이드가 들어 있다. 이 솔레노이드에 유도되는 기전력은 얼마인가?

　(다) 코일이 자장의 변화에 반응하는 모습을 다루기 위해서는 코일 안으로 통과하는 자장의 합이 중요하다. 이 때문에 자속(magnetic flux)이라는 양을 사용한다. 자속은 '단면적을 수직으로 통과하는 자장×단면적'이다. 내부의 솔레노이드를 통과하는 자속은 얼마인가?

　(라) 지름이 3cm인 솔레노이드의 전류가 0.1초 동안에 사라진다면 안에 있던 지

름 2cm의 솔레노이드에 유도되는 기전력은 얼마일까? 내부의 솔레노이드에 유도되는 기전력은 Δ(총 자속)$/\Delta t$로 표시된다.

7. 면적이 1m²이고, 200번 감은 솔레노이드 코일로 기전력이 200V에 진동수가 60Hz인 전력을 생산하고자 한다. 솔레노이드 코일에 작용해야 하는 자장은 얼마인가? (힌트 : 솔레노이드의 총 자속은 '자장×단면적×감은 코일 수'이고, 유도되는 기전력은 Δ(총 자속)$/\Delta t$이다.)

8. 500mH인 코일에 30A의 전류가 흐르고 있다. 이 코일에 저장되는 전기에너지는 얼마인가?

9. 2H의 코일에 교류가 흐르고 있다. 교류의 최대 전류는 0.1A이고 주기는 $\frac{1}{60}$초이다. 이 교류가 시간적으로 변하는 형태는 $0.1\sin(120\pi t)$암페어이다. 코일에 생기는 기전력의 최대값은 얼마이고 주기는 얼마인가?

10. 200km의 전선에 345kV로 100A의 전류를 공급하고 있다. 이 전선의 저항은 단위길이당 0.0688Ω/m이다. 전류가 송전선을 따라 공급될 때 전선에서 열로 사라지는 전기 파워는 공급하는 파워의 몇 %가 되는가?

〈정답〉

① 4×10^{-5}테슬라=0.4 가우스 ② 0.00001N=10마이크로N ③ 전류가 흐르는 방향과 수직으로 자장이 걸릴 때 로렌츠 힘이 가장 크다. 크기는 0.5N ④ 5×0.1×0.01×30N=0.15N ⑤ 0.1T=1000가우스 ⑥ (가)솔레노이드 내부의 자장은 $B=4\pi\times10^{-2}$T. (나) 자장이 변하지 않으므로 유도되는 기전력은 0이다. (다) 작은 솔레노이드 고리의 면적은 $\pi(0.01m)^2$이고, 솔레노이드 내부를 통과하는 자장은 $4\pi\times10^{-2}$테슬라이다. 따라서 고리 하나를 통과하는 자속은 $4\pi^2\times10^{-6}$테슬라m²이고, 코일이 100번 감긴 솔레노이드를 통과하는 총 자속은 $4\pi^2\times10^{-4}$테슬라m²이다. (라) 0.1초 동안에 자장이 사라지므로 $4\pi^2\times10^{-4}/0.1$V=12.6mV이다. ⑦ 유도되는 기전력은 자장의 진동수와 똑같으므로 작용해야 하는 자장의 진동수는 60Hz이다. 자장의 최대 크기가 B테슬라면, 이 자장은 4/60초 동안에 최대값 B에서 0으로 바뀐다. 따라서 유도기전력은 200볼트=200B/(4/60)가 되어야 한다. 작용해야 하는 자장은 크기는 1/15 테슬라이고 주기는 1/60초이다. ⑧ 225J ⑨ 기전력의 최대값=75.4V, 주기=1/60초 ⑩ 전선의 저항은 1,376Ω이고 여기서 사라지는 파워는 1.376×10^7W, 공급하는 파워는 3.45×10^7W, 따라서 사라지는 양은 약 40%이다.

8장

전자파의 방출

전기력과 전장

전류가 흐르는 것은 전하가 움직이는 현상이다. 전하는 +전하와 −전하, 두 가지 형태로 존재한다. 핵(양성자)이 가지는 전하를 +전하로, 전자가 가지는 전하를 −전하로 정의한다. 전하끼리는 전기적인 힘이 작용한다. 부호가 같은 전하 사이에는 척력이 작용하고, 부호가 다른 전하 사이에는 인력이 작용한다. 따라서 같은 종류의 전하를 모으려면 전하 사이에 작용하는 척력을 이기고 일을 해야만 가능하다. 축전기는 같은 종류의 전하를 모으는 장치이므로 전기에너지가 축적된다.

한편, 전류는 직류와 교류가 존재한다. 직류는 전류가 한 방향으로만 흐르기 때문에 시간적 변화가 없다. 그러나 교류는 전류의 방향이 주기적으로 바뀔 뿐 아니라 크기도 변한다. 전류가 시간적으로 바뀌면 직류에서는 볼 수 없는 전혀 새로운 역동적인 현상이 나타난다. 전자파는 교류와 관련되어 나타나는 현상이다.

전하의 단위는 쿨롱(C, coulomb)이다. 전자의 전하량은 1.6×10^{-19}C이다. 양성자 역시 같은 크기의 전하를 가지고 있다. 부호만 다를 뿐이다. 이 때문에 대부분의 물질은 전기적으로 중성이다. 정확히 같은 수의 전자와 양성자가 존재하기 때문이다.

1C은 1A의 전류가 1초 동안 흐르는 전하량에 해당한다. 1C을 모으려면 6×10^{19}개의 전자나 양성자가 필요하다. 양성자는 전자보다 2,000배 정도 무거우므로 쉽게 움직일 수 있는 것은 전자다. 도체에 전류가 흐른다는 것은 10^{19}개 정도의 전자들이 한꺼번에 움직인다는 것을 뜻한다.

전하는 전기적인 힘을 서로 주고받는다. 전하는 질량과는 전혀 다른 양이지만 전하 사이에 작용하는 쿨롱 힘은 질량 사이에 작용하는 만유인력과 비슷한 면이 있다. 거리의 제곱에 반비례한다. 그러나 전기력은 만유인력과 달리 인력만이 아니라 척력도 존재한다. 같은 부호의 전하끼리는 밀어내고(척력) 다른 부호를 가진 전하끼리는 인력이 작용한다. 이를 정리하면 다음과 같다.

전하 사이에 작용하는 전기력을 쿨롱 힘(Coulomb force)이라고 한다. 두 전하의 크기를 각각 q_1과 q_2라 하고 둘 사이의 거리를 r이라고 하면, 쿨롱 힘은 $F = \dfrac{1}{4\pi\epsilon_0} \dfrac{q_1 q_2}{r^2}$ 으로 표시한다. $q_1 \times q_2$가 양수이면 척력을 나타내고, 음수이면 인력을 나타낸다. 전기력의 방향은 둘 사이를 연결하는 방향이다. 비례상수 ϵ_0는 $C^2/(N^2 m^2)$이라는 복잡한 단위를 가지고 있다. 그 이유는 힘의 단위가 뉴턴(N)이고, 전하의 단위는 쿨롱(C), 거리의 단위는 미터(m)이기 때문이다.

ϵ_0는 진공의 전기적 성질을 나타내는 양으로서 진공의 유전율이라고 한다. 실험적으로 측정된 진공의 유전율, $\epsilon_0 = 8.854 \times 10^{-12} C^2/(N^2 m^2)$이다.

$$\text{쿨롱 힘} : F = \frac{1}{4\pi\epsilon_0} \frac{q_1 q_2}{r^2}$$

전하들은 전기력을 작용한다. 그런데 전기력을 다른 방식으로 해석할 수도 있다. 전류 사이에 작용하는 힘을 앙페르 방식과 로렌츠 방식으로 해석하는 것과 같은 원리다. 쿨롱은 전기력을 전하들 사이에 작용하는 힘으로 해석했다. 그러나 패러데이는 전하들이 주변에 전장(electric field)을 만들어낸다고 보았고, 전기력이란 전장이 있는 곳에 전하가 놓일 때 작용하는 힘으로 해석했다.

패러데이의 해석은 커다란 장점이 있다. 전장에 대한 정보만 알면 다른 전하들이 어떻게 배치되어 있는지 몰라도 전기력을 아는 데 아무런 문제가 없다. 지구에 있는 전하에 작용하는 힘을 재는 데 태양에 있는 전하들이 어떻게 분포되어 있는지 알 필요가 없다. 지상에 존재하는 전장만을 알면 그것으로 충분하다. 따라서 전장에 대한 정보를 어떻게 찾느냐가 더 중요한 관심사이다.

전장은 자장처럼 크기와 방향을 가진 벡터량이다. 이에 따라 전장의 단위는 N/coul이다. 전장을 E라고 표시하면, 전하 q가 받는 쿨롱 힘은 간단하게 $F=qE$라고 쓸 수 있다. E는 다른 전하가 q가 있는 위치에 만드는 전장이다. 거꾸로 생각하면, 전하 q가 놓인 점에서 전하가 받는 힘을 재면 그 위치에서의 전장을 알 수 있다. 다른 전하 Q가 만드는 전장은 쿨롱 힘이 알려준다. 전하 q에서 r만큼 떨어진 곳에 다른 전하 Q가 있다면 Q가 만드는 전장은 $\frac{1}{4\pi\epsilon_0} \frac{Q}{r^2}$이다.

그러나 일상생활에서는 힘 대신 에너지를 주로 사용하므로 전장 대신 전압(electric potential)이라는 양을 주로 사용한다. 전압은 전기력이 하는 일을 표시하는 데 편리하기 때문이다. 전하에 전기력을 작용하여 일을 한다고 하자. 전기력이 하는 일은 $\Delta W = F \Delta x$이므로 이를 전장으로 표시하면 $\Delta W = qE \Delta x$이다. 한편, 전기력이 해주는 일은 움직여주는 전하량에 비례하므로 $\Delta W = q \Delta V$라고 쓰는 것이 더 편리하다. 여기에서 ΔV는 전압 차를 표시한다. 전압이라는 용어는 '전위', 또는 '전기 포텐셜'이라는 용어로 쓰이기도 한다.

전압 ΔV로 전하 q를 움직이면 이 전하에 해준 일은 $q \Delta V$가 된다. 전압과 전장은 $\Delta V = E \Delta x$의 관계가 있다. 따라서 전장의 단위를 N/coul 대신 V/m라고 표시하기도 한다. 전압 차가 1V인 구간에서 전자 하나에 일을 해주면 전자는 1.6×10^{-19}J의 에너지를 가지게 된다. 이 에너지의 크기는 아주 작아 eV라는 새로운 에너지 단위로 쓴다. $1\text{eV} = 1.6 \times 10^{-19}$J로 나타낸다.

**생각해
보기_1** 1쿨롱의 전하가 10cm 떨어진 곳에 만드는 전장의 크기와 방향을 구해보자.

**생각해
보기_2** 전하 q는 사방으로 전장을 만들어낸다. 전하를 둘러싸는 구면을 통과하는 전장을 전장 다발(electric flux)이라고 하자. 전장 다발은 구면을 수직으로 통과하는 전장의 크기와 구면의 면적을 곱한 양이다. 전하 q가 반지름 r인 구면을 통과하는 전장 다발은 q/ϵ_0임을 보이자. 이를 가우스의 법칙(Gauss's law)이라고 한다.

**생각해
보기_3** 10kV의 전압으로 1쿨롱 전하를 가속시킨다. 전압이 걸려 있는 공간 양단의 거리는 1cm이다. 전압이 걸려 있는 공간의 전장은 얼마인가? 전압이 걸려 있는 공간을 전하가 빠져 나오면 전하는 얼마의 운동에너지를 얻게 되는가?

**생각해
보기_4 *** 전기 포텐셜은 전장을 적분한 양이다(전장을 거리의 함수로 표현한 그래프의 면적에 해당된다). 공기 중에서 전하 q에서 r만큼 떨어져 있을 때의 전기 포텐셜은 $\frac{1}{4\pi\epsilon_0}\frac{q}{r}$라는 것을 보이자. 도체에 전하를 넣으면 그 전하는 표면에만 분포할 수 있다. 도체의 내부에는 자유전하가 존재할 수 없다. 그 이유는 무엇일까? 도체 안에서 전기 포텐셜은 똑같다(도체 내부의 어느 부분에서도 같다)는 것을 설명하자.

축전기와 전기에너지

도체판에 전하를 모아보자. 도체판에 전류를 흘려 넣으면 전류가 들어가는 곳에는 +전하가 모이고, 전류가 흘러 나가는 곳에는 −전하가 모인다.[1] 이렇게 전하를 모은 도체판은 일종의 배터리가 된다. 이런 도체판을 축전기라고 부른다.

그러나 축전기에 전하가 저절로 모이지는 않는다. 도체에 새로운 전하를 넣고자 하면 이미 도체에 들어 있던 전하가 척력을 행사하여 전하가 도체로 들어오는 것을 막기 때문이다. 전하 사이에 작용하는 척력은 이미 도체에 있는 전하의 양에 비례하여 커진다. 따라서 전하를 축전기 안에 모으는 작업은 전하 사이에 작용하는 척력에 대항하여 일을 하는 것과 같다. 축전기에 전하를 계속 모으는 과정은 외부에서 축전기에 에너지를 계

---

1 실제 도선에 흐르는 전하는 전자의 전하이므로 −전하가 움직인다. 그러나 편의상 +전하가 전자와 반대 방향으로 움직인다고 생각해도 크게 틀리지는 않는다.

속 공급해주는 과정과 같다.

두 개의 도체에 부호가 서로 다른 전하
가 각각 들어 있다고 하자. 두 개의 도체로
된 축전기는 배터리의 역할을 한다. 두 도
체 사이를 전선으로 연결하여 회로를 만든
다면 +전하가 있는 곳에서 -전하 있는 곳
으로 전하가 움직인다. 전하는 전압이 높은
곳에서 낮은 곳으로 이동하므로, +전하가

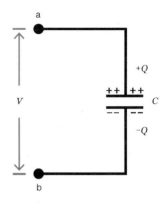

축전기에 전하가 모이면 전압이 생긴다.

모인 곳의 전압이 -전하가 모인 곳의 전압보다 높다. 전류가 흐르는 현상
은, 수압이 높은 곳에서 수압이 낮은 곳으로 물이 흐르는 것과 비슷하다.

전하가 축적된 축전기의 양단에는 전압 차가 생긴다. 축전기 양단의 전
압 차를 V라고 하면 V는 축적된 전하량 Q에 비례한다. 즉, $Q=CV$이다.
비례상수 C를 전기용량(electric capacity)이라고 한다. 전기용량의 단위는 파
라드(F, farad)이다.

전기용량 : $Q = CV$

전기용량이란 전압을 걸어 축전기에 전하를 얼마나 축적할 수 있는지
를 알려주는 양이다. 전기용량의 크기를 가늠하려면 두 개의 평행판으로
만들어진 축전기의 전기용량을 살펴보면 쉽게 알 수 있다. 도체판의 면
적이 A이고, 도체판 사이의 간격이 d로 된 평행판 축전기의 전기용량은
$C=\epsilon_0 A/d$라고 표시한다.

면적이 100m^2인 두 개의 도체판을 1mm 간격으로 잡으면, 이 축전기의 전기용량은 9×10^{-9}F다. 파라드는 일상생활에서 아주 큰 단위이므로, 전기회로의 경우 축전기를 콘덴서라고 한다. 콘덴서의 전기용량은 보통 마이크로파라드(μF, 10^{-6}F), 또는 밀리파라드(mF, 10^{-3}F)라는 단위를 사용한다.

축전기에는 전기에너지가 얼마나 축적될까?

먼저 전압 V가 걸린 상태에서 전하 Δq를 넣기 위해 해야 하는 일을 생각해보자. 이 일은 $\Delta W = V\Delta q$이다. 200V가 걸린 축전기에 0.01C의 전하를 넣으려면 2J의 일을 해주어야 한다.

많은 양의 전하 Q를 축전기에 모으려면 얼마의 일을 해주어야 하는가? 축전기에 전하 q가 이미 들어 있는 경우를 살펴보자. 이 축전기에는 전압 $V = q/C$이 걸려 있다. 여기에 여분의 전하 Δq를 넣어주기 위해 하는 일은 $\Delta W = V\Delta q = (q/C)\Delta q$이다. 이제 $q + \Delta q$의 전하가 모였으므로 이 축전기에 다시 Δq의 전하를 더 넣어준다고 하자. 이 축전기에는 이미 전압 $(q+\Delta q)/C$가 걸려 있고, 이에 더 해주어야 하는 일은 $\Delta W = ((q+\Delta q)/C)\Delta q$가 된다. 이처럼 전하를 축전기에 조금씩 더 모으게 되면 각 과정마다 전압이 달라지고, 이 때문에 해주어야 하는 일도 달라진다. 이 상황을 '전압-전하 그래프'로 그려보자.

각 단계마다 전하를 모으는 데 해주는 일은 '전압-전하 그래프'에서

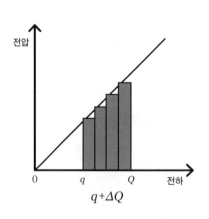

전하를 모으면 전기에너지가 축적된다.

삼각형 면적에 해당한다. 따라서 전하를 0부터 Q까지 축전기에 넣는다고 하면, 전하를 모으는 데 해주어야 하는 총 일은 $W = \frac{1}{2} Q \times (Q/C)$가 된다 ($\frac{1}{2}$이 붙는 이유는 면적이 삼각형이기 때문이다). 결국, 축전기에 저장되는 전기에너지는 외부에서 해준 일과 같으므로 축전기에 저장되는 전기에너지는 $W = \frac{1}{2} Q^2 / C$이다. 이 에너지는 축전기에 모인 전하 때문에 생기는 것이므로 축전기에 저장되는 전기적 위치에너지로 해석해도 무방하다.

축전기에 축적된 전기에너지 : $W = \dfrac{1}{2} \dfrac{Q^2}{C}$

**생각해
보기_5**
콘덴서에는 전기용량의 표시와 함께 작동전압이 표시되어 있다. 예를 들어 47,000pF의 전기용량과 작동전압이 330V(±10% 허용)인 축전기가 있다고 하자. 이 콘덴서에 축적할 수 있는 전하량은 얼마나 될까? 이 축전기에 허용전압 이상으로 전압을 걸어주면 무슨 일이 생길까?

축전기가 폭발한 모습

(출처: http://en.wikipedia.org/wiki/File:Exploded_
Electrolytic_Capacitor.jpg © Frizb99)

**생각해
보기_6**
콘덴서에 저장되는 전기에너지는 $\frac{1}{2} Q^2 / C$이다. 이 에너지는 용수철에 저장되는 위치에너지 $\frac{1}{2} kx^2$이다.

각각의 에너지를 표현하려면 콘덴서의 경우는 $\Delta W = V \Delta q$와 $V = q/C$를 사용하고, 용수철의 경우는 $\Delta W = F \Delta x$와 $F = kx$를 사용해야 한다. 따라서 용수철 상수 k는 전기용량의 역수 $1/C$로 대응하고, x는 전하량 q로 대응하는 것이 자연스럽다는 것을 이해해보자.

교류와 전하의 진동

　　직류는 도체 안의 전자가 집단적으로 움직이는 현상이
다. 직류는 전선이 연결되어야만 흐를 수 있다. 교류 역시 전자가 집단적
으로 움직인다는 면에서는 비슷하다. 그러나 전류의 흐름이 주기적으로
바뀐다는 점에서 직류와 다르다. 특히 교류는 전선이 연결되지 않아도 전
류가 흐를 수 있다는 점에서 직류와 크게 다르다.

　두 개의 도체판으로 만들어진 축전기를 살펴보자(축전기 안의 도체판 사이
는 연결되어 있지 않다). 축전기를 연결한 회로에 전류를 흘려 보내자. 전류가
흘러 들어간 도체판에는 +전하가 모이고, 전류가 빠져나가는 도체판에는
-전하가 모인다.

　시간이 흘러 도체판에 전하가 가득 차면 직류는 더 이상 흐르지 못하고
전류가 멈춘다. 그러나 교류는 다르다. 전류의 방향이 바뀌면 도체에 가
득 쌓였던 +전하가 빠져나가기 시작한다. +전하가 빠져나간 후에는 -전

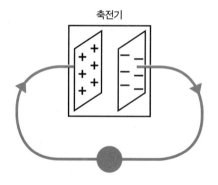

축전기

축전기 내부는 절단되어 있다.

하가 쌓이기 시작한다. 따라서 교류의 주기에 맞추어 도체판의 전하도 부호가 바뀐다. 따라서 도체판에 전하가 가득 차기 전에 전류의 방향이 바뀐다면, 도체판에 전하가 가득 차서 전류가 멈추게 되는 것을 염려할 필요가 없다. 따라서 축전기 회로는 주기가 짧을수록 전류가 오히려 쉽게 흐른다.

교류가 잘 흐르는 축전기와 직류가 잘 흐르는 코일을 연결하여 하나의 회로로 만들어보자. 이 회로를 LC회로(LC circuit)라고 한다. C는 축전기의 전기용량을, L은 코일의 인덕턴스를 뜻한다.

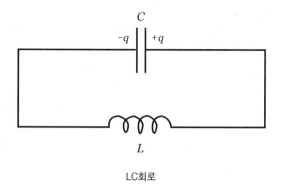

LC회로

축전기에 전하를 가득 채운 후 회로를 연결하면 축전기에 들어 있던 +전하가 밖으로 흘러 나가 코일을 통과하게 된다. 그런데 코일에는 많은 전류가 갑자기 흐를 수 없는 특성이 있다. 전류가 갑자기 증가하는 것을 코일의 기전력이 방해하기 때문이다. 따라서 축전기에 모인 전하는 한꺼번에 밖으로 사라지지 못한다. 축전기에 있던 전하가 천천히 밖으로 흘러나가고, 코일에 흐르는 전류도 서서히 증가한다.

시간이 흘러 축전기에 있던 +전하가 모두 빠져나가면 어떤 일이 벌어질까? 축전기에서 공급할 전하가 더 이상 없다면 전류가 갑자기 멈출 것인가? 그렇지 않다. 코일에는 이미 일정한 전류가 흐르고 있으므로 이 전류들이 갑자기 멈출 수 없다. 코일에 흐르는 전류는 서서히 줄어들기 때문이다. 축전기에 모였던 +전하가 모두 빠져나가 0이 되어도 전하는 계속 더 빠져 나간다. 이것은 -전하가 축전기에 계속 쌓인다는 것을 뜻한다. 따라서 +전하가 있던 도체는 -전하로 가득 찬다.

시간이 흘러 코일에 흐르던 전류가 서서히 멈추게 되면, 전류는 더 이상 흐르지 않을까? 그렇지 않다. 축전기에 모인 -전하가 다시 빠져나가기 시작하면 전류는 반대 방향으로 흐른다. 결과적으로 축전기에 쌓이는 전하와 코일에 흐르는 전류는 주기적으로 변한다.

전기에너지의 변화를 살펴보자. 전류가 멈추면 모든 전기에너지는 축전기에 저장된다. 축전기에 전하가 최대로 쌓이기 때문이다. 축전기의 전하가 빠져나가 0이 되면 모든 전기에너지는 코일에 저장된다. 이때는 코일에 흐르는 전류가 최대가 된다. LC회로에는 저항이 없으므로 전기에너지가 열로 사라지지 않고, 총 에너지는 보존된다. 코일의 전기에너지와 축전기의 전기에너지가 주기적으로 바뀔 뿐이다.

전기에너지의 형태가 주기적으로 바뀌는 것은 용수철에 저장되는 에너지의 형태가 주기적으로 바뀌는 것과 아주 비슷하다. 코일에 저장되는 전기에너지를 '운동에너지'로, 축전기에 저장되는 전기에너지를 '위치에너지'로 생각하면, 용수철이 진동할 때 운동에너지와 위치에너지가 주기적으로 변하는 것과 똑같다.

용수철 상수를 k, 물체의 질량을 m이라고 하면, 용수철의 고유 진동수는 $2\pi f_0 = \sqrt{k/m}$ 이고, 주기는 $T = 1/f_0$이다. 용수철이 한 번 진동할 때마다 운동에너지와 위치에너지는 두 번 번갈아 나타난다. 따라서 에너지가 바뀌는 주기는 용수철 주기의 절반이다.

LC회로도 비슷하다. 전하와 전류가 주기적으로 변하는 고유 진동수는 $2\pi f_0 = \sqrt{1/(LC)}$ 이다. 인덕턴스 L은 용수철에 매달린 질량 m에 해당되고, 전기용량의 역수 $1/C$는 용수철 상수 k에 대응된다. LC회로 역시 고유 진동수는 전기용량과 인덕턴스로 결정된다. 그리고 전기에너지가 바뀌는 주기는 전류 주기의 절반인 $T/2 = 1/(2f_0) = \pi\sqrt{LC}$ 이다.

$$\text{LC회로의 고유 진동수} : 2\pi f_0 = \sqrt{\frac{1}{LC}}$$

LC회로를 이용하여 전하를 100Hz로 진동시키고자 한다. 코일의 인덕턴스가 50mH라면 축전기의 전기용량은 얼마가 되어야 하는가? 이 경우 전기용량에 축적되는 전기에너지가 주기적으로 방전된다. 이 주기는 얼마인가?

LC회로에서 전기에너지의 형태가 주기적으로 변하는 것은 용수철의 역학에너지 형태가 변하는 것과 비슷하다. LC회로에 저항을 연결하면 LRC회로라고 한다. LRC회로에 저장된 전기에너지는 보존되지 않는다. 저항을 통해 전기에너지가 사라지기 때문이다. 용수철 진동이 마찰에 의해 역학에너지가 사라지는 것과 비슷하다. 따라서 LRC회로에 전류가 계속 흐르게 하려면 외부에서 에너지를 공급해주어야 한다.

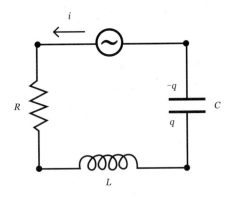

교류 배터리가 연결된 LRC회로

LRC회로에 교류 배터리를 연결하자. 공급하는 교류의 주기가 얼마가 될 때 회로에 가장 많은 전류가 흐를까? 전류가 많이 흐르면 저항으로 사라지는 에너지도 크다. 이를 이용하는 경우를 찾아보자. (힌트 : 진동하는 물체가 공명을 일으킬 때와 비슷하다. 그네가 공명을 일으키는 경우를 이용하여 설명해보자.)

전자파

        LC회로에 교류가 흐르면 축전기에 모이는 전하의 양도 주기적으로 바뀐다. 축전기 안에 있는 두 개의 도체는 전선으로 연결되어 있으므로 도체에 모여 있는 전하는 전선을 따라 왕복한다. 두 개의 도체를 긴 전선으로 연결하는 대신 짧은 전선으로 연결해보자. 두 도체는 부호가 다른 두 개의 전하가 가까이 모여 있는 전기쌍극자(electric dople)가 되고, 교류가 흐르는 것은 전기쌍극자의 전하가 주기적으로 진동하는 것으로 확인할 수 있다.

도체의 전하가 진동한다.

한편, 물체가 진동하면 매질을 따라 진동이 전파된다. 소리와 파도, 지진파 등은 모두 파원에서 발생한 진동이 매질을 따라 전파되는 현상이다. 그렇다면 전하에서 발생한 진동도 매질을 따라 전파될까? 맥스웰은 전하에서 발생한 진동이 공간을 따라서도 전파될 수 있다는 사실을 찾아냈다.

전하에서 발생한 진동이 공간을 통해 전파되는 현상이 전자파이다. 맥스웰이 전자파를 찾아낸 단서는 앙페르가 찾아낸 법칙에 있었다(7장 '2. 전류 사이에 작용하는 힘' 참조). 전선에 전류가 흐르면 전선 주위에 자장이 생긴다. 자장의 세기는 전선에 흐르는 전류의 양에 비례하여 커진다. 그런데 앙페르 당시에는 교류가 존재하지 않았으므로, 자장과 전류 사이의 관계식은 직류에서 찾아냈다. 그렇다면 직류를 교류로 바꾸면 무슨 문제가 생기는가?

전선에 전류가 흐르면 전선 주위에 자장이 생긴다. 자장은 처음과 끝이 없어 자장으로 만들어지는 고리가 생긴다. 자장 고리는 전선에 흐르는 전류 때문에 생긴다고 볼 수 있다. 그런데 자장의 입장에서 보면, 자장을 만드는 전류를 어떻게 찾아낼 수 있는가? 앙페르는 다음과 같이 생각했다. 자장이 만드는 고리로 원판을 만들어보자. 전선에 흐르는 전류는 원판을 뚫고 통과한다. 따라서 자장을 만드는 전류는 전선에 흐르는 전류라고 볼

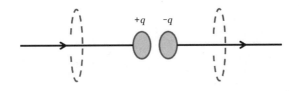

전선 주위에 자장이 생긴다.

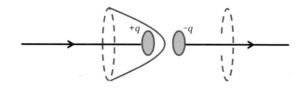

자장을 만드는 전류

수 있다.

이 방법은 교류가 흐르는 축전기 내부의 전선이 절단된 부근에서는 문제가 생긴다. 전선 주위에 생긴 자장 고리가 입구인 항아리를 생각해보자. 이 항아리의 바닥은 전선이 끊어진 부분을 통과한다. 이 경우에는 항아리를 뚫고 통과하는 전선이 없으므로 항아리를 통과하는 전류는 없다. 이렇게 보면 자장을 만드는 전류는 없는 것처럼 보인다.

문제는 여기에서 생겼다. 교류가 흐르는 전선 주위에 자장은 분명히 있는데, 자장을 만드는 전류는 찾는 방식에 따라 달라진다. 원판을 관통하는 전류는 존재하지만 항아리를 관통하는 전류는 존재하지 않는다. 물론 직류라면 이런 문제가 생기지 않는다(직류가 흐르는 전선에는 끊어진 곳이 없기 때문이다). 교류에는 앙페르가 고안한 방법을 적용할 수 없는 경우가 있다. 어떻게 생각해야 일관성이 있을까?

맥스웰은 다음과 같이 주장했다. 전선이 있으면 전류가 흐르듯이 전선이 끊어진 곳에서는 새로운 형식의 전류가 이어져 흘러야 한다. 공간을 흐르는 새로운 형식의 전류는 변위전류(displacement current)라는 형태이다. 맥스웰은 공간에는 에테르(ether)로 가득 차 있다고 상상했고, 에테르를 타고 흐르는 전류는 변위전류라고 주장했다. 나중에 확인된 바로는 에테르는 존재하지 않았다. 그리고 변위전류란 도체에 모인 전하가 공간에 전장을 만들면, 이 전장이 주기적으로 바뀔 때 나타나는 현상에 해당한다. 따라서 변위전류라는 용어는 적절하지 않기 때문에 우리는 공간에 흐르는 전류를 공간전류(space current)라는 용어로 대체해서 사용할 것이다.

맥스웰이 공간전류를 제안한 지 4년이 지난 1865년, 그는 진공을 매질로 하는 파동을 찾아냈다. 전류가 흐르면 전선 주위에 자장이 생긴다(앙페르 법칙이다). 그런데 교류가 흐르면 주위에 생기는 자장도 주기적으로 변한다. 자장이 주기적으로 변하면 주변의 공간에 전류가 유도되고(패러데이 유도 법칙이다), 유도된 공간전류 역시 주기적으로 변한다. 전선이 끊어진 양단의 도체에는 전하가 주기적으로 쌓이고, 이 전하가 공간에 만드는 전장 역시 주기적으로 변한다. 도체 주위의 공간에서 전장과 자장이 주기적으로 변한다. 결국 주기적으로 변하는 자장과 전장은 공간을 따라 퍼져 나간다. 이것이 전자파다.

전자파를 나타내는 파동방정식은 전장과 자장을 연결하는 미분방정식이다. 이 방정식에 따르면, 주기적으로 커졌다 작아졌다 하는 전장과 자장이 항상 붙어 다니면서 진공을 따라 이동한다. 전자파의 속력은 매질인 진공의 속성으로 결정된다. 진공의 전기적 특성은 유전율 ϵ_0로 표시되고, 진공의 자기적 특성은 투자율 μ_0로 표시된다. 이것을 이용하면, 전자파의 속력은 $1/\sqrt{\epsilon_0 \mu_0}$이며, 그 값은 정확히 광속 $c=3\times10^8 \mathrm{m/s}$와 같다. 맥스웰은 이를 근거로 하여 빛은 전자파라고 주장했다. 맥스웰이 수학의 논리를 앞세워 찾아낸 전자파는, 헤르츠가 1887년 실험실에서 실험으로 확인했다.

$$\text{진공에서의 광속 : } c = \frac{1}{\sqrt{\epsilon_0 \mu_0}} = 3 \times 10^8 \text{m/s}$$

전자파는 진공에서 광속 c로 퍼져나간다. 현재는 진공에서의 광속을 c=299,792,458m/s로 정의하고, 빛이 1초 동안에 가는 거리를 2.99792458nm으로 정의한다. 따라서 거리를 측정하는 일은 시간을 측정하는 일로 바뀌었다.

빛은 진공만이 아니라 물질도 통과한다. 전자파의 진동수에 따라 물질의 투명도가 달라진다. 유리는 가시광선에 대해 투명하지만 자외선에는 불투명하다. 투명한 물질의 경우 매질이 달라지면 빛의 속력도 달라진다. 빛이 통과하는 투명한 물질은 부도체다. 부도체는 도체와 달리 자유전자가 없는 대신, 외부에서 전압을 걸어주면 원자나 분자에 갇혀 있는 전자가 반응한다. 원자에 갇혀 있는 전자를 붙박이 전자(bounded electron)라고 한다. 전자파는 부도체에 전압을 걸어주는 역할을 하고, 붙박이 전자는 원자나 분자에 갇힌 채 전자파와 반응하므로 광속이 느려진다. 이러한 전기적 성질 때문에 부도체를 유전체(dielectric substance)라고도 한다.

물질의 전기적 특성은 물질의 유전율 $\epsilon = K\epsilon_0$에 반영된다. K는 진공의 유전율과 비교하는 수로서 유전상수(dielectric constant)라고 한다. 진공의 유전상수는 1이다. 물질 속에서 전자파의 속력은 $v = 1/\sqrt{K\epsilon_0\mu_0} = c/\sqrt{K}$로 유전상수에 따라 달라진다. 광속이 느려지는 정도는 굴절률 n으로 표시되므로, 유전상수는 $K=n^2$과 같다.

유전체를 통과하는 빛은 진공에서보다 느리게 간다. 가시광선의 경우 물의 굴절률은 1.33이고, 속력은 225,000km/s이며 유전상수는 1.78

이다. 다이아몬드의 경우 굴절률은 2.4이고, 속력은 125,000km/s, 유전 상수는 5.7이다.

무지개는 가시광선에 반응하는 굴절률이 색(진동수)에 따라 약간씩 다르게 나타나는 결과이다. 이를 분산이라고 한다. 굴절률은 전자파의 진동수에 따라 달라지고, 따라서 유전상수 역시 전자파의 진동수에 따라 달라진다. 전자파의 진동수가 0으로 갈 때의 유전상수는 축전기의 전기용량으로 잴 수 있다.

축전기 안의 도체 사이를 진공 대신 종이나 파라핀, 유리 등의 부도체로 채우면 축전기의 전기용량은 K배로 증가한다. 파이렉스 유리의 경우 유전상수는 5.6, 물의 유전상수는 80이다. 이 유전상수는 진동수가 0으로 가는 전자파에 반응하는 양이다. 가시광선에 반응하는 양과는 차이가 있다.

진공에서 빛보다 빨리 가는 물질은 발견되지 않았다. 그러나 물질 속에서는 입자가 빛보다 빨리 가는 것은 신기한 일이 아니다. 원자로 주위는 물로 둘러싸여 있으며, 그 물은 푸른빛을 띤다. 이것을 체렌코프 방사선(Cherenkov radiation)이라고 한다. 이 방사선은 원자로에서 나오는 전자들이 물속에서 빛보다 빨리 나가기 때문에 생기는 현상이다. 체렌코프 방사선이 생기는 원리는 음속보다 빨리 나는 비행기가 만드는 굉음(sonic boom)이 나타나는 원리와 같다(6장 확인하기 10. 참조).

아이다호 연구소에서 찍은 체렌코프 방사선

(출처: https://en.wikipedia.org/wiki/Cherenkov_radiation ⓒ Argone National Laboratory)

생각해 보기_9　전자파는 전기에너지를 광속으로 전달한다. 태양이 전자파로 내보내는 파워는 3.9×10^{26}W이고, 태양에서 지구까지의 거리는 1억 5천만km이다. 지구에 도달하는 빛의 세기는 얼마인가? 이 빛의 15%를 태양전지가 전기로 바꾼다. 가정에서 1kW의 전기를 얻으려면 태양전지판의 넓이는 얼마나 되어야 할까?

생각해 보기_10　도체는 자유전자를 가지고 있다는 점에서 부도체와 전기적인 성질이 기본적으로 다르다. 도체는 자유전자 때문에 빛이 통과하지 못하고 투명하지 않다. 빛은 도체 속으로 들어가지 못하고 반사되거나 흡수된다. 그 이유를 찾아보자. 도체의 굴절률은 실수가 아니라 허수로 표기한다. 굴절률을 허수로 표현하는 것은 무엇을 뜻하는 것일까?

생각해 보기_11　유전상수는 굴절률의 제곱이다. $K=n^2$. 3GHz의 주파수에서 잰 유전상수는 테플론 2.1, 바셀린 2.16, 세라믹 5.6, 유리 5.17이다. 이 주파수의 전자파의 속력은 얼마인가?

전자파는 진동수에 따라 구분한다. 가시광선의 영역대는 400THz~790THz 이다.[2] 400THz는 붉은색 쪽이고, 790THz는 보라색 쪽이다. 가시광선 보다 작은 진동수로는 적외선 영역 300GHz~400THz, 마이크로웨이브 300MHz~300GHz, 그리고 라디오파 3Hz~300MHz가 있다. 가시광선보다 진 동수가 큰 전자파로는 자외선 790THz~30PHz, X선 30PHz~30EHz 등이 있 고, 이보다 큰 진동수의 전자파는 감마선이라고 한다. 전자파를 이렇게 구분하 는 이유는 무엇일까? 각 전자파 영역의 특성을 알아보자.

알아두면 좋을 공식

❶ 전기력과 전장 : $F = qE$

❷ 쿨롱 힘 : $F = \dfrac{1}{4\pi\epsilon_0} \dfrac{q_1 q_2}{r^2}$

❸ 전기력이 하는 힘 : $\Delta W = q \Delta V$

❹ 전기용량 : $Q = CV$

❺ 축전기에 축적된 전기에너지 : $W = \dfrac{1}{2} \dfrac{Q^2}{C}$

❻ LC회로의 진동수 : $f_0 = \dfrac{1}{2\pi} \sqrt{\dfrac{1}{LC}}$

❼ 진공에서의 광속 : $c = \sqrt{\dfrac{1}{\epsilon_0 \mu_0}} = 3 \times 10^8 \text{m/s}$

❽ 물질 속에서의 광속 : $v = \sqrt{\dfrac{1}{K\epsilon_0 \mu_0}} = \dfrac{c}{\sqrt{K}}$ (K는 유전상수)

---

2 $MHz = 10^6 Hz$, $1GHz = 10^9 Hz$, $1THz = 10^{12} Hz$, $1PHz = 10^{15} Hz$, $1EHz = 10^{18} Hz$.

생각해보기 (홀수 번 답안)

생각해보기_1

전하 하나가 만드는 전장은 $\frac{1}{4\pi\epsilon_0}\frac{Q}{r^2}$ 이므로, 9×10^{11}N/coul$=9\times10^{11}$V/m이다. 전장의 방향은 1쿨롱의 전하가 있는 곳에서 관찰점(10cm 떨어진 점)으로 향하는 방향이다.

생각해보기_3

10kV가 1cm 사이에 걸리면 전장은 10kV/1cm=1M V/m이다. 1쿨롱의 전하가 얻는 에너지는 10kV×1coul=10,000J이다.

생각해보기_4 *

공기 중에서 전하 q에서 r만큼 떨어져 있을 때의 전장은 $\frac{1}{4\pi\epsilon_0}\frac{q}{r^2}$ 이므로, 이 함수를 적분하면 '$\frac{1}{4\pi\epsilon_0}\frac{q}{r}$+적분상수'가 된다. 전기 포텐셜의 기준을 이 무한대로 갈 때 0으로 잡으면, 전기 포텐셜은 $\frac{1}{4\pi\epsilon_0}\frac{q}{r}$ 이 된다.

도체의 경우에는 도체 내부에서 자유전하가 힘을 받으면 가속하여 움직이게 된다. 만약 도체 내부에 자유전하가 있다면 그 전하들은 서로 밀어낼 수밖에 없다. 전하들이 갈 수 있는 부분은 결국 표면뿐이다. 따라서 전하는 표면에만 분포할 수 있다.

표면에 분포하는 전하들도 서로 밀어내는 힘을 작용한다. 표면에 있는 전하들이 움직이지 않고 존재하려면 모든 전기적 힘이 평형을 이루어야 한다. 또 표면과 평행한 방향의 힘이 모두 상쇄되어야 한다. 그렇지 않다면 표면에 존재하는 전하들이 표면을 따라 흘러갈 것이기 때문이다. 따라서 힘이 존재할 수 있는 방향은 표면과 수직인 방향뿐이다.

모든 힘이 평형을 이루면 도체 내부에서는 힘이 0이다. 즉, 전장이 0이다. 따라서 평형이 이루어진 도체 내부에서는 전하를 옮기는 데 드는 일은 없다. $\Delta W=-E\Delta x=0$. 따라서 전기 포텐셜은 도체 내부의 모든 점에서 똑같다.

생각해보기_5

47,000pF의 전기용량과 작동전압이 330V인 콘덴서에 축적할 수 있는 전하량은 15.5마이크로 쿨롱이다. 이때 콘덴서에 축적할 수 있는 한계에너지는 $\frac{1}{2}CV^2$=2.6밀리J이다. 한계전압 이상을 걸어주면 콘덴서에 2.6밀리J 이상의 전기에너지를 저장하게 된다. 그러나 콘덴서는 한계 이상의 에너지를 감당할 수 없으므로 전기적으로 폭발하게 된다.

생각해보기_7

$f_0=\frac{1}{2\pi}\sqrt{\frac{1}{LC}}$ 를 사용하면, $C=\frac{1}{L}\left(\frac{1}{2\pi f_0}\right)^2$이다. f_0=100Hz, L=50mH를 사용하면 축전기의 전기용량은 51마이크로파라드이다. 이 회로의 주기는 10ms(밀리초)이고, 전기에너지가 전기용량에서 방전되는 주기는 5ms이다.

생각해보기_9

빛의 세기는 $I=\frac{P}{4\pi r^2}$ 를 사용하면, $\frac{3.9\times10^{26}}{4\pi(1.5\times10^{11})^2}$ W/m² 는 1.4kW/m²이다. 빛의 세기의 15%에 해당하는 양은 0.2kW/m²이므로 약 5제곱미터의 태양전지판이 필요하다.

생각해보기_11

3GHz에서의 굴절률은 테플론 1.4, 바셀린 1.5, 세라믹 2.4, 유리 2.3이다. 따라서 3GHz 전자파의 속력은 테플론 21만km/s, 바셀린 20만km/s, 세라믹 12만 5천km/s, 유리 13만km/s이다.

1. 건조한 날 지상에서 $3 \times 10^6 \text{V/m}$의 전장이 걸리면 방전이 일어난다. 이 때 전자가 받는 힘은 얼마인가?

2. 전기용량이 10밀리파라드인 콘덴서에 4.5J의 전기에너지가 저장된다. 여기에 축적되는 전하량은 얼마인가?

3. 도체판 두 개로 축전기를 만든다고 하자. 도체판의 면적을 A, 도체판 사이의 간격을 d라고 하면, 이 축전기의 전기용량은 $C = \epsilon_0 A/d$로 표시된다. 간격이 1mm인 도체판으로 1마이크로파라드의 축전기를 만들려면 도체판의 면적은 얼마나 넓어야 할까?

4. 100마이크로파라드의 축전기(회로의 경우 콘덴서라고 부른다)에 10V를 걸어 전하를 축적했다. 이 축전기에 저장되는 전하는 얼마인가? 또 이 축전기에 저장된 전기에너지는 얼마인가?

5. AA알칼리 건전지는 1.5V 전압으로 2.8A의 전류를 1시간 동안 흘려 보낼 수 있다. AA알칼리 건전지에 있는 전하를 축전기에 넣어 1.5V의 축전기로 만들고자 한다. 이 축전기의 전기용량은 얼마나 되어야 할까? 전기용량을 보통 사용하는 콘덴서와 비교해보라. 이런 축전기는 어디에 사용할 수 있을까?

6. 10밀리헨리 코일과 30마이크로파라드의 콘덴서로 만들어진 LC회로의 자연 진동수는 얼마인가?

7. 100MHz의 FM 방송을 수신하려면 튜너를 돌려야 한다. 튜너는 LC회로의 자연 진동수에 맞출 때 공명이 일어난다. 코일의 인덕턴스가 0.5마이크로헨리일 때 가변 축전기의 전기용량은 얼마가 되어야 하는가?

8. 다이아몬드의 굴절률은 0.42이다. 가시광선에서의 다이아몬드의 유전

상수는 얼마인가?

9. 면적이 100m²이고, 간격이 1mm인 평행 도체판의 전기용량은 9×10^{-9} 파라드이다. 도체판 사이에 실리콘을 끼우면 전기용량은 어떻게 바뀔까? 실리콘의 유전상수는 11.8이다.

10. 마이크로웨이브 오븐은 2.45GHz의 전자파를 이용한다. 이 전자파의 파장은 얼마인가? 마이크로 오븐에 특별한 진동수의 전자파를 사용하는 이유는 무엇인가?

〈정답〉

① 4.8×10^{-13}N ② 30쿨롱 ③ $C=10^{-6}F$, $d=0.001$m, $\epsilon_0=8.854 \times 10^{-12}C^2/(N^2m^2)$를 사용하면 $A=\frac{Cd}{\epsilon_0}=113$m²이다. ④ 축전기에 저장되는 전하는 $100 \times 10^{-6} \times 10$ 쿨롱=1밀리쿨롱이다. 축전기에 저장된 전기에너지는 $\frac{1}{2}\frac{10^{-6}}{100 \times 10^{-6}}$ J=0.005J이다. ⑤ 전하량=$Q=2.8 \times 3,600$쿨롱=10,000쿨롱. $C=Q/V=6,720$파라드이다. 따라서 축전기로 AA알칼리 건전지를 흉내 내는 것이 쉽지 않다. 축전기는 전하가 순식간에 충전되고 순식간에 방전될 수 있으므로 카메라 플래시에 연결하여 사용한다. 그러나 비록 전하량이 작더라도 고압이므로 충전된 축전기를 맨손으로 조작하는 것은 상당히 위험하다. ⑥ 291Hz ⑦ 5pF ⑧ 0.18 ⑨ 1.1×10^{-7} 파라드=0.11마이크로파라드 ⑩ 2.45GHz의 전자파의 파장은 $\lambda=c/f=12$cm. 물은 2.45GHz의 고유진동수를 가진다. 따라서 마이크로웨이브는 물에서 공명을 일으키고 오븐에서 공급하는 에너지를 흡수한다.

9장

열이란 무엇인가

온도

날씨를 얘기할 때 빠지지 않는 것이 온도다. 온도는 주위의 뜨겁고 차가운 정도를 나타내는 척도다. 밤의 온도가 30도를 넘는다면 열대야가 나타날 것이라고 생각한다. 온도가 영하로 떨어지면 추위에 대비해야 한다. 한편, 식탁의 따뜻한 커피는 시간이 지나면 식는다. 뜨거운 물체는 온도가 낮아지고, 차가운 물체는 온도가 올라간다. 이처럼 온도는 어떤 물체가 식을지를 알려주는 척도이기도 하다. 온도가 달라진다는 것은 열이 이동하는 것을 뜻한다. 그렇다면 열이란 무엇인가?

물질이 놓인 공간을 칸막이로 차단하면 물질은 칸막이를 넘어가지 못한다. 그러나 열은 다르다. 칸막이가 사이에 있어도 뜨거운 정도가 다르면 열이 이동한다. 뜨거운 물질은 식고 차가운 물질은 따뜻해진다. 결국 칸막이 사이의 온도는 비슷해진다.

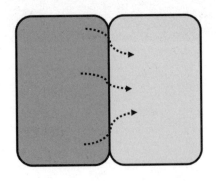

온도가 다르면 칸막이 사이로 열이 이동한다.

칸막이로 나누어진 두 영역이 더 이상 뜨겁거나 차가워지는 변화가 생기지 않으면 두 영역은 서로 열적으로 평형을 이룬다고 말한다. 열평형(thermal equilibrium)에 도달하면 두 영역의 온도는 같아진다. 온도(temperature)는 두 영역이 열적으로 평형을 이루고 있는지를 나타내는 척도이다. 제3의 물체를 가져와 다시 열 접촉(thermal contact)을 시켜보자. 이미 있던 물질과 열평형을 이룬다면 세 가지 물체의 온도는 모두 같다. 이관계를 열역학 제0법칙(Zeroth law of thermodynamics)이라고 한다.

열 접촉을 할 때 열이 이동한다면 서로의 온도는 다르다. 이처럼 온도는, 서로 다른 물체들이 열 접촉 할 때 열이 이동할지 아닐지를 알려준다. 온도를 표시하기 위해서는 온도계를 사용한다. 일상에서 쓰는 온도계는 물의 '어는점'과 '끓는점'을 이용하여 온도의 척도를 정한다. 1기압에서 물이 어는점을 섭씨 0도, 물이 끓는점을 섭씨 100도로 하고 두 점 사이의 간격을 일정하게 나누면 온도계가 만들어진다. 그러나 1954년부터는 좀 더 정밀한 온도를 정의하기 위해서 자연에 존재하는 유일한 상태인 물의 삼중점을 이용하고 있다. 물의 삼중점(triple point of water)이란 물과 수증기, 얼음이 공존하는 상태를 말한다. 물의 삼중점은 압력이 611.657Pa 일 때 존재한다. 물의 삼중점의 온도는 섭씨 0.01도로 정의한다.

온도계의 눈금을 그으려면 삼중점의 온도 이외에 또 다른 기준이 되는 온도가 하나 더 필요하다. 자연에 존재하는 가장 자연스러운 또 다른 온도는 무엇이 있을까? 절대영도(absolute zero point)이다. 절대영도는 기체의 팽창과 수축을 표시하는 과정에서 생겨난 개념이다. 기체는 온도가 내려가면 수축한다. 이상기체(ideal gas)란 온도가 계속 내려가도 기체의 상태가 유지되는 기체를 말한다. 따라서 온도가 충분히 내려간다면 부피가 0이 되는 온도를 상상할 수 있다. 절대영도 0K(Kevin, 켈빈)는 이상기체의 부피가 0이 되는 온도로 정의한다.[1]

1848년, 켈빈 톰슨은 기체를 이용하여 온도를 표시하는 절대온도(absolute temperature)를 고안했다. 기체가 팽창하는 정도에 따라 온도를 정의하는 방식이다. 절대온도의 체계는 섭씨온도의 체계와 같다. 섭씨온도의 간격과 절대온도의 간격이 똑같다. 다만, 절대영도 0K는 섭씨로 −273.15도다. 물의 삼중점에 해당하는 온도는 273.16K이다.

$$절대온도(K) = 273.15 + 섭씨온도(C)$$

---

1 절대영도는 실제로 도달한 적이 없다. 온도가 줄어드는 경향으로 절대영도를 유추해낼 뿐이다. 이에 대한 아이디어는 1702년 프랑스의 물리학자 아몽통(Guillaume Amontons, 1663~1705)이 처음 소개했다고 한다. "가장 찬 온도가 존재할까? 있다면 온도계에 0으로 표시하자."

생각해
보기_1

물이 끓는 온도는 섭씨 100도이다. 절대온도로 환산하면 얼마인가? 태양의 표면온도는 5,800K이다. 이를 섭씨로 환산하면 얼마인가?

생각해
보기_2

온도는 열적으로 평형을 이루는 상태를 나타낸다. 그런데 집 안에서 온도를 재면 방마다 온도가 다르다. 집 안의 온도는 집 밖의 온도와 다르다. 이처럼 구역마다 다른 온도를 얘기한다면 온도란 어느 정도 작은 영역에서까지 정의할 수 있을까? 온도가 시간적으로 급격하게 변한다면 온도란 얼마나 빨리 변하는 경우까지 정의할 수 있을까?

생각해
보기_3

방 안에 책과 도자기, 금속 박스가 오랫동안 놓여 있다. 이들은 서로 열평형을 이루고 있으므로 그들의 온도는 같아야 한다. 그런데도 책과 도자기, 금속 박스를 손으로 만지면 차가운 정도가 다르다. 온도가 같아도 차가운 정도가 다르게 느껴지는 이유는 무엇일까? 나무로 된 문에 쇠로 된 문고리가 달려 있다. 나무로 된 문과 쇠로 된 문고리 역시 온도가 같아야 한다. 한겨울에 젖은 손으로 문고리를 만져보자. 손이 문고리에 찰싹 들러붙는다. 젖은 손으로 나무문을 만지면 이런 문제가 생기지 않는다. 온도가 같은데도 왜 이렇게 다르게 반응하는 것일까?

생각해
보기_4

온도계의 눈금을 정할 때 우리는 왜 자연에 존재하는 유일한 상태를 기점으로 표준을 정의하려는 것일까? 물의 삼중점이나 이상기체가 알려주는 절대영도는 얼마나 보편성을 띠고 있는가? 우리가 직접 가볼 수 없는 우주의 모든 지점에 대한 온도는 어떻게 정밀하게 측정할 수 있는가? 서로 다른 온도계를 사용하는 외계인 사이에서는 온도를 어떻게 서로 정의하고 소통할 수 있을까?(섭씨온도계와 화씨온도계를 사용하는 두 지구인 사이에 소통하는 방법을 참조하자.)

이상기체와 온도계

              절도온도는 이상기체의 특성에서 고안되었다. 이상기체가 가지고 있는 성질에 대해 알아보자. 기체는 우리가 주위에서 흔히 보는 물질이다. 공기 중에는 산소와 질소, 이산화탄소 등이 들어 있다. 이런 모든 기체도 농도가 희박하면 기체의 종류에 상관없이 보편적인 성질을 가진다는 사실을 17세기 중반에 보일이 실험으로 알아냈다.

    보일은 기체의 종류에 상관없이 온도가 일정하면 기체의 압력과 부피는 서로 반비례 관계에 있다는 사실을 알아냈다. PV=일정. 그 후 샤를은 압력이 일정할 때 온도에 비례하여 부피가 팽창한다는 것, $V \propto T$를 알아냈다. 그리고 1802년, 게이뤼삭은 부피가 일정하면 압력은 온도에 비례한다는 사실을 찾아냈다.

    이런 실험 결과들을 종합해보면 희박한 기체는 압력과 부피, 온도가 $PV=nRT$ 관계를 만족한다. 이를 보일-샤를의 법칙이라고 한다. n은 기체에 들어 있는 분자의 양을 표시한다.

n을 '몰'로 표시하는 경우, $R=8.315\text{J}/(\text{mol}\cdot\text{K})$을 기체상수라고 한다.[2]

기체는 농도가 희박하면 종류와 상관없이 보편적인 성질을 보여주기 때문에 기체의 이상적인 상태가 존재할 것이라고 상상할 수 있다. 이런 기체를 이상기체(ideal gas)라고 한다. 이상기체는 상태방정식 $PV=nRT$를 따르는 기체라고 정의할 수 있다.

$$\text{이상기체의 상태방정식} : PV = nRT$$

이상기체의 압력은 부피가 일정하면 온도에 비례한다. $P \propto T$. 따라서 부피를 일정하게 유지한 채 압력을 정밀하게 잰다면 정밀한 온도를 알아

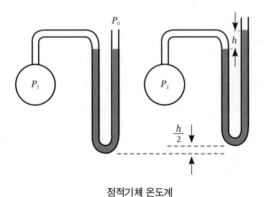

정적기체 온도계

(출처: http://en.wikipedia.org/wiki/Gas_thermometer © P. Peterlin)

---

2 몰이란 원자나 분자의 무게를 나타내는 양이다. 탄소원자의 원자량은 12이고, 1몰은 12g이다. 산소분자량은 32이고, 1몰은 32g이다.

넬 수 있다. 부피를 일정하게 유지하면서 압력만으로 온도를 결정하는 온도계를 정적기체 온도계(constant volume gas thermometer)라고 한다.

생각해 보기_5
다이버가 수심 10m 물속에서 지름 10mm인 공기방울을 내뿜는다. 이때 물속의 수온은 섭씨 5도이다. 이 공기방울이 호수의 표면에 도달하면 얼마나 커질까?(힌트 : 이상기체 방정식을 사용하자.) 호수 표면의 수온은 20도다. 수심 10m에서 잠수부가 호흡을 멈춘 상태로 수면으로 올라온다면 폐는 어떻게 변할까? 스쿠버 다이빙의 경우 숨 쉬는 것을 멈추지 말라고 조언한다. 그 이유는 무엇일까?

생각해 보기_6
정적기체 온도계의 경우 이상기체를 사용하는 것이 가장 이상적이다. 그러나 헬륨이나 질소, 산소 등 기체의 종류의 따라 약간의 오차가 생길 수 있다. 이 오차를 줄이는 방법은 무엇일까? 오차를 보정하는 방법을 생각해보자.

이상기체와 분자운동

이상기체의 상태방정식 $PV=nRT$는 어떤 의미를 가지고 있을까? 이상기체를 표현하는 양들을 살펴보자. 부피는 기체가 공간에 분포되어 있다는 것을 의미한다. 압력은 표면에 작용하는 힘이므로 면적이 필요하다. 또한 온도는 기체가 열평형을 이루고 있다는 것을 나타낸다. 따라서 상태방정식의 부피, 압력, 온도라는 용어는 점으로 표시되는 입자 하나에 대해 사용하는 양들이 아니다. 입자가 하나 있을 때 사용하는 물리량으로는 힘, 속도, 위치 등이 있다. 따라서 상태방정식이 표현하는 기체는 공간에 분포되어 있고, 수많은 입자들을 포함하고 있어야 한다.

기체는 실제로 수많은 입자로 이루어져 있다. 1몰의 물질에는 $N_A=6.02 \times 10^{23}$개의 분자 또는 원자가 존재한다. 이러한 천문학적인 수를 아보가드로 상수(Avogadro constant)라고 한다. 1몰이란 분자량을 그램(g)으로 표시한 단위이다. 금의 원자량은 197이므로, 197그램 안에는 아보가드로 수만큼의 금 원자가 들어 있다. 산소의 분자량은 32이므로 32그램 안의 기체에도 아보가드로 상수의 산소분자가 들어 있다. 마찬가지로 질소의 분자량은 28이므로 28그램 안에 아보가드로 상수의 질소분자가 들어 있다.

그런데 상태방정식으로 나타낸 압력이나 온도와 같은 물리량을 분자들의 활동으로 표시할 수 있을까? 거시세계에서 보이는 물리량을 미시세계의 움직임으로 표현하려면 여러 가지 가정과 전문 지식이 필요하지만, 우리는 미시세계에 대한 간단한 모형을 통해 그 관계를 살펴보기로 하다.

기체는 수많은 분자들로 구성되어 있고, 분자들은 아주 빠르게 움직인다. 기체를 그릇 안에 담아놓으면 분자들은 그릇의 벽과 충돌하고, 충돌한 분자들은 되튀어나온다. 공이 지면에 부딪친 후 되튀어오른다고 하자. 이 과정에서 공은 운동에너지의 일부를 지면에 전달한다. 공이 지면과 여러 번 충돌하면 공은 자신의 운동에너지를 모두 잃어버리고 결국엔 정지한다. 분자 역시 벽과 충돌하는 과정에서 자신의 운동에너지를 잃어버릴 수 있다.

그런데 기체가 그릇과 열평형을 이루고 있다면 얘기가 다르다. 분자가 벽과 충돌한 후에도 분자가 가지고 있던 운동에너지는 줄어들지 않는다. 분자와 벽이 에너지를 주고받는 과정에서 서로의 운동에너지는 그대로 유지하기 때문이다. 대신 분자가 벽과 충돌하면 분자는 움직이는 방향만 바꾸게 된다. 분자가 속도를 바꾼다는 것은 분자의 가속도가 존재하고 외부에서 힘이 작용하고 있다는 뜻한다. 벽이 분자와 충돌하는 과정에서 벽이 분자에 힘을 작용한다. 분자의 질량은 아주 작기 때문에 벽이 분자 하나에 작용하는 힘은 아주 작다. 그러나 벽에 부딪치는 분자의 수가 아보가드로 상수만큼 많으므로 벽이 모든 분자들에 작용하는 힘은 작지 않다. 이 힘을 면적으로 나누면 벽이 작용하고 있는 압력이 된다. 이 압력이 바로 상태방정식에서의 압력이다((읽어보기(1)에 약간의 과정이 소개되어 있다).

상태방정식은 분자 하나의 운동에너지가 $KE=3k_BT/2$라는 것을 알려준다. k_B는 볼츠만 상수라고 하며, 그 값은 $k_B=1.38 \times 10^{-23}$J/K(=R/N_A)이다. 이때 주목할 사실은 기체 분자의 운동에너지는 기체의 종류와 상관없이 온도만으로 결정된다는 점이다. 분자의 질량이나 기체 분자마다의 특성은 전혀 들어 있지 않다. 지구의 일상 온도인 300K에서 분자의 운동에너지는 6.21×10^{-21}J이다. 태양 표면의 온도는 6,000K이므로 태양 표면에서 분자가 가지는 운동에너지는 지구에서 20배인 1.24×10^{-19}J이 된다.

분자 하나가 가지는 운동에너지 : $KE = \dfrac{3}{2} k_B T$

읽어보기_1 　기체 분자 하나의 운동에너지

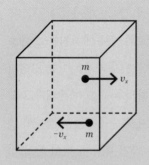

벽이 분자에 힘을 작용하면 분자는 방향을 바꾼다.

분자가 벽을 만나 충돌하면 분자는 움직이는 방향을 바꾼다. 움직이는 방향을 바꾼다는 것은 가속도가 있다는 뜻이다. 이 가속도는 벽이 분자에 힘을 작용하기 때문에 생긴다.

벽이 분자 하나에 작용하는 힘을 F라고 하자. 상자 안에 N개의 분자가 있다면, 벽을 향해 달려오는 분자들의 개수는 전체 분자의 반이다. 따라서 벽이 입자들에 작용하는 총 힘은 $(N/2)F$이다. 벽의 넓이를 A라고 하면 벽이 입자들에 작용하는 압력은 $(N/2)F/A$다.

이제 분자 하나가 받는 힘을 찾아보자. 분자가 x방향으로 움직이다가 벽과 충돌한 후 다시 $-x$방향으로 튕겨 나온다고 하자. 충돌 전의 속력과 충돌 후 속력은 같다. 분자의 x방향의 속도성분을 v_x라고 하면, 벽과 충돌 후에 분자의 속도 변화량은 $2v_x$ 이다. 왜냐하면 $\Delta v_x = v_x - (-v_x)$이기 때문이다.

분자가 벽과 충돌하는 시간 Δt는 어떻게 알아낼까? 충돌시간은 상황에 따라 모두 다르므로 충돌시간은 평균적으로 잡도록 하자. 상자의 길이를 L이라고 하면, 속력 v_x로 움직이는 분자가 충돌하는 시간은 대략 길이를 이동하는 시간과 비슷하다고 볼 수 있다. 즉, $\Delta t = L/v_x$로 놓자.

분자의 가속도는 $a = (\Delta v_x^2)/\Delta t$이므로 $2v_x^2/L$이다. 결국 분자가 받는 힘은 $F=ma$를 사용하면 $2mv_x^2 L$이고, 따라서 벽이 작용한 압력 $(N/2)F/A$은 $P = Nmv_x^2/V$이다.

한편, 분자가 가지고 있는 운동에너지는 $KE = \frac{1}{2}mv^2$이다. 분자는 x, y, z의 세 방향으로 움직이고 있으므로 $KE = \frac{1}{2}mv(v_x^2 + v_y^2 + v_z^2)$이다. 세 방향으로 움직이는 분자들을 생각하면 한 방향으로 움직이는 분자의 운동에너지는 평균적으로 볼 때 전체 운동에너지의 $\frac{1}{3}$로 볼 수 있다. $\frac{1}{2}mv_x^2 = \frac{1}{3}(KE)$.

운동에너지를 압력과 비교해보자. $P = Nmv_x^2/V$이므로 압력을 운동에너지로 표현할 수 있다. $P = \frac{2}{3}N(KE)/V$가 된다. 한편, 벽이 기체 분자에 작용하는 압력은 상태방정 식에서 나오는 기체의 압력과 같으므로 $P = nRT/V$와 같아야 한다. 따라서 이 두 관계식을 이용하면 기체 분자 하나가 가지고 있는 운동에너지는 $KE = \frac{3}{2}(nR/N)T$임을 알 수 있다.

1몰에는 아보가드로 상수 N_A만큼의 기체 분자가 들어 있다. n몰의 기체 안에는 nN_A개의 분자가 들어 있다. 따라서 기체 분자 하나의 운동에너지는 $KE = \frac{3}{2}k_B T$로 표현된다. k_B는 볼츠만 상수라고 한다. 그 값은 $k_B = 1.38 \times 10^{-23}$ J/K이다.

300K에서 기체 분자 하나가 가지고 있는 운동에너지를 구해보면 6.2×10^{-21}J이 나온다. 우리 주위에 보이는 물체의 운동에너지의 단위가 J인 것과 비교하면 기체 분자 하나가 가지는 운동에너지는 지극히 작다는 것을 알 수 있다.

생각해 보기_7 지표면 300K에서 질소분자와 산소분자의 속력은 얼마인가?

생각해 보기_8 동위원소는 같은 원소이지만 질량이 다른 원자이다. 동위원소인 우라늄을 분리하기 위해 우라늄(U)을 불소(F)와 화합 결합하여 UF_6 기체로 만들었다. 상온(300K)에서 우라늄 238과 우라늄 234로 만든 UF_6의 속력의 차이는 얼마나 날까?

열과 비열

열(heat)이란 분자들이 가지고 있는 운동에너지를 말한다. 열의 표준단위는 J이다. 과거에는 열량의 단위로 칼로리(cal)를 사용했다. '1칼로리는 물 1그램을 1기압에서 섭씨 1도 올리는 데 드는 열량이다.' 그러나 이렇게 칼로리를 정의하는 것은 불완전하다. 물의 온도를 섭씨 몇 도에서 올리느냐에 따라 열량이 약간씩 다르기 때문이다.[3] 열이 에너지라는 것이 알려졌기 때문에[4] 현재는 열을 나타내는 표준단위로 줄(J)을 사용한다. 1cal는 정의하는 방법에 따라 4.186J 내외의 값에 해당한다.

---

3 보통 표준압력(101.325kPa)에서 물 1그램을 14.5도에서 온도를 1도 올리는 데 필요한 열량으로 1 cal를 정의한다.

4 1848년 줄은 역학적인 일을 하여 열을 만들어낼 수 있음을 보였다.

물질에 열량 ΔQ를 공급해보자. 물질이 열을 흡수하면 보통 온도가 변한다. 올라간 온도를 ΔT라고 하면, 온도를 1도 올리는 데 드는 열량은 $\Delta Q/\Delta T$가 된다. 그러나 $\Delta Q/\Delta T$는 같은 물질이라도 물질이 많고 적음에 따라 값이 달라진다. 양이 많으면 많은 열이 필요하기 때문이다. 따라서 물질의 성질을 비교하려면 물질의 양에 따라 달라지는 물리량을 정의할 필요가 있다. 이를 위해 비열(specific heat)을 정의한다. 비열이란 1kg의 물질을 1도 올리는 데 필요한 열로 정의한다. 질량이 m인 물질에 열량 ΔQ를 공급하여 온도가 ΔT만큼 변했다면, 비열은 $C=\Delta Q/(m\Delta T)$가 된다.

$$\text{비열}: \ C = \frac{\Delta Q}{m\Delta T}$$

비열은 물질의 열적 성질을 나타내는 중요한 지표다. 같은 열이 들고 날 때, 비열이 클수록 물질의 온도 변화가 작다. 물은 비열이 4186J/(kg℃), 철은 448J/(kg℃)이다. 물의 비열이 철이나 바위보다 훨씬 크다. 이 때문에 바다는 육지에 비해 온도 변화가 작다. 여름철에는 육지가 바다보다 빨리 달구어지고 겨울철에는 빨리 식는다.

이상기체의 비열은 우리가 아는 지식을 이용하여 그 값을 구할 수 있다. 이상기체는 기체의 종류와 상관없이 보편적인 모습을 보여주기 때문에 단위 무게보다는 1몰의 양을 비교하는 것이 쉽다. 기체가 열을 받으면 온도는 오르고 운동에너지도 커진다. 온도가 ΔT만큼 오르면 이상기체 1몰의 운동에너지는 $\Delta U=N_A\times(\frac{3}{2}k_B\Delta T)$만큼 증가한다.

그런데 기체의 운동에너지는 외부에서 공급하는 열이므로 결국 비열은

$C=\Delta Q/\Delta T=\Delta U/\Delta T$가 될 것이다. 따라서 1몰 기체의 비열은 $C=\frac{3}{2}k_BN_A$ $=\frac{3}{2}R$이다(3R은 대략 25J/K이다). 이 비열을 특별히 정적비열(volume specific heat)이라고 한다. 그 이유는 이 비열이 기체의 부피를 변화시키지 않으면서 열을 공급하는 경우에 해당되기 때문이다. 만약 열을 공급할 때 기체가 팽창하도록 허용한다면 기체가 팽창하면서 외부에 일을 하게 된다. 이 경우에는 기체가 공급받은 열을 모두 흡수하지 못하기 때문에 비열이 높아진다. 자세한 것은 다음 절에서 다룬다.

> 이상기체 (단원자분자) 1몰의 정적비열 : $C_V = \frac{3}{2}k_BN_A = \frac{3}{2}R$

우리는 이상기체 분자를 점으로 취급했다. 실제로 기체 분자가 헬륨이나 네온처럼 단원자인 경우에는 기체 분자를 점으로 취급해도 크게 틀리지 않는다. 따라서 희박한 단원자 기체 1몰을(부피를 유지한 채) 1도 올리는 필요한 열은 기체 분자에 상관없이 12.5J이 된다.

그러나 모든 기체 분자를 항상 점으로 취급할 수 있는 것은 아니다. 기체 분자가 원자 두 개 이상으로 만들어진다면 분자의 내부 구조가 존재한다. 이 경우에는 분자가 회전을 할 수도 있고, 원자 사이에서 진동을 할 수도 있다. 분자가 회전을 하거나 진동을 하려면 에너지가 필요하다. 따라서 분자가 열을 받으면 분자가 이동하는 운동에너지가 증가할 뿐 아니라 회전이나 진동을 하게 된다.

기체 분자의 내부 운동이 존재하면 기체의 온도를 올리기 위해서는 단원자 기체보다 더 많은 열이 필요하다. 결과적으로 다원자 분자의 비열은

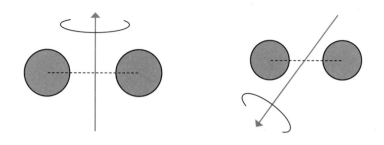

이원자 분자들은 상온에서 회전을 한다.

단원자 분자의 경우보다 커지는 경향이 있다.

　이원자 분자는 원자 2개로 이루어진 분자이다. 산소나 질소는 모두 이원자 분자이다. 이원자 분자의 운동을 좀 더 자세히 살펴보자. 이원자 기체는 상온에서 회전할 수 있다. 분자는 두 개의 축으로 회전할 수 있기 때문에 $k_B T$의 에너지를 가진다.

　따라서 이원자 기체 분자는 공간을 이동하는 운동에너지 $\frac{3}{2}k_B T$와, 회전하는 운동에너지 $k_B T$를 가지게 된다. 이원자 기체의 온도를 올리려면 이동에너지와 회전에너지에 해당하는 에너지를 모두 공급해주어야 한다. 즉, 1몰의 기체에 공급해야 할 에너지는 $\Delta U = N_A \times (\frac{5}{2}k_B \Delta T) = \frac{5}{2}R\Delta T$이

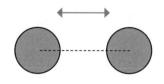

온도가 올라가면 분자를 구성하는 원자들이 진동한다.

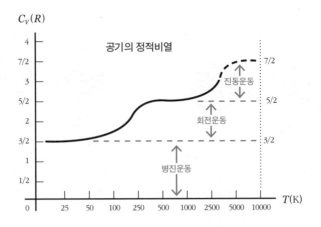

이원자 기체는 온도에 따라 정적비열이 달라진다.

다. 결과적으로 이원자 분자의 정적비열은 단원자와 달리 $C_V = \frac{5}{2}R$로 늘어난다.

한편, 기체의 온도가 1,000K 이상 올라가면, 분자는 회전뿐만이 아니라 진동도 할 수 있다. 진동하는 분자는 $k_B T$의 에너지를 갖게 된다. 따라서 온도를 올리기 위해 필요한 에너지는 $\Delta U = N_A \times (\frac{7}{2}k_B \Delta T) = \frac{7}{2}R\Delta T$이다. 이 경우 정적비열은 $\frac{7}{2}R$로 커진다. 이원자 기체의 정적비열이 온도에 따라 달라지는 이유다.

실제 기체는 이상기체와 달리 분자 상호 간에 작용하는 힘이 존재한다. 농도가 희박하고 온도가 높을수록 분자들 사이에 작용하는 힘은 무시할 수 있다. 농도가 희박한 기체는 상온에서도 이상기체처럼 보인다. 그러나 같은 농도의 기체라 하더라도 온도가 내려가면 기체의 부피가 줄어들면서 분자 상호 간의 힘이 중요하게 나타난다. 그 결과 높은 온도에서는 기체로 존재하지만, 온도가 내려가면 기체로 남아 있지 않고 액체나 고체로 상태가 바뀐다. 같은 물질이 기체, 액체, 고체 등으로 달라 보이는 상태를 상(phase)이라 하고, 온도에 따라 상이 변하는 것을 상전이(phase transition)라고 한다.

상이 달라지면 비열도 달라진다. 물의 비열은 4,186J/(kg℃)이지만, 얼음의 비열은 2,090J/(kg℃), 수증기는 2,010J/(kg℃)이다. 상에 따라 비열이 달라진다는 사실은 물질을 구성하고 있는 분자들의 배열이 온도에 따라 달라진다는 것을 알려준다.

또한 상전이가 일어나는 과정에서는 열을 가해도 물질의 온도가 바뀌지 않는다. 대신 분자의 내부 배열상태가 바뀐다. 이때 필요한 열을 잠열(latent heat)이라고 한다. 고체가 액체가 되기 위해 필요한 잠열을 융해열(heat of fusion)이라고 한다. 얼음이 물로 녹으려면 330kJ/kg이 필요하다. 물이 수증기로 바뀌기 위해서는 더 많은 열이 필요하다.

액체가 기체가 되기 위해 필요한 잠열을 기화열(heat of evaporation)이라고 하며, 물의 기화열은 2,260kJ/kg이다. 보통 기화열은 융해열에 비해 훨씬 크다. 고체가 액체가 되기 위해서는 고체의 규칙적인 분자 배열을 느슨한 액체의 배열로 바꾸면 된다. 이에 비해 액체가 기체가 되려면 분자 사이에 작용하는 힘을 완전히 이겨내고 분해시켜야 하기 때문에 더 많은 열이 필요하다.

읽어
보기_2
　20℃의 물을 -10℃의 얼음으로 바꾸려면 얼마의 열을 빼내야 할까?

물의 온도를 20℃에서 0℃로 내리고, 이 물을 0℃의 얼음으로 바꾼 후에 얼음의 온도를 -10℃로 내리는 과정을 생각하자.

먼저 20℃의 물을 0℃의 물로 바꿀 때 빼내야 할 열을 알아보자.
물의 비열을 이용하면 4.186kJ/kg℃×20℃=83.720kJ/kg이다.
다음으로는 0℃의 물을 0℃의 얼음으로 바꾸는 과정이다.
물을 얼음으로 바꾸기 위해 빼내야 할 열은 융해열에 해당하는 333kJ/kg이다.
마지막으로 0℃의 얼음을 -10℃의 얼음으로 바꾸는 과정이다.
얼음의 온도를 낮추기 위해 빼내야 할 열은 얼음의 비열을 이용하면 2.090kJ/kg℃
×10℃=20.900kJ/kg이다.
결국 1kg의 물을 얼음으로 바꾸기 위해 빼내야 할 열은 83.720kJ+333kJ+
20.900kJ=437.620kJ이다. 빼내야 할 열의 대부분은 0℃에서 물을 얼음으로 바꾸
는 융해열이 차지한다.

**생각해
보기_9** 나뭇조각과 반짝이는 금속이 뜨거운 햇볕에 놓여 있다. 비열은 나뭇조각이 금
속보다 크다. 그런데도 손을 대면 금속이 더 뜨겁다. 왜 그럴까?

**생각해
보기_10** 단열재는 열의 이동을 쉽지 않게 하는 물질이다. 물질을 매개로 열이 이동하는 것
을 나타내기 위해 전기의 경우처럼 열전도도(thermal conductivity)를 정의한다.
단면적이 A이고 길이가 L인 물질을 따라 열이 이동한다고 하자. Δt 시간 동안
ΔQ의 열량이 이동하면 열이 이동하는 비율은 $\frac{\Delta Q}{\Delta t}$ 이고, 단위는 와트(W)로 잰
다. 열이 이동하는 비율은 단면적이 클수록, 그리고 이동거리가 짧을수록 커
진다. 따라서 이동하는 구간의 온도차를 ΔT라고 하면 열이 이동하는 비율은
$\frac{\Delta Q}{\Delta t} = k\frac{A}{L}\Delta T$로 표시한다. 비례상수 k는 단위가 W/(mK)이고, 열전도도라고
한다.
열전도도가 높을수록 열을 잘 전달하는 물질이고, 열전도도가 낮을수록 단열
재로 좋은 물질이다. 다음의 물질은 열전도도를 단위 W/(mK)로 쓴 것이다.
건조한 공기 0.026, 폴리우레탄 폼 0.024, 전나무 0.11, 창유리 1.0, 알루미늄
235, 구리 401, 은 428. 이 물질들은 열을 차단하거나 열을 빼낼 때 쓰기에 유
리한 물질들이다. 이 물질들이 어디에 쓰이는지 알아보자.

정압비열

기체는 열을 받으면 팽창한다. 기체가 팽창하는 과정에서 외부의 물체를 움직이게 만들면 이 기체는 외부에 일을 해준다. 그 결과 공급받은 열의 일부만이 기체의 온도를 올리는 데 사용되기 때문에 비열이 커진다. 기체의 압력을 일정하게 유지하는 경우, 기체의 비열을 정압비열(pressure specific heat)이라고 한다. 정압비열은 정적비열에 비해 얼마나 달라지는가?

정압비열은 정적비열보다 크다. 같은 온도를 올리는 데 열이 더 많이 필요하다는 뜻이다. 보통, 고체나 액체의 경우에는 팽창이 아주 약하기 때문에 팽창하는 데 필요한 에너지는 아주 작다. 따라서 고체나 액체의 경우에는 정적비열이나 정압비열이 크게 다르지 않다. 그러나 기체는 다르다. 팽창할 때 부피의 변화가 크기 때문에 상당한 양의 일을 외부에 하게 된다.

기체의 비열을 구해보자. 기체의 부피를 일정하게 유지하는 경우에는 외부에서 공급받은 열이 모두 내부 에너지를 높이는 데 사용된다. 내부 에너지란 분자를 이동시키는 운동에너지, 분자를 회전시키는 회전 운동 에너지, 분자를 진동시키는 진동에너지 등을 말한다. 분자들이 배열되어 있을 때 배열상태를 바꾸는 에너지도 내부 에너지에 해당한다. 외부에서 공급받은 열을 ΔQ, 물질이 가지고 있는 내부 에너지가 증가한 양을 ΔU 라고 하면, $\Delta Q = \Delta U$이다. 따라서 정적비열은 $C_V = \Delta U/(m\Delta T)$이다.

그러나 기체의 압력이 일정하면 기체는 팽창할 수 있다. 이 경우 외부 로부터 공급받은 열은 내부 에너지를 증가시키는 데 쓰일 뿐 아니라 외부 에 일을 하는 데도 일부 쓰인다. 물질은 팽창하면서 외부에 일을 할 수도 있다. 물질이 외부에 해주는 일을 ΔW라고 하면 에너지가 보존되어야 하 므로, $\Delta Q = \Delta U + \Delta W$라는 에너지 관계식을 만족한다. 이 관계식을 열역학 제 1법칙(First law of thermodynamics)이라고 한다. 열역학 제1 법칙은 열을 포함 하여 에너지가 보존된다는 것을 표현하는 식이다.

$$\text{열역학 제1법칙} : \Delta Q = \Delta U + \Delta W$$

따라서 기체의 압력을 일정하게 유지하면서 열을 공급받으면 이 기체 의 정압비열은 $C_P = (\Delta U + \Delta W)/(m\Delta T)$이다. 따라서 정압비열과 정적비열 은 $C_P = C_V + \Delta W/(m\Delta T)$의 관계에 있다. 기체가 외부에 해주는 일을 알아 보자.

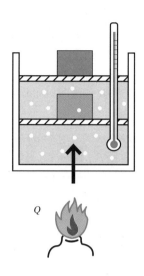

압력을 일정하게 유지하면, 기체는 팽창하면서 외부에 일을 한다.

기체의 부피 변화를 ΔV라고 하면 외부에 해주는 일의 양은 $\Delta W = P(\Delta V)$이다. 한편, n몰의 기체는 $PV=nRT$의 상태를 만족한다. 따라서 압력이 일정하면 부피는 온도에 비례하여 커진다. $P\Delta V=nR\Delta T$. 따라서 압력을 일정하게 유지하고 부피를 변화시키면, 기체가 외부에 해주는 일은 $\Delta W=P\Delta V=nR\Delta T$가 된다.

기체는 ΔQ의 열량을 공급받아 내부 에너지를 일부 올리고, 일부는 외부에 일을 하는 데 쓰인다. 이상기체의 경우에는 $\Delta W/\Delta T = R$이므로, 정압비열은 $C_P = C_V + R$이 된다. 정압비열은 정적비열보다 R만큼 더 크다. 1몰의 기체를 1도 올리는 데 필요한 열은 압력을 일정하게 유지하는 경우가 부피를 일정하게 유지하는 경우에 비해 8.3J의 열이 더 필요하다.

생각해
보기_11
0℃, 1기압에서 물의 밀도는 1000kg/m³이고, 얼음의 밀도는 920kg/m³이다. 1kg의 물이 얼음으로 변할 때 물이 한 일은 얼마인가? 물이 얼음으로 변하기 위해서는 330kJ/kg의 융해열이 필요하다. 물이 하는 일과 융해열을 이용하여 물이 얼음으로 변할 때 생기는 내부 에너지의 변화를 구해보자.

생각해
보기_12
보통의 경우 액체가 고체로 변하는 상전이가 일어나면 부피가 줄어든다. 그러나 물과 얼음은 정반대다. 0℃, 1기압에서 물의 밀도는 1000kg/m³이고, 얼음의 밀도는 920kg/m³이다. 그 결과 강물이 얼기 시작하면 얼음은 물에 뜨게 되고, 수도관의 물이 얼기 시작하면 수도관이 파열된다. 물과 얼음이 보여주는 특이한 현상에 대해 알아보자.

알아두면 좋을 공식

❶ 절대온도 (K) = 273.15 + 섭씨온도(C)

❷ 이상기체의 상태방정식 : $PV=nRT$;

기체상수 : $R=8.315\text{J}/(\text{mol·K})$

❸ 분자 하나의 운동에너지 : $KE=\dfrac{3}{2}k_B T$;

볼츠만 상수 : $k_B=1.38\times10^{-23}\text{J/k}$

❹ 비열 : $C=\dfrac{\Delta W}{m\Delta T}$

❺ 정압비열과 정적비열의 차이 : $C_P=C_V+\dfrac{\Delta W}{m\Delta T}$

생각해보기 (홀수 번 답안)

생각해보기_1

물이 끓는 온도는 섭씨 100도이다. 절대온도로 환산하면 383.15K. 태양의 표면온도는 5,800K이다. 섭씨로 환산하면 5526.85도이다.

생각해보기_3

책과 도자기, 금속 박스 들의 온도는 모두 같아도 손과는 온도 차이가 난다. 손의 온도가 높기 때문에 열이 빠져나간다. 온도 차이가 같아도 금속을 통해 빠져나가는 열이 책을 통해 빠져나가는 열보다 많다. 우리 몸은 온도를 정확히 측정하는 것이 아니라 열이 빠져나가는 정도로 차가운 정도를 확인하기 때문에 금속의 온도가 더 차다고 착각하게 된다. 한겨울에 젖은 손으로 문고리를 만지면 찰싹 들러붙는 이유 역시 열이 문고리를 통해 많이 빠져나가고 물이 얼기 때문이다.

물질에 따라 열이 전달되는 정도를 재는 양을 열전도도라고 한다. 온도 차이가 같더라도 열전도도가 큰 물질이 열을 많이 전달한다. 열이 전달되는 것을 차단하려면 열전도도가 작은 물질로 감싸야 한다. 아이스박스를 스티로폼으로 감싸는 것 역시 스티로폼의 열전도도가 작기 때문이다.

생각해보기_5

수심 10m에서의 압력은 2기압에 해당한다. 호수 표면에서는 압력이 1기압으로 떨어지므로 기압은 $\frac{1}{2}$이다. 온도는 섭씨 5도(278K)에서 섭씨 20도(293K)로 변한다. 부피는 기압에 반비례, 온도에 비례하므로 수면에서의 부피는 2 × (293/278) =2.1배가 된다. 부피는 지름의 세제곱에 비례하므로, 수면에 올라오면 10mm의 공기방울 지름은 10mm × $(2.1)^{1/3}$=12.8mm의 공기방울로 바뀐다. 수심 10m에서 잠수부가 수면으로 올라온다면 공기방울의 부피는 2.1배로 늘어날 것이다. 숨을 계속 쉬면서 수면으로 천천히 올라와야지만 폐의 부피가 서서히 커지게 된다. 수면으로 빠른 속도로

올라오게 되면 폐안에 녹아 있던 질소가 갑자기 압력이 변하면서 기포로 변하게 되고, 이는 잠수병의 원인이 된다.

생각해보기_7

$KE=\frac{3}{2}k_BT=\frac{1}{2}mv^2$를 사용하면, $v=\sqrt{\frac{3k_BT}{m}}$ 이다. 지표면(T=300K)에서 운동에너지는 6.21×10^{-21}J이고, 질소분자의 질량은 $28g/N_A$=4.65×10^{-26}kg이므로 속력 $v=\sqrt{\frac{2\times(6.21\times10^{-21}J)}{m}}$=516.8m/s이다. 산소분자는 분자량이 32이므로 속력은 516.8m/s × $\sqrt{28/32}$=483.4m/s이다.

생각해보기_9

나뭇조각과 반짝이는 금속이 뜨거운 햇볕에 놓여 있을 때 손을 대면 금속이 더 뜨겁다. 그 이유는 열을 전달하는 능력이 금속이 크기 때문이다. 열전도도가 그 성질을 결정한다.

생각해보기_11

0℃, 1기압에서 1kg의 물이 얼음으로 변할 때 물이 한 일은 $P\Delta V$이므로 1kg에 해당되는 물이 얼음으로 변할 때 부피 변화를 알아야 한다. 밀도를 이용하면 물의 부피는 $10^{-3}m^3$이고, 얼음의 부피는 $1.09 \times 10^{-3}m^3$이다. 따라서 부피는 $9 \times 10^{-5}m^3$만큼 늘어났다. 물이 해주는 일은 1기압은 10^5파스칼이므로 $10^5 \times 9 \times 10^{-5}$J=9J이다. 한편, 물이 얼음으로 변하기 위해서는 330kJ/kg의 융해열이 필요하다. 따라서 물이 얼음으로 변할 때 생기는 내부 에너지는 융해열로 330kJ을 잃고, 일을 하는 데 9J의 에너지를 잃는다. 그러나 9J을 융해열에 비해 무시할 수 있으므로 총 내부 에너지 변화는 -330kJ이라고 해도 무방하다.

1. 기온이 섭씨 15도에서 고무풍선의 부피가 1리터이다. 이 풍선의 온도가 섭씨 30도가 되면 부피는 어떻게 변할까?

2. 헬륨가스로 만든 정적 기체 온도계가 800Pa을 나타내고 있다. 정적 기체 온도계를 끓는 물에 넣으면 온도계의 압력은 얼마로 표시될까? 삼중점에서 온도는 273.15K, 압력은 611.657Pa이다.

3. 커피 100그램에는 대략 물 분자가 몇 개나 들어 있을까?

4. 자동차 타이어의 부피는 $0.015m^3$이고, 섭씨 10도에서 2기압의 공기가 들어 있다. 자동차를 주행하면 타이어 공기의 온도가 섭씨 60도로 올라간다. 타이어의 부피가 $0.016m^3$로 부푼다면 타이어의 압력은 얼마나 될까?

5. 전열기로 섭씨 20도의 물 200그램을 가열한다. 전열기 파워는 250W이다. 전열기가 공급하는 전기에너지가 모두 열로 전달된다고 하면, 물을 섭씨 100도로 끓이는 데 걸리는 시간이 얼마일까?

6. 몰 비열이란 물질 1몰당 섭씨 1도 올리는 데 필요한 열량을 말한다. 구리의 비열은 386J/(kg℃)이다. 구리의 몰 비열은 얼마인가? 구리 1몰의 질량은 63.5그램이다.

7. 이상기체가 등온과정을 거쳐 3,000J의 일을 한다. 이상기체의 내부 에너지 변화는 얼마인가? 기체가 열원에서 흡수하는 열량은 얼마인가?

8. 태양 표면(6,000K)에서 헬륨기체와 수소원자의 속력은 얼마인가?

9. 지상에 존재하는 산소(O_2)와 질소(N_2)는 이원자 분자다. 이들은 이동하는 운동에너지와 회전하는 운동에너지를 가지고 있다. 이에 비해 이산화탄소(CO_2)는 3개의 원자로 구성되어 있고, 메탄(CH_4)은 5개의 원자로 구성

되어 있다. 상온(300K)에서 정압비열은 산소분자 0.918kJ/kg·K, 질소분자 1.040kJ/kg·K, 이산화탄소 0.846kJ/kg·K, 메탄 2.226kJ/kg·K 등으로 나타난다(정압비열을 1몰의 비열로 바꾸어 생각하라). 정압비열을 이용하여 기체 분자들이 가진 에너지를 알아보자. 내부 에너지는 각 분자들의 내부 운동에 대해 어떤 얘기를 해주는가?

10. 지구의 바다와 육지는 햇빛을 받아 온도가 올라가는 정도가 다르다. 예를 들면 바다는 물의 비열 4,186J/(kg℃)과 비슷하고, 육지는 유리의 비열 837J/(kg℃)과 비슷하기 때문이다. 낮에는 육지가 바다보다 빨리 더워지고 밤에는 육지가 바다보다 빨리 식는다. 이를 이용하여 낮에는 바닷바람이, 밤에는 육지바람이 부는 이유를 설명해보자(힌트 : 공기는 햇빛으로 데워지는 효과보다는 바다와 육지가 발산하는 열에 의해 데워지는 효과가 크다).

〈정답〉

① 1.05리터 ② 온도와 압력은 비례한다. $T=aP$. 삼중점에서 온도는 273.15K, 압력은 611.657Pa이므로 a=273.15K/(611.657Pa)이다. 현재 온도는 357.258K. 끓는 물에 넣으면 835.25Pa이다. ③ 5.56몰이므로 $3.3×10^{24}$개의 물 분자가 존재한다. ④ 2.2기압 ⑤ 물의 비열은 4186J/(kg℃)이므로 필요한 에너지는 4,186J/(kg℃)×0.2kg×80℃=67,000J. 따라서 필요한 시간은 67,000J/250W=268초=4분 30초 ⑥ 구리의 몰 비열은 386J/(kg℃)×0.0635kg=24.5J/(mol·kg) ⑦ 내부 에너지 변화는 0, 열원에서 흡수한 열량은 3,000J ⑧ 태양 표면(T=6,000K)에서 운동에너지는 $1.24×10^{-19}$J이다. 헬륨의 질량은 $6.65×10^{-27}$kg이고, 속력은 6,112m/s이다. 수소원자는 6,112m/s×$\sqrt{4/1}$=12,196m/s이다. ⑨ 이원자 분자의 이상기체의 경우 회전을 고려하면 상온에서의 정압비열은 $7R/2$=29.2J/K를 1몰당 정압비열로 고치자. 산소분자의 정압비열 0.918kJ/kg·K를 1몰당 정압비열로 고치자. 1몰의 질량은 32그램이므로, 0.918kJ/kg·K×0.032kg=29.4J/K이다. 질소분자의 경우 1몰당 정압비열은 1.040kJ/kg·K×0.028kg=29.1J/K. 따라서 산소분자와 질소분자는 이원자 분자의 이상기체의 모습에 부합한다. 이산화탄소의 경우는 1몰의 정압비열은 0.846kJ/kg·K×0.044kg=37.2J/K이고, 메탄은 2.226kJ/kg·K×0.016kg=35.6J/K이다. 이산화탄소와 메탄의 정압비열은 대략 $9R/2$에 해당한다. 이원자 분자의 경우보다 내부 에너지가 R만큼 더 많다고 볼 수 있다. ⑩ 낮에는 육지의 공기가 빨리 더워지므로 가벼워져 위로 올라가고, 대신 바다의 공기가 무거워 아래로 내려온다. 밤에는 육지의 공기가 빨리 식으므로 아래로 내려오고, 대신 바다의 공기가 위로 올라간다.

10장

열은 얼마나 효율적으로
쓸 수 있나

열효율

열은 에너지다. 일을 하면 열을 만들어낼 수 있다. 성냥을 마찰하면 불꽃이 일어난다. 이것은 물체에 일을 하면 열을 낼 수 있다는 것을 보여주는 증거다. 반대로 열을 이용하여 일을 할 수도 있다. 열을 기체에 공급하면 팽창한다. 팽창하는 성질을 이용하면 물체에 일을 해줄 수 있다. 열기관(엔진)은 열을 일로 바꾸는 역할을 한다.

그러나 열은 에너지이지만 역학에너지와는 성격이 약간 다르다. 역학에너지는 운동에너지에서 위치에너지로, 다시 위치에너지에서 운동에너지로 바꾸는 데 큰 어려움이 없다. 그러나 열을 역학에너지를 바꾸려면 제약이 따른다. 바닷물은 열을 받아 수증기로 바뀌고, 수증기는 하늘로 올라가 구름을 만든다. 구름은 비가 되어 지구로 다시 떨어지고, 강물이 되어 바다로 간다. 이러한 순환과정은 열과 역학에너지를 서로 바꾸는 과정이다. 그렇다면 처음에 있던 열을 모두 역학에너지로 바꿀 수 있을까?

그리고 열과 역학에너지가 순환하는 과정을 반복하는 영구 엔진을 만들 수 있지 않을까? 그럴듯한 얘기지만, 열을 모두 역학에너지로 바꾸는 순환과정은 자연에 존재하지 않는다. 열기관은 왜 열을 100% 이용할 수 없는 것인가?

열을 공급하면 기체는 팽창한다. 팽창하는 기체의 압력을 이용하면 외부에 일을 시킬 수 있다. 이 성질을 이용하여 엔진을 만들어보자. 열을 공급받아 일을 하는 엔진을 열기관(heat engine)이라고 한다.

열기관이 외부에서 열량 ΔQ를 공급받는다. 열기관의 기체는 팽창한다. 기체가 외부에 압력 P를 작용하면서 ΔV만큼 팽창한다면 엔진이 외부에 해주는 일은 $\Delta W = P\Delta V$이다. 이 열기관의 열효율(thermal efficiency)은 공급받는 열량 ΔQ와 엔진이 해주는 일 ΔW의 비율로 표시한다.

$$\text{열기관의 열효율}: e = \frac{\Delta W}{\Delta Q}$$

열효율이 높을수록 열기관은 경제적이 된다. 열효율을 높이는 것은 많은 사람들의 관심사다. 최대의 열효율은 얼마나 될까? 열효율을 높이려면 열 손실을 최대한 줄여야 하는데, 그 방법은 무엇일까?

열을 공급하여 일을 하는 경우, 열은 엔진에서 어떤 역할을 하는가? 열은 기체를 팽창시킨다. 그러나 많은 경우, 열의 일부가 엔진 안에 들어 있는 기체 자체에 흡수되기도 한다. 또한 일부의 열은 엔진 밖으로 새어나갈 수도 있다. 열 손실을 최대한 줄이려면 공급된 열이 기체가 팽창하는

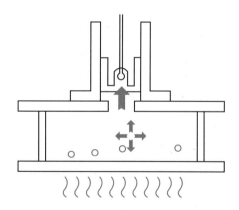

이상기체가 팽창하는 것을 이용하여 일을 하자.

데에만 쓰이도록 해야 한다. 열이 기체나 다른 물체에 흡수되거나 열이 엔진 밖으로 빠져나가면 열 손실이 생긴다.

열을 최대로 활용하기 위해 엔진을 외부와 열적으로 완전히 차단시켜 열이 엔진 밖으로 새어나가지 않도록 하자. 또한 기체를 (단원자로 구성된) 이상기체로 바꾸어 기체 자체가 열을 흡수하지 않도록 하자. 이상기체의 내부 에너지는 온도만으로 결정되기 때문에 이상기체의 온도를 일정하게 유지한다면 기체는 열을 흡수하지 않는다. 이상기체의 온도를 일정하게 유지하면서 기체가 팽창한다면 공급된 모든 열을 일로 바꿀 수 있다. 따라서 엔진에 공급되는 모든 열은 일을 하는 데에만 사용할 수 있다. 그렇다면 이상기체로 만든 엔진의 최대 효율은 얼마일까?

이상기체를 일정한 온도로 유지하면 기체의 내부 에너지는 변하지 않는다. 외부에서 열이 공급되면 그 열은 기체를 팽창시키고 외부에 일을 한다. 이상기체는 공급되는 모든 열을 외부에 일을 하는 데 쓴다. 따라서 이 경우에 열효율은 100%이다. 엔진에 공급된 열은 최대한 효율적으로 일을 하는 데 쓰였다. 모든 열에너지는 100% 역학에너지로 바뀌게 된다. 그러나 아쉽게도 열기관은 이런 형태로 열을 사용할 수 없다. 어떤 문제가 생기는 것일까?

생각해 보기_1 열기관이 150kcal의 열을 받아 400kJ의 일을 한다. 이 엔진의 열효율은 얼마인가?

생각해 보기_2 이상기체가 외부에서 5,000J의 열을 받아 등온과정으로 일을 한다. 등온과정에서 기체의 내부 에너지는 어떻게 변할까? 기체가 팽창하면서 외부에 해주는 일은 얼마인가?

순환기관과 열효율

열기관이 팽창만 한다면 열효율은 100%가 될 수 있다. 그러나 열기관이 계속적으로 일을 하려면 팽창만 할 수는 없다. 열기관이 반복적으로 일을 하려면 순환과정을 거쳐야 한다. 순환과정 (thermodynamic cycle)이란 기체가 팽창하여 일을 한 다음, 기체가 처음 상태로 돌아와 다시 일을 시작하는 것을 말한다. 따라서 순환과정에서는 기체가 팽창한 다음 다시 수축하는 과정을 거쳐야만 한다. 순환과정에서 팽창했던 기체가 원래 상태로 수축하는 과정에서는 어떤 일이 일어나는가?

기체를 압축시키는 한 가지 방법은 외부에서 힘을 주어 기체의 부피를 강제적으로 줄이는 방법이다. 기체를 강제적으로 압축시키는 과정은 외부에서 일을 해주는 과정이다. 기체의 부피는 줄어들지만 기체는 뜨거워진다. 따라서 기체를 강제적으로 압축시키는 과정은 외부에서 해주는 일을 열로 바꾸는 과정이다.

열기관의 열효율을 최대로 높이려면 외부에서 투입하는 일을 최대한 줄여야 한다. 외부에서 해주는 일은 기체를 수축하는 데만 사용하도록 해야 한다. 만일 기체가 수축하는 과정에서 기체 자체가 에너지를 흡수하게 되면 외부에서 여분의 일을 더 해주어야 한다. 따라서 팽창할 때와 마찬가지로 기체의 내부 에너지가 늘어나지 않도록 해주어야 한다. 기체의 온도를 일정하게 유지시키는 등온과정을 사용하면 외부에서 해주는 모든 일은 기체를 수축시키는 데 쓸 수 있다.

기체를 압축시키면 외부에서 해준 일만큼 열이 생긴다. 기체를 압축시키는 데 투입한 모든 에너지가 결국 열로 바뀌므로 등온 수축과정 역시 외부에서 해준 일을 100% 열로 바꾸는 과정이다. 이상기체가 팽창할 때는 열을 일로 바꾸고, 수축할 때는 일을 열로 바꾼다.

순환과정을 한번 거친다면 열기관의 최대 효율은 어떻게 되는가? 기체가 팽창만 할 때는 열효율이 100%이다. 그러나 기체를 원래 상태로 복귀시키려면 외부에서 오히려 일을 해주어야 한다. 외부에서 공급한 에너지가 열로 바뀌고 이 열이 엔진 밖으로 사라진다면, 이 경우의 열효율은 엔진이 팽창만 할 때의 열효율에 비해 떨어질 수밖에 없다.

기체를 팽창시키기 위해서 공급한 열량을 $\Delta Q_{공}$이라고 하자. 기체가 팽창할 때 엔진이 외부에 해주는 일을 $\Delta W_{공}$이라고 하자. 열 손실 없이 공급한 열이 모두 일로 바뀐다면 $\Delta Q_{공} = \Delta W_{공}$이다. 한편, 순환과정을 유지하려면 기체를 원상태로 복귀시키는 과정이 필요하다. 복귀시키는 과정에서는 외부에서 엔진에 일을 한다. 외부에서 엔진에 한 일을 $\Delta W_{외}$라고 하자. 기체가 압축되는 과정에서 열 손실이 없다면 공급된 모든 에너지는 열로 바뀐다. 그러나 기체가 압축될 때 나오는 열은 외부로 빠져나가므로 일을 하는 데 다시 쓸 수는 없다. 따라서 보통 이 열을 폐열이라고 한다. 폐열은 $\Delta Q_\text{폐}=\Delta W_\text{외}$이다.

순환과정의 효율은 공급된 열량에 비해 외부에 해준 일의 양을 표시한다. 즉, 효율은 $e=(\Delta W_\text{공}-\Delta W_\text{외})/\Delta Q_\text{공}$이다. 이 효율을 들고나는 열로 표시하면 엔진의 효율은 $e=(\Delta W_\text{공}-\Delta W_\text{외})/\Delta Q_\text{공}=(\Delta Q_\text{공}-\Delta Q_\text{폐})/\Delta Q_\text{공}=1-\Delta Q_\text{폐}/\Delta Q_\text{공}$이 된다. 폐열이 존재하는 한 순환기관의 효율은 100%가 될 수 없다.

$$\text{순환기관의 효율} : e = 1 - \frac{\Delta Q_\text{폐}}{\Delta Q_\text{공}}$$

팽창이나 압축되는 과정에서 기체의 내부 에너지가 변화되지 않으므로 열 손실은 일어나지 않는다. 매 과정마다 열 손실이 일어나지 않는 과정을 가역과정(reversible process)이라고 한다. 등온으로 팽창하고, 같은 온도를 유지하면서 다시 수축하는 이 순환기관은 결과적으로 외부에 얼마나 일을 할 수 있을까?

기체를 팽창시키는 최초의 과정에서부터 수축시키는 최후의 과정까지 엔진의 온도가 모두 똑같다면 어떻게 될까? 기체를 등온으로 팽창하는 경우 열 손실이 없으므로 공급되는 모든 열은 외부에 일을 하는 데 사용된다. 기체를 원상태로 복귀시키기 위해 압축시키는 과정 역시 열 손실이 없다. 등온으로 압축시키는 과정은 등온으로 팽창시키는 과정을 거꾸로 돌리는 과정과 정확히 같다.

기체를 압축시키려면 외부에서 일을 해주어야 한다. 가역과정이므로 외부에서 해주어야 하는 일은 팽창할 때 외부에 해준 일과 정확히 같다.

따라서 순환과정을 마치면, 팽창할 때 외부에 해준 일에 해당하는 에너지를 기체가 수축하면서 외부로부터 되돌려받는다. 따라서 $\Delta W_공 = \Delta W_외$이다. 즉, 순환과정을 한 번 끝내면 엔진이 외부에 순수하게 해준 일은 0이다. 열효율은 0이다. 결국 순환과정을 한 번 끝내면 엔진은 아무런 일을 하지 않는 결과가 된다. 엔진을 한 번 돌린 것이 엔진을 전혀 돌리지 않은 것과 같다. 이런 엔진이라면 현실에서는 쓸모가 없다.

그렇다면 엔진을 어떻게 돌려야 순환과정을 통해 외부에 효과적으로 일을 할 수 있을까? 기체가 팽창할 때와 수축할 때의 온도를 달리해야 한다. 카르노는 최대 효율을 가질 수 있는 열기관을 고안했다. 그는 기체가 팽창할 때와 수축할 때의 온도를 다르게 놓았다. 카르노가 고안한 카르노 엔진(Carnot heat engine)은 다음과 같다.

(1) **등온 팽창과정** : 고온의 열원에서 열을 공급받을 때 일정한 온도를 유지하면서 팽창한다.

(2) **단열 팽창과정** : 등온 팽창이 끝나면 엔진의 온도를 내리기 위해 열의 공급을 중단시킨다. 단열된 상태에서 엔진을 계속 팽창시키면 기체의 온도가 내려간다. 열의 출입이 없으므로 가역과정에 해당되고 열 때문에 일어나는 복잡한 문제가 없다.

(3) **등온 압축과정** : 온도가 떨어진 상태에서 일정한 온도를 유지하면서 엔진을 압축시킨다. 이때 나오는 열은 폐열이 된다.

(4) **단열 압축과정** : 열을 차단한 채 기체를 압축시켜 고온의 상태로 가져간다. 기체의 부피가 줄어들고 온도는 올라간다. 단열 압축과정은 열의 출입이 없으므로 가역과정에 해당한다.

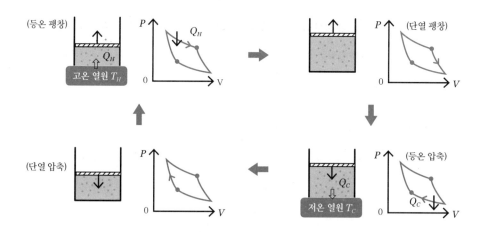

(등온 팽창) P Q_H

Q_H

고온 열원 T_H

(단열 팽창) P

(단열 압축) P

Q_C

저온 열원 T_C

(등온 압축) P

Q_C

카르노 엔진의 순환과정

카르노 엔진은 순환과정을 반복한다. 팽창할 때의 온도와 수축할 때의 온도가 다르다. 카르노는 자신이 고안한 엔진의 열효율을 계산했다. 카르노 엔진의 효율은 100%가 되지는 않는다. 대신 엔진의 효율은 등온과정의 온도만으로 표시된다. 고온으로 등온 팽창할 때의 절대온도를 T_H라 하고, 저온으로 등온 수축할 때의 절대온도를 T_C라고 하면, 카르노 엔진의 효율은 $e = 1 - \frac{T_C}{T_H}$ 이다.

$$\text{카르노 엔진의 열효율} : e = 1 - \frac{T_C}{T_H}$$

카르노의 결과에 따르면, 열원의 온도가 높아질수록 열효율이 높아진다. 그러나 열기관의 효율은 100%가 되지는 않는다. 그렇다면 카르노 엔진보다 더 좋은 효율을 가진 엔진을 만들 수 있을까? 답은 '가능하지 않다'이다. 카르노 엔진보다 더 열효율이 좋은 엔진은 이 세상에 존재하지 않는다. 이 결론을 열역학 제2법칙(Second law of thermodynamics)이라고 한다.

생각해
보기_3

카르노 엔진의 과정을 '압력과 부피의 도표'로 표시하면 다음과 같다.

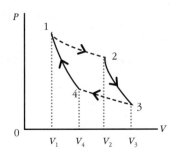

카르노 기관의 압력-부피 도표

이 도표를 참조하여 다음의 절차를 따라 카르노 엔진의 효율을 구해보자.

(1) 이상기체가 등온과정을 거쳐 팽창(1→2)이나 수축(3→4)하는 경우 기체가 하는 일은 $\Delta W = nRT \log(V_f/V_i)$으로 표시된다(이 값은 $P\Delta V$에 해당하는 값을 $PV = nRT$그래프에서 면적을 구한 값이다). V_i는 등온과정을 시작할 때의 부피이고, V_f는 등온과정이 끝날 때의 부피다.

(2) 등온 팽창과정(1→2)에서는 외부에서 열 Q_H를 받아 부피가 늘어난다($V_f/V_i > 1$). 이때 공급된 모든 열은 외부에 일을 해주는 데 사용된다($\Delta Q = \Delta W$).
따라서 $Q_H = nRT_H \log(V_2/V_1)$.

(3) 등온 수축과정(3→4)에서는, 부피가 줄어들고($V_f/V_i < 1$), 폐열 Q_L이 나온다. 이 열은 기체를 수축시키기 위해 외부에서 해준 일과 같다. $Q_L = nRT_L \log(V_3/V_4)$.

(4) 한편, 단열과정을 거쳐 온도를 바꾸는 경우에는 압축비가 같다. 즉, $V_2/V_1 = V_3/V_1$.
위의 (1)에서 (4)까지의 성질을 이용하면 엔진의 효율을 온도의 함수로 표시할 수 있다. 이 결과는 카르노가 찾아낸 대로 절대온도의 비율로만 표시되는지를 확인해보자.

가솔린 엔진과 디젤 엔진의 작동원리와 효율을 알아보자.

두 가지 엔진 모두는 열을 공급하는 열원이 엔진 안에 존재하는 내연기관이다. 같은 열기관이지만 열을 내는 방식과 팽창시키는 정도가 조금씩 다르다. 가솔린 엔진은 휘발유와 공기를 먼저 섞고, 이 기체를 압축한 후 점화 플러그(spark plug)로 기체를 점화시켜 팽창시킨다. 이에 비해 디젤 엔진은 먼저 공기를 수축하여 뜨겁게 만든 상태에서 경유를 넣어 점화시켜 팽창시킨다.

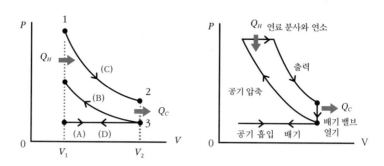

가솔린 엔진(왼쪽)과 디젤 엔진(오른쪽)의 압력-부피 도표

가솔린 엔진의 경우에는 연료가 섞인 기체를 사용하므로 압축을 심하게 하면 온도가 높아져 자체 점화한다(이 상황을 노킹knocking이 일어난다고 말한다). 노킹이 일어나면 엔진에 주기에 맞지 않는 힘이 작용하여 엔진이 손상된다. 따라서 가솔린 엔진의 경우에는 기체의 압축 비율을 일정 이상 높일 수 없다.

이에 비해 디젤 엔진은 공기를 압축하여 온도를 높인 다음에 점화시켜야 하므로 기체의 압축 비율을 크게 만들어야 한다. 기체의 압축 비율이 크면 엔진의 회전반지름이 크다. 같은 힘을 작용해도 회전반지름이 크면 엔진이 만들어내는 토크가 크다.

자동차 별로 각 엔진에 대한 토크와 파워를 찾아보고 그 효율을 비교해보자. 가솔린 엔진의 효율은 25~30% 이고, 디젤 엔진은 40% 정도이다.

열효율과 엔트로피

열역학 제2법칙은 열기관의 효율에 대해 얘기하고 있다. 열기관은 고온에서 뜨거운 열을 받아들여 일을 한 후, 남은 열을 저온으로 버린다. 이 과정에서 열효율을 최대로 만들려면 가역과정을 유지해야 한다(열 손실이 없어야 한다). 가역과정을 유지하지 못하면 효율은 떨어진다. 가역과정을 유지하는데도 열효율에 상한선이 존재한다는 것은 무엇을 뜻하는 것인가?

열역학 제2법칙에 따르면, 카르노 엔진보다 더 효율이 좋은 엔진은 이 세상에 존재하지 않는다. 열역학 제2법칙을 표현하는 방법에는 여러 가지가 존재한다. 결국 내용은 같지만, 관심사가 약간씩 다르다. 클라우지우스는 찬 곳에서 열을 뽑아 뜨거운 곳으로 보내는 방법으로 엔진을 돌리는 것은 불가능하기 때문에 영구기관이 불가능하다는 뜻으로 해석했으며, 톰슨은 100% 효율을 가진 엔진은 존재하지 않는다는 뜻으로 해석했다.

- 열역학 제2법칙(클라우지우스) : 열이 낮은 온도에서 높은 온도로
  이동한 결과만을 남기는 과정이란 존재하지 않는다.
- 열역학 제2법칙(톰슨) : 하나의 열원으로부터 열을 흡수한 후,
  이것을 완전히 일로 바꾸는 과정은 불가능하다.

　한 걸음 더 나아가 클라우지우스는 가역과정에 나타나는 새로운 물리
량을 찾아냈다. 카르노 엔진을 자세히 조사해보면 기체가 팽창하고 압축
하는 과정에서 변하지 않는 양이 존재한다. 즉,

$$\frac{\text{고온의 열원이 제공하는 열량}}{\text{고온 열원의 절대온도}} = \frac{\text{저온의 열원으로 빠져나가는 열량}}{\text{저온 열원의 절대온도}}$$

이다.
　클라우지우스는 들고나는 열량(ΔQ)과 온도(T)의 비율 $\Delta S = \Delta Q/T$를 엔
트로피 변화량(entropy change)이라고 이름 지었다.(열을 받을 때는 $\Delta Q > 0$이고, 열
을 빼앗길 때는 $\Delta Q < 0$다.)

$$\text{엔트로피의 변화량} : \Delta S = \frac{\Delta Q}{T}$$

　엔트로피의 입장에서 카르노 순환과정을 다시 보면 총 엔트로피의 변
화는 없다. 이를 확인해보자.

총 엔트로피의 변화량이란 열을 공급하는 열원의 엔트로피 변화량과 엔진이 만들어내는 엔트로피 변화량을 합한 양이다. 먼저, 등온 팽창과정을 보자. 엔진이 고온의 열원에서 열을 받을 때 열원과 엔진의 온도 T_H는 같다. 고온의 열원에서는 ΔQ_H의 열이 빠져나가고, 엔진은 ΔQ_H의 열을 받는다. 고온의 열원은 엔트로피 변화가 마이너스가 되고($-\Delta Q_H/T_H$), 엔진의 엔트로피의 변화는 플러스가 된다($+\Delta Q_H/T_H$).

따라서 팽창하는 과정에서 생기는 엔진과 열원을 포함한 전체의 엔트로피 변화량($-\Delta Q_H/T_H$)+($\Delta Q_H/T_H$)은 0이다. 이 결론은 등온 수축과정에서 저온의 열원으로 열이 빠져나가는 경우도 마찬가지다.

단열과정에서는 열이 들고나지 않으므로 당연히 엔트로피 변화가 없다. 결국 카르노 엔진은 순환과정이 한 번 끝나면 총 엔트로피의 변화가 없다. 카르노 엔진은 가역과정을 이용하는 열기관이다. 엔트로피는 열이 들고나는 과정이 가역과정인지 아닌지를 구별할 수 있도록 해준다. 클라우지우스는 이 생각을 정리하여 제2법칙을 다시 썼다.

• 열역학 제2법칙(엔트로피) : 고립계에서 열이 들고나는
  과정은 총 엔트로피가 감소하는 방향으로는 일어나지 않는다.

고립계란 열이 들고나는 모든 계를 합쳐 하나로 일컫는 말이다. 카르노 엔진의 경우에 고립계란 엔진과 두 개의 열원을 포함한 모든 계를 말한다. 우주의 경우에 고립계란 우리가 관찰할 수 있는 우주 전체를 통틀어 말한다.

열역학 제2법칙은 우주의 총 엔트로피가 감소하지 않는다는 것을 의미하고 있다. 비가역과정이 생기면 열효율은 카르노 열기관보다 떨어진다. 비가역과정이 생기면 열 손실이 생기고, 열 손실로 인해 역학적 에너지로 사용되지 못한 열은 재생 불가능한 형태로 빠져나간다. 열역학 제2법칙이 얘기하는 요점은, 비가역과정이 일어날 때마다 우주의 총 엔트로피는 증가한다는 사실이다.

읽어보기_1 냉장고로 얼음을 만들어도 엔트로피는 증가하는가?

냉장고는 안에 있는 열을 밖으로 빼내는 역할을 한다. 냉장고가 500J의 일을 하여 2,500J의 열을 밖으로 빼낸다고 하자. 냉장고 안의 온도는 섭씨 2도(절대온도 275K), 상온은 섭씨 27도(절대온도 300K)라고 하자. 냉장고를 돌리는 과정에서 엔트로피는 얼마나 바뀌는지 알아보자.

냉장고 안을 보자. 2,500J의 열이 빠져나갔으므로 엔트로피가 줄었다. 냉장고 안의 엔트로피 변화량은 -2,500J/275K=-9.9J/K이다.

냉장고 밖을 보자. 냉장고에서 나오는 열은 두 가지다. 온도를 내리기 위해 빼낸 2,500J의 열과 냉장고를 돌리기 위해 해준 500J의 일이 바뀐 열로 총 3,000J의 열이 냉장고에서 나온다. 그 결과 대기의 엔트로피 변화량은 +3000J/300K=10.0J/K이다.

결국, 고립계(냉장고와 대기)의 총 엔트로피의 변화는 (-9.9J/K)+(10.0J/K)=0.1J/K이다. 냉장고에서 열을 빼냈지만 전체 엔트로피는 증가했다.

그렇다면 냉장고의 효율을 더 높여보기로 하자. 500J의 일을 하여 6,000J의 열을 빼낼 수 있을까?

이 경우 냉장고 안의 엔트로피는 6,000J/275K=21.8J/K만큼 준다. 그리고 대기의 엔트로피는 6,500J/300K=21.7J/K만큼 증가한다. 그래서 총 엔트로피의 변화량은 (-21.8J/K)+21.7J/K=-0.1J/K이 된다.

총 엔트로피가 마이너스라는 것은 냉장고를 돌리면 고립계의 엔트로피가 줄어든다는 뜻이다. 그러나 클라우지우스에 따르면 고립계의 총 엔트로피가 줄어들 수는 없다. 따라서 결론은 500J로 6,000J의 열을 빼낼 수는 없다.

500J의 일을 해서 최대로 빼낼 수 있는 열에는 한계가 있다. 냉장고에서 빼낼 수 있는 열은 총 엔트로피 변화가 0이 될 때 최대가 된다. 이 조건에 따라 500J의 일을 하여 냉장고에서 빼낼 수 있는 최대 열은 5,500J이다(-5500J/275K+6000J/300=0).

생각해보기_5 철봉의 한쪽 끝을 손으로 잡고, 다른 한 끝을 섭씨 300도의 뜨거운 열원에 접촉시켰다. 이 철봉을 통해 100J의 열이 나에게 전달된다. 막대를 통해 열이 이동하면 엔트로피는 얼마나 변하는가? 내 손의 온도는 섭씨 36도라 하고, 철봉의 중간으로 통해 공기로 전달되는 열은 없다고 가정하자.

생각해보기_6 태양에서 발산하는 에너지는 전 공간으로 퍼져 나간다. 태양은 지난 45억 년 동안 약 4×10^{26} W의 파워를 꾸준히 발산하고 있다. 이 에너지가 모두 우주공간으로 퍼져 열로 사라졌다고 생각하자. 태양의 열이 이동하여 생기는 우주의 엔트로피 변화는 얼마나 될까? 태양 표면의 온도는 6,000K이고, 우주 공간의 온도는 2.7K로 생각하자.

열과 분자운동

열은 에너지다. 열을 좀 더 자세히 표현한다면 미시적으로 볼 때 수많은 분자들이 가지고 있는 분자들의 에너지가 거시적으로 보이는 에너지다. 분자들의 운동은 우리 눈에 보이지 않지만 열은 감지할 수 있다. 열이 빠져나가면 분자들의 운동이 느려지고, 열이 들어오면 분자들의 운동이 활발해진다.

이상기체의 경우 분자의 운동에너지는 온도가 결정한다. 온도가 주어지면 분자들이 이동하는 속력이 정해진다. 그렇다면 모든 분자가 똑같은 에너지를 가지고 있을까? 실제로는 그렇지 않다. 천문학적 수의 분자들이 모두 똑같이 움직일 수는 없다. 분자들 중에는 빠르게 움직이는 분자도 있고 느리게 움직이는 분자도 있다. 빠르게 움직이는 분자의 운동에너지는 클 것이고, 느리게 움직이는 분자의 운동에너지는 작을 것이다.

맥스웰은 수많은 분자들이 모두 같은 속력으로 움직이지 않는다는 것에 착안하여 분자들의 움직임을 통계적으로 다루는 방법을 고안해냈다. 이상기체의 운동에너지는 온도만으로 결정된다. 그러나 이상기체의 운동에너지는 분자 하나의 개별적인 운동에너지가 아니다. 분자들이 평균적으로 보여주는 운동에너지에 해당한다.

주사위를 던지면 1부터 6이 나오지만 평균값은 3.5이다. 주사위를 수없이 던져서 나오는 값이 계속해서 3이나 4가 나오지는 않는다. 1부터 6까지의 값이 골고루 나온다. 그럼에도 불구하고 주사위를 던져서 나오는 수의 기댓값은 3.5라고 예측한다.

주사위를 던질 때 각 숫자가 나올 확률은 모두 같다. 왜냐하면 주사를 던졌을 때 1부터 6이 나올 수 있는 경우가 모두 동등하기 때문이다. 그러나 주사위의 모양이 반듯하지 않고 한쪽이 찌그러져 있다면 각 숫자마다 나올 수 있는 가짓수가 달라질 수 있다. 만약 1이 나올 가짓수가 많다면 1이 나올 확률이 커진다. 어떤 주사위에는 6은 전혀 나오지 않고 1이 나올 가짓수가 2배가 된다면, 1이 나올 확률은 다른 숫자에 비해 2배가 된다. 이 경우 2부터 5가 나올 확률은 각각 1/6이지만 1이 나올 확률은 이의 2배인 1/3이 된다.

분자의 운동도 이와 비슷하다. 분자가 어떤 에너지를 가질지는 확률로 표시된다. 그런데 온도가 무한히 높으면 그 확률은 모두 같다. 그러나 온도가 유한하면 온도에 따라 확률이 달라진다.

분자가 에너지 E를 가질 확률은 지수함수 $e^{-\frac{KE}{k_BT}}$에 비례한다. 에너지와 k_BT의 비율이 분자 상태의 확률을 결정한다. 이렇게 지수함수로 표시되는 확률분포를 맥스웰-볼츠만 분포(Maxwell-Boltzmann distribution)라고 한다. 맥스웰은 단원자 기체 분자의 평균 운동에너지가 $\frac{3}{2}k_BT$이 되도록 하는 확률이 지수함수라는 것을 처음 알아냈다.

열을 받아 움직이는 분자들의 모습은 천편일률적이 아니다. 에너지가 같은 분자들이라 하더라도 분자들의 움직이는 모습은 여러 가지 다른 상태로 나타난다. 분자는 오른쪽으로 움직일 수도 있고, 왼쪽으로도 움직일 수도 있다. 열을 받아 운동 상태가 활발해질수록 그 모습은 더욱 제멋대로가 된다. 한편, 열을 받으면 그 계의 엔트로피는 증가한다. 볼츠만은 엔트로피의 변화가 분자들의 운동 상태와 관련이 있다는 사실을 최초로 알아냈다.

열이 이동하면 물질 안에 있던 분자가 움직이는 모습이 달라진다. 열을 받으면 분자는 에너지를 얻게 되고, 열을 잃어버리면 분자는 에너지를 잃게 된다. 이뿐만 아니라 분자의 에너지가 변하면 에너지가 같은 분자들이 보여주는 여러 가지 다른 상태의 경우의 수(가짓수)도 변하게 된다. 볼츠만은 분자들이 존재할 수 있는 상태의 가짓수를 엔트로피와 연관 지었다. 분자들이 가지는 상태의 가짓수를 Ω라고 하면, 엔트로피는 그 가짓수의 로그함수에 비례한다.

엔트로피(볼츠만 공식) : $S = k_B \log(\Omega)$

엔트로피가 증가한다는 것은 분자들의 운동 상태가 더욱 다양해진다는 것을 의미한다. 가역과정이란, 클라우지우스에 따르면 열이 이동해도 총 엔트로피의 변화가 없는 과정이다. 이것을 볼츠만의 해석으로 바꾸면 가역과정이란 분자들이 가지는 운동 상태의 총 가짓수를 변화시키지 않는 과정이다. 열역학 제2법칙은 시간이 지날수록 우주에 있는 모든 분자들의 운동 상태가 더욱 다양해진다는 것을 말해주고 있다.

생각해
보기_7 지구 탈출속도는 11.2km/s이다. 지구 탈출속도란 물체가 지구의 중력을 이기고 지구를 빠져나갈 수 있는 에너지를 가지는 속도이다. 300K에서 지구 탈출속도를 가지는 볼츠만 지수는 얼마인가? 이를 통해 헬륨원자가 지구를 탈출할 확률이 대기의 대부분을 차지하는 질소분자와 산소분자보다 크다는 것을 확인해보자.

생각해
보기_8 * 맥스웰은 분자들의 움직임을 통계적으로 다루었다. 1차원에서 움직이는 분자의 운동에너지는 $KE=\frac{1}{2}mv^2$이다. 확률은 볼츠만 지수 $e^{\frac{KE}{k_BT}}$에 비례한다. 이 분자가 가질 평균 에너지가 $\frac{1}{2}k_BT$임을 보이자(힌트 : 적분값 $\int_{-\infty}^{\infty} dxe^{-ax^2}=\sqrt{\frac{\pi}{a}}$ 를 사용하자). 2차원이나 3차원에서 움직이는 경우 운동에너지는 각 방향으로 움직이는 평균 에너지를 더하면 된다. 따라서 2차원에서 움직이는 분자의 평균 에너지는 $\frac{1}{2}k_BT$의 2배인 k_BT이고, 3차원에서 움직이는 분자의 평균 운동에너지는 $\frac{3}{2}k_BT$이다.

알아두면 좋을 공식

❶ 열기관의 열효율 : $e=\frac{\Delta W}{\Delta Q}$

❷ 카르노 엔진의 효율 : $e=1-\frac{T_C}{T_H}$

❸ 클라우지우스의 엔트로피 변화량 : $\Delta S=\frac{\Delta Q}{T}$

❹ 볼츠만의 엔트로피 : $S=k_B\log(\Omega)$

생각해보기_1

공급받은 열은 150kcal=630kJ이고, 열기관이 한 일은 430kJ이므로 이때 열기관의 열효율은 400/ 630=0.476이다. 따라서 47.6%이다.

생각해보기_5

엔트로피 변화는 $-100\text{J}/(273+300)\text{K}+$ $100\text{J}/(273+36)\text{K}=0.15\text{J/K}$이다.

생각해보기_7

지구 탈출속도 11.2km/s를 가질 때의 운동에너지를 구해보면, 질소분자는 $\frac{1}{2}(0.028\text{kg})(11.2\times10^3\text{m/s})^2/N_A=156.8\text{J}/N_A$, 산소분자는 $\frac{1}{2}(0.032\text{kg})(11.2\times10^3\text{m/s})^2/N_A=179.2\text{J}/N_A$, 헬륨원자는 $\frac{1}{2}(0.04\text{kg})(11.2\times10^3\text{m/s})^2/N_A=22.4\text{J}/N_A$이다. N_A는 아보가드로 상수이다. $R=N_Ak_B=8.315\text{J/K}$, T=300K를 사용하면, $\frac{KE}{k_BT}$의 값은 질소분자의 경우 0.063, 산소분자의 경우 0.072, 헬륨의 경우는 0.009이다. 볼츠만 지수 $e^{-\frac{KE}{k_BT}}$는 질소분자의 경우 0.94, 산소분자의 경우 0.93, 헬륨원자의 경우 0.99이다. 헬륨이 질소나 산소에 비해 지구를 탈출할 확률이 훨씬 높다는 것을 알 수 있다.

생각해보기_8 *

확률을 더하면 1이 되어야 하므로, 모든 속도에 대해 적분하면 1이 되어야 한다. $\int_{-\infty}^{\infty}dv\ e^{-mv^2/(2k_BT)}$는 $\int_{-\infty}^{\infty}dv\ e^{-av^2}=\sqrt{\frac{\pi}{a}}$를 사용하면 $a=m/(2k_BT)$이다. 따라서 속도 v를 가질 확률은 $\sqrt{\frac{\pi}{a}}\ e^{-av^2}$라고 놓을 수 있다. 이제 운동에너지 $\frac{1}{2}mv^2$의 평균값은 $\langle\frac{1}{2}mv^2\rangle=\int_{-\infty}^{\infty}dv\ \frac{1}{2}mv^2(\sqrt{\frac{a}{\pi}}e^{-av^2})$이고, 이 값을 계산하면 $\frac{1}{2}m\sqrt{\frac{a}{\pi}}\int_{-\infty}^{\infty}dv\ v^2\ e^{-av^2}=\frac{1}{2}m\sqrt{\frac{a}{\pi}}(\frac{1}{2a}\sqrt{\frac{\pi}{a}})=\frac{1}{2}k_BT$가 된다.

| 확인하기 |

1. 보온통 안에 섭씨 100도의 물 200그램과 섭씨 20도의 물 100그램을 섞었다. 시간이 지나면 온도는 어떻게 변할까? 엔트로피 변화는 어떻게 되는가?

2. 카르노 엔진이 300K와 800K 사이에서 작동한다. 카르노 엔진의 열효율은 얼마인가? 이 엔진은 0.2s마다 1,000J의 일을 한다. 이 엔진의 파워는 얼마인가?

3. 자동차의 열기관이 순환과정 한 번마다 10kJ의 일을 한다. 이 열기관의 효율은 30%이다. 이 열기관이 공급받는 열과 폐열은 얼마인가?

4. 냉장고 안의 온도를 섭씨 0도로 유지하면서 냉장고에서 1,000J의 열을 빼내려고 한다. 외부 온도가 섭씨 10도인 경우와 섭씨 30도인 경우에 이상적인 냉장고의 경우라면 얼마의 일을 해야 하는지 살펴보자. 냉장고의 작동계수를 '빼낸 열/공급한 일'이라고 정의하자. 각 온도에서의 작동계수를 구해보자. 보통의 냉장고는 작동계수가 5 정도 된다.

5. 히트펌프가 하는 일을 ΔW라 하고 빼내는 열량을 ΔQ_H라고 하면, 히트펌프의 성능은 $\Delta Q_H / \Delta W$로 표시한다. 카르노 기관의 경우 히트펌프의 성능은 $\frac{T_H}{T_H - T_C}$로 표시된다. 외부의 온도가 섭씨 영하 5도이고, 히트펌프가 2kW의 전력을 사용하여 방 안의 온도를 섭씨 25도로 유지하고 있다. 이 히트펌프가 공급하는 열량은 얼마인가? 히트펌프는 사용하는 전력보다 어떻게 더 많은 열을 공급할 수 있을까?

① 최종 온도를 T라고 하자. 섭씨 100도의 물에서 이동한 열량은 섭씨 20도에서 이동한 열량과 같다. 따라서 $\Delta Q=(100-T)\times 0.2\times(4186)$, $J=(T-20)\times 0.1\times(4186)$J. 최종 온도 T는 섭씨 73.3도이다. 이동한 열량은 22,353J이므로 엔트로피 변화량은 $\Delta S=\left(\frac{22353}{293}-\frac{22353}{372}\right)$J/K=16.2J/K이다. ② 열효율은 0.5, 파워는 5kW이다. ③ 공급받은 열=10kJ/0.3=33.3kJ, 폐열=(33.3 -10)kJ=23.3 kJ ④ 냉장고에서 빼내는 열량은 1,000J이고, 이를 위해 냉장고에 해주어야 하는 일을 ΔW라고 하자. 외부 온도가 섭씨 10도인 경우 총 엔트로피 변화량은 $-\frac{1000J}{273K}+\frac{\Delta W+1000J}{283K}\geq 0$을 만족해야 한다. 따라서 해야 할 일은 적어도 36.6J이다. 이 경우 작동계수는 1,000/36.6=27.3이다. 외부 온도가 섭씨 30도가 되면 $-\frac{1000J}{273K}+\frac{\Delta W+1000J}{303K}\geq 0$이 되어, 해야 할 일은 110J로 3배가 늘어난다. 이 경우 작동계수는 1,000/110=9.1이다. ⑤ 공급하는 열량=20kW, 엔트로피의 단위시간당 증가량=(22/298-20/288)kW/K=4.3W/K>0이다.

11장

빛의 정체는 무엇인가

빛은 광선이다

빛은 가시광선이고 기하학적인 길을 따라간다. 고층 건물 뒤에 드리워진 그림자는 일조권 문제를 일으키고, 골목에 설치된 반사경에 반사되는 빛은 보이지 않는 길 저편의 사각지대를 줄여준다.

한편, 빛은 파동의 성질도 가지고 있다. 간섭무늬가 생기면 나비의 날개가 울긋불긋하게 보이고, CD의 홈에는 무지개 색이 비친다.

빛은 알갱이로 보이기도 한다. 이 사실은 20세기에 원자를 다루기 시작하면서 찾아낸 전혀 새로운 발견이다. 알갱이는 아주 에너지가 작기 때문에 알갱이 하나를 직접 맨눈으로 확인하기는 어렵다. 그러나 알갱이 성질을 이용하는 형광등과 LED, 네온사인과 레이저 등의 문명의 이기는 우리의 생활을 윤택하게 하고 있다.

빛은 겉으로 보기에 기하 광선과 파동, 입자라는 서로 상충되는 성질을 가지고 있는 것처럼 보인다. 그러나 수수께끼 같은 빛을 제대로 이해하는 문제는 과학자들에게 큰 도전이 되었고, 인간의 상상력을 넓혀 물질과 우주를 이해할 수 있는 자연의 선물이 되었다. 서로 다른 세 가지 성질이 어떻게 조화롭게 이해될 수 있는지 살펴보자.

빛은 전통적으로 광선(ray)으로 취급되었다. 빛의 경로는 광선의 기하학으로 표시된다. 빛이 거울 면에서 입사하고 반사하는 모습을 나타내려면, 아래의 그림처럼 입사각(angle of incidence)과 반사각(angle of reflection)을 같게 표시하면 된다.

공기와 맞닿은 수면에 빛이 입사하면 일부는 반사법칙에 따라 반사된다. 그러나 일부는 물속으로 들어간다. 물속에 들어간 빛은 진행 방향이 달라진다. 빛이 꺾여 들어간다. 이러한 현상을 굴절(refraction)이라고 한다. 일반적으로 빛이 진행하는 매질이 달라지면 광선의 진행방향이 꺾인다. 빛의 방향이 꺾이는 정도는 굴절률(refraction index)로 표시한다.

'진공에 대한 굴절률'은 투명한 물질이 진공과 경계를 이루고 있을 때, 경계면에서 입사각과 굴절각(angle of refraction)의 관계로 표시된다. 진공에서 투명한 물질로 빛이 진행할 때 입사각을 θ_1, 굴절각을 θ_2라고 하자. 진

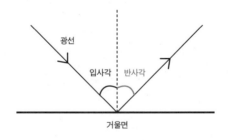

광선의 입사각과 반사각이 같다.

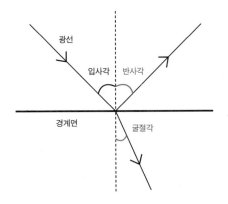

매질이 다른 경계면에서는 빛이 굴절한다.

공에 대한 물질의 굴절률은 $n = \sin\theta_1 / \sin\theta_2$로 정의한다. 이 관계식을 스넬의 법칙(Snell's law)[1]이라 한다. 빛이 꺾이지 않고 직진할 때의 굴절률은 당연히 1이다. 물의 굴절률은 1.3이며, 유리의 굴절률은 1.5이다. 물질의 굴절률은 보통 1보다 크다.

일반적으로 매질이 다를 때의 굴절률은 $n_2 / n_1 = \sin\theta_1 / \sin\theta_2$의 관계가 있다. 여기에서 n_1은 입사하는 매질의 굴절률이고, n_2는 굴절하는 매질의 굴절률이다.

$$\text{진공에 대한 굴절률}: n = \frac{\sin\theta_1}{\sin\theta_2}$$

$$\text{스넬의 법칙}: \frac{n_2}{n_1} = \frac{\sin\theta_1}{\sin\theta_2}$$

---

1   스넬의 법칙으로 불리는 빛의 굴절법칙은 호이겐스 이전에 이미 고대에서부터 경험법칙으로 알려져 있었다. 다음 2절에 나오는 것처럼 호이겐스는 파면의 기하학을 이용하여 사인함수로 표시되는 것을 매질의 속력이 달라지기 때문으로 설명했다.

강가에서 볼 때 강물의 깊이가 원래보다 얕아 보이는 이유는 굴절률이 1보다 크기 때문이다. 이를 이해하려면 빛이 물속에서 공기로 나올 때, 물속으로 들어가던 경로를 거꾸로 따라 빛이 나온다는 사실을 이용하면 된다. 수면 아래 잠겨 있는 연필을 보자. 수면 밑에 있는 연필 끝에서 나오는 빛은 아래의 그림처럼 화살표를 따라 수면 위로 올라온다.

수면 밖에 있는 사람은 연필에서 나온 빛을 본다. 이 빛은 마치 연필이 원래보다 위에 있는 것처럼 착각하게 만든다. 사람은 점선으로 표시된 선을 따라 빛이 나온다고 착각한다. 이 때문에 수면 아래 있는 모든 물체는 원래 있던 깊이보다 얕은 곳에 있는 것으로 보인다.

호숫가에 서서 수면을 바라보자. 가까운 쪽의 물속은 보이지만 조금 떨어진 곳의 물속은 보이지 않는다. 왜 그럴까? 물속에서 나오려는 빛이 경계면에서 물 밖으로 나오지 못하고 모두가 반사되어 되돌아가는 전반사(total internal reflection)가 일어나기 때문이다(287쪽 위의 그림).

빛이 물 밖으로 나올 때, 우리가 서 있는 바로 밑에서 나오는 빛은 밖으로 나올 때 광선의 방향이 꺾여 나온다. 멀리서 빛이 올수록 광선의 방향

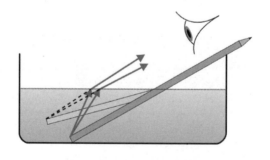

물속에 있는 물체는 원래보다 뜬 상태로 보인다.

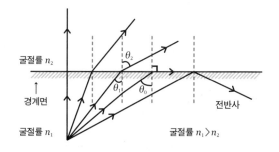

밀한 매질에서 비스듬히 나오는 빛은 전반사한다.

이 더욱 비스듬하게 꺾인다. 어느 각도 이상 비스듬해지면 광선은 더 이상 수면 밖으로 나오지 못하고 전반사가 일어난다.

물에서 공기로 나오는 것처럼 빽빽한 매질(more dense medium) n_1에서 성긴 매질(less dense medium) n_2로 빛이 진행한다고 하자. 이 경우 굴절률의 비 n_1/n_2는 1보다 크다.

한편, 입사각 θ_1과 굴절각 θ_2 사이에는 $n_1/n_2 = \sin\theta_2/\sin\theta_1$의 관계식이 성립한다. 입사각이 비스듬할수록 굴절각 θ_2는 90도에 가까워지므로 굴절각이 $\sin\theta_2 = 1$을 만족하는 특정한 입사각 $\theta_1 = \theta_C$이 존재한다. 이 특별한 입사각을 임계각(critical angle)이라고 한다. 임계각보다 더욱 비스듬하게 나오려는 빛은 경계면 밖으로 나올 수 없다.

물질($n_1 = n$)과 공기($n_2 = 1$) 사이의 임계각은 $\sin\theta_C = 1/n$이다. 물의 굴절률은 1.33이고 따라서 물의 임계각은 48.6도이다. 유리(굴절률 1.52)의 임계각은 41.1도, 다이아몬드(굴절률 2.42)의 임계각은 24.4도이다. 광케이블은 유리의 전반사를 이용하여 빛이 광섬유(optical fiber) 안을 따라가게 한다.

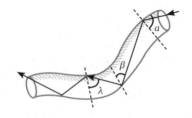

전반사 덕분에 빛은 유리섬유 안을 따라 진행한다.

생각해 보기_1 거울에 비치는 상은 좌우가 바뀐다. 두 개의 직각 거울에서 반사되는 이미지는 몇 개이고 각 이미지는 좌우가 어떻게 바뀌는가? 60도 각도로 붙여 만든 거울 속에 비치는 이미지는 몇 개이고 그중에서 좌우로 바뀐 이미지는 몇 개인가?

직각 거울에서는 반사가 두 번 일어난다.

생각해 보기_2 무지개는 물방울에서 굴절한 빛이 만들고, 다이아몬드의 번쩍거리는 빛도 굴절한 빛이 만든다. 백색광이 입사한 후 굴절하면 색이 보이는 이유는 무엇인가?(힌트 : 굴절률이 파장에 따라 달라진다는 사실을 이용하자.)

생각해 보기_3 코너 큐브(corner cube)는 거울 세 개를 직각으로 붙인 거울이다. 코너 큐브에 반사되는 빛은 입사되는 빛과 평행하다. 빛이 출발하는 지점과 반사되어 도착되는 지점이 일치한다. 코너 큐브에 보이는 이미지는 좌우상하가 어떻게 보이는가?

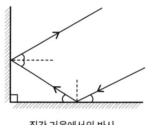

직각 거울에서의 반사

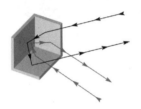

코너 큐브에서의 반사

(출처: http://en.wikipedia.org/wiki/
File:Corner_reflector.svg)

**생각해
보기_4** 메타 물질(metamaterial)은 현대에 만들어진 새로운 물질이다. 메타 물질의 특
성은 굴절률이 음수(-)라는 점이다. 굴절률이 음수라는 것은 메타 물질로 들
어가면 굴절되는 빛의 방향이 경계면의 법선에서 볼 때 반대로 꺾인다는 뜻이
다. 메타 물질에서 보통 물질로 빛이 굴절되는 경우에는 전굴절이 일어날 수
있음을 보이자. 메타 물질은 어떤 경우에 가능한지 알아보자.

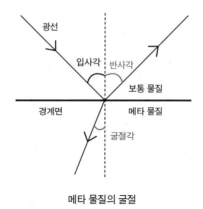

메타 물질의 굴절

빛은 파동이다

간섭무늬는 파동만이 만들 수 있다. 빛이 입자라면 간섭무늬가 보일 이유가 없다. 19세기 초 영국의 물리학자 토머스 영은 실험을 통해 당시 빛의 본질과 관련된 논란에 종지부를 찍었다. 빛은 입자가 아니라 파동이다. 그런데 빛이 파동이라면 어떻게 광선으로 보였을까? 빛이 파동이라는 사실이 알려지기 훨씬 이전인 17세기에 호이겐스는 이미 파동이 진행하는 현상으로 광선을 설명할 수 있는 원리를 알아냈다.[2] 그는 광선을 파면(wave front)이 진행하는 방식으로 설명했다. 파면이란 파동의 모양새가 같은 점을 연결하는 면이다.

한 점의 파원(wave source)에서 파동이 만들어지면, 파동은 구면을 따라 사방으로 퍼져나간다. 한 점에서 처음 시작하는 구면파(spherical wave)를

---

2 호이겐스는 네델란드인이고, 네델란드 발음으로는 '하위헌스'라고 한다.

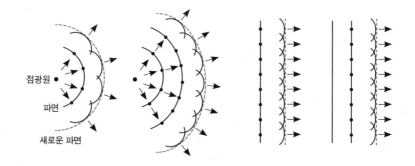

호이겐스가 도입한 파면

1차파(primary wave)라고 한다. 그런데 파면을 형성하는 구면에는 많은 점들이 모여 있다. 이 점들은 새로운 파를 만드는 파원으로 행세한다. 각 파원들은 구면파를 새로 만드는데 이 구면파를 2차파(secondary wave)라고 한다. 2차파들은 서로 만나 중첩(superposition)을 일으킨다.

그 결과 이들은 새로운 파면을 만든다. 파면에 있던 점들은 다시 새로운 파원이 되어 새로운 구면파를 만들고, 이들이 중첩되면 정렬된 형태의 새로운 파면을 만든다. 이처럼 파원이 새로운 파면을 만드는 원리를 호이겐스 원리(Huygens' principle)라고 한다.

빛의 파면은 진행 방향과 수직이다. 파면이 진행하는 방향은 광선이 진행하는 방향과 같다. 호이겐스 원리는 광선의 기하학을 파면의 기하학으로 바꾼다.[3] 파면의 모양은 파가 처음 만들어지는 방식에 따라 그 모양이 다르다. 처음 한 점에서 파가 시작되면 구면으로 파가 전파된다. 그러나 일자 모양으로 처음에 파면이 만들어지면 이 파는 평면파 형태로 전파된다.

---

3 1816년 프레넬은 빛의 그림자 가장자리가 희미해지는 현상(회절)을 설명했다. 그는 호이겐스 원리와 빛의 간섭이 일어나는 원리를 적용했다.

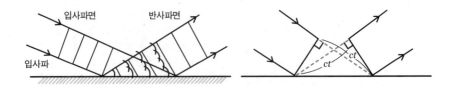

파면이 반사한다.

반사법칙은 평면파가 경계면에서 만드는 기하학이다. 입사파와 반사파는 같은 매질을 따라 움직이므로 같은 시간 동안 같은 거리를 간다. 경계면에서 파면이 뒤집히지만 이들이 만드는 파면은 두 개의 직각삼각형을 이룬다. 두 직각삼각형은 각이 똑같고, 길이도 똑같다. 따라서 파면의 진행 방향이 만드는 입사각과 반사각은 같다.

굴절은 어떤가? 입사하는 파의 속력과 굴절하는 파의 속력이 다르다. 따라서 경계면에서는 입사파면과 굴절파면이 직각삼각형을 만든다. 빗변이 같은 두 삼각형을 이용하여 입사각과 굴절각의 관계를 구해보자.

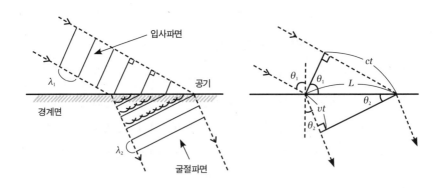

파면이 굴절한다.

입사하는 빛의 속력을 v_1, 입사각을 θ_1이라 하고, 굴절하는 빛의 속력을 v_2, 굴절각을 θ_2라고 하자. 삼각형의 모양에서 빗변의 길이는 $L = v_1 t/\sin\theta_1 = v_2 t/\sin\theta_2$의 관계가 있다. 따라서 입사각과 굴절각의 사인값의 비는 각 매질을 통과하는 광속의 비로 표시된다. $\sin\theta_1/\sin\theta_2 = v_1/v_2$. 이 결과를 스넬의 법칙 $n_2/n_1 = \sin\theta_1/\sin\theta_2$과 비교하면 굴절률의 비는 광속의 비로 표현된다. $n_2/n_1 = v_1/v_2$.

굴절률은 매질에 따라 광속이 달라진다는 것을 알려준다. 진공에서 물질로 빛이 진행하면 v_1은 진공에서의 광속 c이다. 진공과 물질의 굴절률을 n, 물질 속에서의 광속을 v라고 하면, $n = c/v$이다. 광속이 느려질수록 굴절률도 커진다. 굴절률이 1보다 크다는 사실은 진공에서 투명한 다른 물질로 빛이 진행하면 광속이 느려진다는 것을 의미한다. 파면의 기하학은 광선의 기하학에 비해 빛에 관해 좀 더 근본적인 설명을 제공한다.

$$\text{진공에 대한 굴절률} : \quad n = \frac{c}{v}$$

$$\text{상대적 굴절률} : \quad n = \frac{n_2}{n_1} = \frac{\sin\theta_1}{\sin\theta_2} = \frac{v_1}{v_2}$$

한편, 광속 c는 진공에서 진행하는 빛을 정지한 사람이 관찰한 값이다. 그런데 움직이는 사람이 빛의 속도를 재면 어떨까? 소리의 경우 음원을 향해 사람이 움직이면 소리의 속도가 빨라지고, 음원으로부터 멀어지면 소리의 속도는 느려진다. 그러나 빛은 다르다. 여러 실험 결과에 따르면 관찰하는 사람이 움직이거나 움직이지 않거나 광속을 측정한 결과는 똑같이 c이다. 따라서 광속은 불변(invariant)이라고 말한다. 이 사실은 전혀 직관적이지 않을 뿐 아니라 깊은 물리적 의미를 내포하고 있다. 아인슈타인은 광속이 불변이라는 사실을 이용하여 특수상대론(special relativity)을 제안했다.[4]

파동은 간섭을 일으킨다. 간섭(interference)이란 두 파면이 만나 중첩이 일어나는 현상이다. 영은 이중슬릿(가까이 붙은 두개의 가는 구멍)을 통과하는 단색광이 스크린에 간섭무늬(interference pattern)를 만드는 장면을 시현했다.

두 개의 파면이 만나면 중첩이 일어난다. 중첩의 결과는 파면의 위상(모양)에 따라 결정된다. 두 파의 모양이 같은 형태로 만나면 보강간섭(constructive interference)이 일어난다. 즉, 두 빛이 만나 더 밝아진다. 파면이 꼭대기와 꼭대기가 만나는 것이나, 골짜기와 골짜기가 만나는 경우가

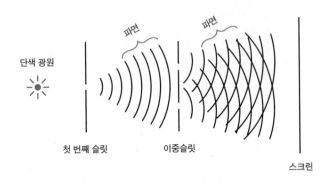

두개의 파면이 만나면 간섭한다.

---

4 『교양으로 읽는 물리학 강의』 10장 참조(2015, 도서출판 지성사)

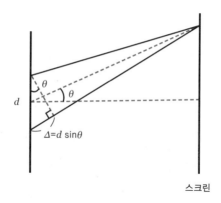

θ

θ

d

$\Delta = d \sin\theta$

스크린

두 빛의 경로차

이에 해당한다. 두 파면의 모양이 같기 때문에 위상 차이는 π의 짝수 배 $(0, 2\pi, 4\pi, \cdots)$가 된다고 말한다(사인파는 위상이 2π만큼 바뀌어도 모양이 똑같다는 것을 기억하자).

이와 달리 두 개의 파면이 뒤집어진 모양으로 만나면 파는 소멸된다. 즉, 두 빛이 만나 어두워진다. 이를 상쇄간섭(destructive interference)이 일어난다고 말한다. 파면이 뒤집어진다는 것은 파면의 위상차가 π의 홀수 배 $(\pi, 3\pi, \cdots)$가 된다는 뜻이다.

이중슬릿을 통과한 빛이 스크린에서 다시 만나면 각 구멍을 통과한 빛이 진행하는 거리가 다르다. 빛이 진행하는 길이의 차이를 경로차(path difference)라고 한다. 경로차가 생기면, 스크린에 도착하는 파면의 모양도 다르고, 위상차(phase difference)가 생긴다. 두 파면의 위상차는 경로차를 파장과 비교하면 알 수 있다. 경로차가 파장의 정수배가 되면 위상차는 2π의 정수배가 되어 밝아지고(보강간섭), 경로차가 파장의 반-정수배가 되면 위상차는 2π의 반-정수배가 되어 어두워진다(상쇄간섭).

위상차 : $\Phi = 2\pi \dfrac{경로차}{파장}$

빛은 위상차에 따라 간섭을 일으키는 결과가 다르다. 그렇다면 여러 파장이 섞여 있는 빛을 파장에 따라 색을 분리해낼 수 있는 방법은 없는가? 무지개의 원리를 이용하는 경우와 CD 무늬의 원리를 이용하는 경우를 생각해보자.

무지개는 파장에 따라 광속이 다르기 때문에 색깔이 분리된다. 빛의 색을 분리하기 위해서는 물질 속에서 광속이 달라질 수 있도록 파장을 바꾸어야 한다. 광속은 물질의 유전율과 투자율에 의해 달라지므로 파장에 따라 반응하는 정도가 크게 다른 물질을 찾는 것이 필요하다. 이런 물질을 찾는 일은 쉽지 않다. 따라서 무지개의 원리를 이용하여 색을 분리하는 일은 특별한 경우 이외에는 적용이 가능하지 않다.

이와 달리 간섭무늬 효과를 이용하면 물질 자체의 성질 대신에 슬릿의 간격을 이용할 수 있다. 이 방법을 사용하여 파장을 분리하는 일은 훨씬 간단하다. 빛이 이중슬릿을 통과하면 간섭무늬가 생긴다. 간섭무늬의 위치는 파장에 따라 미세한 차이가 있다. 간섭무늬는 위상차로 결정되는데, 위상차는 경로차를 파장으로 나눈 값이다. 이에 따라 파장이 다르면 경로가 같더라도 밝은 무늬가 나타나는 위치가 약간씩 다르다.

그러나 비슷한 파장이 섞여 있는 경우에는 밝은 무늬가 서로 겹친다. 각각의 무늬를 구별해낼 수 있는 방법이 없다면 간섭무늬 자체가 사라질 수도 있다. 이 때문에 이중슬릿 실험의 경우에 간섭무늬를 보려면 단색광

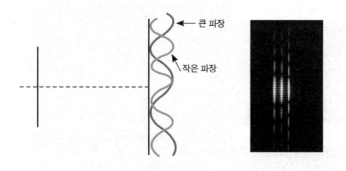

파장에 따라 스크린에 밝은 무늬가 나타나는 위치가 다르다.

이 필요하다. 햇빛과 같은 백색광의 경우에는 이중슬릿을 통과하면 스크린에는 각 파장의 간섭무늬가 생기지만 이들이 겹쳐 있어 구별이 안 되고, 스크린에는 간섭무늬 자체가 보이지 않는다.

파장이 섞여 있는 빛의 파장을 구별해내려면 파장에 따라 생기는 간섭무늬를 구별해야 한다. 색에 따라 나타나는 간섭무늬를 구별하려면 간섭무늬의 폭을 줄여 선명하게 만들면 된다. 어떻게 하면 간섭무늬의 폭을 줄일 수 있을까?

이중슬릿이 만든 무늬와 단일슬릿(구멍이 하나인 슬릿)이 만든 무늬의 차이를 이해해보자. 단일슬릿의 경우에는 무늬의 폭이 넓다. 이에 비해 이중슬릿을 통과하면 단일슬릿에서 보이던 무늬 안에 폭이 좁은 간섭무늬가 여럿 보인다. 새로운 무늬는 폭이 좁다. 그리고 무늬가 더욱 선명해진다. 이런 경향은 4중슬릿을 만들거나 8중슬릿을 만들면 더욱 확실해진다. 따라서 슬릿의 개수가 많을수록 색을 구별하기가 쉽다.

가늘고 선명한 무늬를 만들기 위해 슬릿의 개수를 많이 넣은 기기를 회절격자(diffraction grating)라고 한다. 가시광선을 분해할 수 있는 회절격자

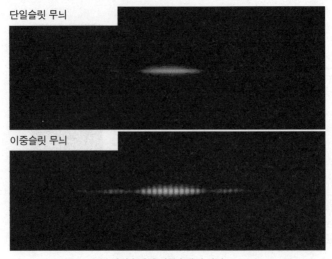

단일슬릿 무늬

이중슬릿 무늬

단일슬릿과 이중슬릿의 차이

(출처: http://en.wikipedia.org/wiki/File:Single_slit_and_double_slit2.jpg © Jordgette)

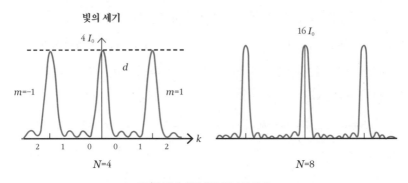

빛의 세기

$4 I_0$

d

$m=-1$

$m=1$

k

2 1 0 0 1 2

$N=4$

$16 I_0$

$N=8$

단일슬릿과 다중슬릿 무늬의 차이

는 1mm 길이 안에 보통 500~1,500개의 슬릿이 들어 있다. 슬릿의 간격은 대략 1마이크로미터 정도이다. 이러한 회절격자를 쓰면 간섭무늬가 가늘어져 가시광선을 분리해낼 수 있다.

생각해 보기_5 레이저 포인터가 내는 붉은빛은 단색광이고 파장은 650nm이다. 이 빛을 이용하여 영이 실험한 간섭무늬 실험을 한다고 하자. 이중슬릿의 간격을 3마이크로미터로 하면 어떤 간섭무늬가 생기는가? 슬릿의 간격을 1마이크로미터로 만든다면 간섭무늬는 어떻게 달라지는가?

생각해 보기_6 물 위에 뜬 기름 막은 빛의 간섭을 보여준다. 기름 막 표면에서 반사된 빛과 기름 막을 통과한 후 물에서 반사된 빛이 다시 만나 간섭을 일으킨 결과다. 단색광이 간섭을 일으키면 밝은 무늬와 어두운 무늬가 생긴다. 그런데 햇빛처럼 여러 파장의 빛이 섞여 있다면 다르다. 파장이 다르면 밝은 무늬를 만드는 위치도 달라진다. 그 결과 녹색, 붉은색, 푸른색들이 만드는 간섭무늬의 위치가 약간씩 달라진다.

이 때문에 각각 다른 색이 만드는 간섭무늬가 구별되고, 알록달록하게 색이 나타난다. CD에 홈이 파인 면을 햇빛에 비추면 알록달록하게 보이는 것이나, 나비 날개의 무늬도 같은 원리다. 원래 이들은 현란한 색이 아니지만 간섭이 일어나면 현란하게 보인다.

알록달록한 무늬는 간섭현상이다.

생각해 보기_7 2.4GHz의 파장은 얼마인가? 2.4GHz 대역의 전자파를 사용하는 무선통신 기기로는 와이파이(Wi-Fi), 마이크로웨이브 오븐, 무선전화기, 블루투스(Bluetooth) 등이 있다. 이 기기들이 비슷한 주파수를 쓰는 경우 어떤 일이 일어나는지 알아보자.

생각해 보기_8 * 소리의 도플러 효과(6장 생각해보기(10) 참조)는 음원이 움직일 때와 관찰자가 움직일 때에 다르게 나타나는 현상이다. 전자파의 경우에도 도플러 효과가 생긴다. 광원이 v_s로 다가오면 관찰자는 전자파의 진동수가 올라가는 것으로 측정하게 된다. 음파와 다른 점은 광속은 움직이는 관찰자가 측정해도 똑같이 c라는 점이다. 그 결과 원래 진동수를 f라고 하면 관찰자가 측정하는 진동수는 $f_0=f\sqrt{\frac{1+v_s/c}{1-v_s/c}}$ 가 된다. 광원이 v_s로 멀어져가면(v_s를 $-v_s$로 바꾸면 된다.) 진동수는 줄어든다. 이것을 적색편이(red shift)라고 한다.

수소원자가 내는 붉은빛은 656.3nm($4.57×10^{14}$Hz)이다. 다른 별에서 나오는 이 빛을 측정하니 진동수가 $4.55×10^{14}$로 관찰되었다. 이 별은 얼마의 속도로 멀어져 가는 것일까? 다른 별은 정지해 있고 우리가 그 별에서 멀어져 간다면 우리가 멀어지는 속도는 얼마인가?

생각해 보기_9 뉴턴은 1717년 렌즈와 평면거울을 겹쳐 놓으면 간섭무늬가 고리 모양으로 보이는 것을 연구했다. 이 간섭무늬를 보면 렌즈 사이의 떨어진 간격이 일정한지를 정밀하게 알아낼 수 있다. 아래 그림의 무늬를 보고 경로차가 어떻게 생기는지 그림으로 설명해보라.

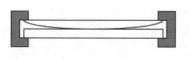 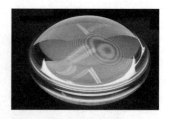

볼록렌즈가 평평한 표면 위에 놓여 있다.

(출처: http://en.wikipedia.org/wiki/
File:Newton%27s_rings_02.svg)

볼록렌즈가 서로 만날 때 보이는 간섭무늬

(출처: http://en.wikipedia.org/wiki/
File:Newton_rings.jpg)

생각해 보기_10 나비 날개의 구조를 조사해보고, 나비날개가 어떻게 알록달록한 무늬를 만들 수 있는지 얘기해보자.

빛은 광자다

빛은 파동이고, 전자파다. 19세기에 확립된 전자파 이론은 빛을 다루는 정석이 되었다. 그런데 19세기 말부터 가열된 물체에서 나오는 빛에 대한 연구가 시작되었고, 가열된 물체에서 나오는 빛을 전자파로 설명하는 것이 불가능하다는 것을 알게 되었다. 그 결과 전자파와는 전혀 다른 새로운 방식으로 빛을 설명하기 시작했다.

가열된 물체에서 나오는 빛을 복사(radiation)라고 한다. 용광로가 뜨겁게 달아오르면 용광로에서 나오는 빛의 색이 달라진다. 뜨거울수록 검붉은 색에서 노란색으로 변한다. 태양의 표면온도는 5,800K이고, 태양 빛의 스펙트럼(색깔, spectrum)은 노란색을 중심으로 주황색과 녹색이 골고루 섞여 있다.

체온을 유지하는 생명체에서는 적외선이 나온다. 적외선을 이용하면 깜깜한 밤에도 플래시 없이 생명체의 사진을 찍을 수 있다. 복사의 특징

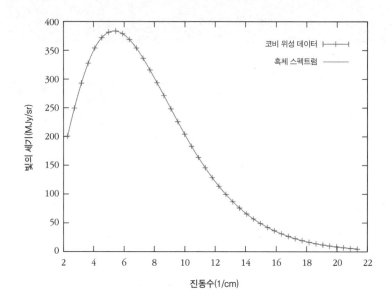

우주의 마이크로파 배경복사 스펙트럼

[160.2GHz (파장=1.873mm)를 중심으로 분포. 출처: http://en.wikipedia.org/wiki/File:Cmbr.svg]

은 온도에 따라 물체에서 나오는 빛의 스펙트럼이 달라진다는 점이다. 이 때문에 스펙트럼을 조사하면 거꾸로 빛을 내는 물체의 온도를 알아낼 수 있다. 복사 스펙트럼은 흑체에서 나오는 스펙트럼으로 표현한다. 우주는 (마이크로파) 배경복사를 내고 있다. 배경복사의 스펙트럼으로부터 우주의 온도가 2.7K라는 것을 알아냈다.

가열된 물체에서 나오는 흑체복사는 긴 파장의 빛(적외선)과 짧은 파장의 빛(자외선)이 섞여 나온다. 이 빛은 모두 전자파다. 따라서 복사의 스펙트럼도 파동으로 설명이 가능해야 한다. 그러나 파동의 성질로는 뜨거운 물체에서 나오는 짧은 파장의 빛을 설명할 수 없었다.

플랑크는 흑체복사 스펙트럼을 전자파가 아니라 전혀 새로운 방식으로 설명할 수 있다는 것을 알아냈다. 흑체복사 스펙트럼은 마치 맥스웰이 찾아낸 기체 분자들의 속도 분포와 비슷하다(10장 생각해보기(8) 참조). 이상기체에는 빠른 분자와 느린 분자들이 적절하게 분포하고 있다. 플랑크는 이에 착안하여 빛을 '알갱이(light quantum)'들의 집합으로 취급했다.

플랑크에 따르면, 빛 알갱이 하나의 에너지 E는 진동수 f에 비례해야 한다. 즉, $E=hf$이다. 이 비례상수 h를 플랑크 상수라고 하며, 그 값은 $h=6.626{\times}10^{-34}$Js로 아주 작다. 빛이 광자라는 것은 그 후 여러 실험으로 증명이 되었다. 현재는 빛 알갱이를 광자(photon)라고 한다. 빛은 광자이며, 광자 에너지는 진동수에 비례한다.

$$\text{광자의 에너지}: E = hf,$$
$$\text{플랑크 상수}: h = 6.626{\times}10^{-34}\text{Js}$$

초록빛 광자를 알아보자. 초록빛의 진동수는 600THz 근방이다.[5] 따라서 초록빛 광자의 에너지는 $4{\times}10^{-19}$J 정도이다. J은 우리가 일상생활에서 사용하는 에너지 단위다. 이 단위로 에너지를 재면 광자가 가진 에너지는 아주 작다는 것을 알 수 있다. 플랑크 상수가 아주 작기 때문이다. 1W의 빛은 1초에 초록빛 광자를 2,500경($2.5{\times}10^{18}$)개를 내보낸다. 쨍쨍 내리쬐는 햇빛에는 아보가드로 상수 이상의 광자가 존재한다는 것을 알 수 있다. 마치 기체 속에 천문학적으로 많은 분자가 존재하는 것과 비

---

5 1THz=10^{12} Hz

숫하다.

광자의 에너지를 J이라는 단위로 쓰기에는 단위가 너무 크다. 그래서 보통 광자를 다룰 때는 eV라는 단위를 쓴다. 1eV는 전자를 1V로 가속하여 얻는 에너지를 말한다. 따라서 $1eV=1.602 \times 10^{-19}J$이다. 600THz의 초록색 광자가 가지는 에너지는 2.5eV다. 이에 비해 750THz의 푸른색 광자는 이보다 큰 4.7eV의 에너지를 가진다.

그렇다면 빛이 파동이라는 성질과 빛이 알갱이라는 사실은 어떻게 양립할 수 있는가? 이중슬릿으로 영이 했던 실험을 다시 해보자. 스크린에 CCD 카메라를 설치하고, 광자를 하나씩 이중슬릿에 통과시키면서 스크린에 도착하는 광자들의 위치를 각각 측정하자.

스크린에 광자가 도착하면 자국이 남는다. 시간이 지나면 많은 광자의 자국이 스크린에 찍힌다. 처음 1/30초 후의 스크린의 모습에는 몇 개의 광자가 스크린에 자국을 남겼다. 다음 1초 후에는 수백 개의 광자가, 그리고 100초 후에는 수천 개의 광자가 스크린에 자국을 남긴다. 시간이 흐를수록 스크린에 남기는 광자의 자국들이 간섭무늬를 형성하는 모습이

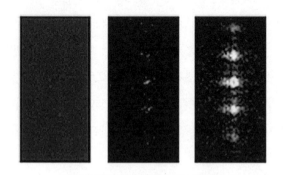

광자 수가 많아지면 간섭무늬가 나타난다.

(출처: http://ophelia.princeton.edu/~page/single_photon.html)

분명히 보인다. 이중슬릿 실험에서 보았던 간섭무늬는 수많은 광자들이 만드는 것이다. 빛을 입자로 보는 것은 빛 알갱이 하나를 보는 경우다. 빛이 파동으로 보이는 것은 빛 알갱이 하나가 아니라 광자들이 집단으로 움직일 때 보이는 모습이다.

생각해 보기_11   60W의 백열전등에서 나오는 빛의 출력은 실제로는 5W이고, 나머지는 열로 소모된다. 전등에서 나오는 빛을 600nm 파장의 광자라고 보면 1초에 나오는 광자의 개수는 얼마나 되는가?

생각해 보기_12   도자기나 자기를 구울 때 가마에서 나오는 빛이 파장을 알아보자. 철을 녹일 때 용광로에서 나오는 파장은 얼마일까?

알아두면 좋을 공식

❶ 반사의 법칙 : 입사각=반사각

❷ 굴절의 법칙 : 진공에 대한 굴절률 : $n = \dfrac{\sin\theta_1}{\sin\theta_2} = \dfrac{c}{v}$

           상대적 굴절률 : $\dfrac{n_2}{n_1} = \dfrac{\sin\theta_1}{\sin\theta_2} = \dfrac{v_1}{v_2}$

❸ 간섭현상 : 위상차 : $\varPhi = 2\pi \dfrac{경로차}{파장}$

           보강간섭 : 위상차는 π의 짝수 배

           상쇄간섭 : 위상차는 π의 홀수 배

❹ 광자의 에너지 : $E = hf$

  플랑크 상수 : $h = 6.626 \times 10^{-34} \text{Js} = 4.1 \times 10^{-15} \text{eVs}$

생각해보기_1

두 개의 직각 거울에서 반사되는 이미지는 3개이고, 2개의 이미지는 좌우가 바뀌고 1개의 이미지는 원래 모습이다. 60도 각도로 붙여 만든 거울 속에 비치는 이미지는 5개. 좌우로 바뀐 이미지는 3개.

생각해보기_3

이미지는 좌우, 위아래가 바뀌기 때문에 본래 모습이 물구나무 선 것과 같다.

생각해보기_5

이중슬릿의 간격이 D=3마이크로미터이므로 이중슬릿에서 각 θ만큼 벗어난 스크린까지의 경로차는 $D\sin\theta$가 된다. 650nm 파장의 레이저 포인터를 사용하므로 위상차는 $2\pi(5\times10^{-6}\text{m})\sin\theta/$650nm=$2\pi\times(4.6\sin\theta)$이다. $4.6\sin\theta$가 정수배가 되는 점은 12.6도, 25.8도, 40.7도, 60.4도가 존재하고, 4개의 밝은 무늬가 보인다. 어두운 무늬는 5개가 존재하고, 6도, 19도, 33도, 50도, 78도에서 생긴다.

한편, 슬릿의 간격이 1마이크로미터로 줄어들면, 위상차는 $2\pi(10^{-6}\text{m})\sin\theta/650$nm=$2\pi\times(1.5\sin\theta)$가 되므로 밝은 무늬는 40.5도에서 하나만 생긴다. 어두운 무늬는 19도와 77도 두 군데에 생긴다. 결국, 슬릿의 간격이 좁아질수록 밝고 어두운 무늬의 간격이 커져서 스크린에는 밝고 어두운 무늬의 숫자가 줄어든다.

생각해보기_7

2.4GHz의 파장은 12.5cm. 주파수가 겹치면 간섭이 일어나 통신이 방해를 받는다.

생각해보기_9

렌즈의 면과 평면거울 사이의 간격 D는 중심에서 벗어나는 정도에 따라 달라진다. 경로차는 2D이지만 볼록한 렌즈의 아랫면에서 반사되는 빛과 평면거울에서 반사되는 빛은 위상차가 π만큼 차이가 난다. 따라서 위상차는 (2D/파장)+π가 되고, 이 위상차가 2π의 정수배이면 밝은 무늬가, 2π의 반-정수배이면 어두운 무늬가 나타난다.

렌즈의 중심부는 경로차가 D=0, 위상차가 π이프로 어두운 무늬가 생긴다. 따라서 간섭무늬는 중심부로부터 어두운 무늬, 밝은 무늬가 반복해서 생긴다.

생각해보기_8 ★

빛의 경우에도 도플러 효과가 생긴다. 음파와 다른 점은 관찰자가 움직여도 광속은 변하지 않는다는 점이다. 그렇다면 빛의 도플러 효과는 어떻게 달라질까? 광원이 v_s로 다가올 때 정지한 관찰자가 파장의 변화를 측정한다고 하자. 광원이 v_s의 속력으로 T초 동안 다가오면 파장은 v_sT만큼 줄어든다. 따라서 관찰자가 측정하는 파장 $\lambda_0=cT-v_sT$이다. 관찰자는 λ_0에 해당하는 빛의 진동수는 당연히 $f_0=\frac{c}{\lambda_0}$를 만족하고, 따라서 진동수는 $f_0=\frac{c}{c-v_s}\frac{1}{T}$이라고 생각한다. 그런데 T는 정확히 무엇을 의미하는가? 광원은 한 주기로 생각하는 시간 동안 움직인다. 그런데 여기에서 문제가 생긴다. 광속 c는 관찰자나 광원이나 똑같아야 하는 제약 때문에 광원은 한 주기로 생각하는 시간과 관찰자가 관찰한 시간 T는 같지 않다는 데 문제가 생긴다. 실제로 T와 $1/f$와는 차이가 있다. 움직이는 사람이 생각하는 시간은 $1/f$이지만 이 시간을 정지한 사람이 관찰하면 $1/\sqrt{1-(v_s/c)^2}$ 만큼 늘어난다(특수상대론에서는 이런 현상을 시간지연 time dilation이라고 한다). 시간이 달라지는 것을 고려하면 $f_0=\frac{c}{c-v_s}/\sqrt{1-(v_s/c)^2}f$가 되고 결국 $f_0=f\sqrt{\frac{1+v_s/c}{1-v_s/c}}$ 라는 결과를 얻는다.

4.57×10^{14}Hz의 빛이 4.55×10^{14}로 관찰되면 진동수의 변화는 $f_0/f=4.55/4.57$이므로 이 값은 0.9956=1-0.0044이다. 따라서 이 별이 v_s로 멀어져가고 있다고 보고 $f_0=\sqrt{\frac{1-v_s/c}{1+v_s/c}}f$을 사용하면 ($v_s$를 $-v_s$로 바꾸었다), 별이 멀어져가는 속력은 $v_s=0.04c(1.2\times10^6\text{m/s})$이다. 광속의 0.004배로 멀어지고 있다. 별이 멀어져가는 대신에 우리가 멀어져간다고 해도 공식은 똑같다. $f_0=\sqrt{\frac{1-v_s/c}{1+v_s/c}}f$. 따라서 우리가 $v_s=0.004c$로 멀어져 간다.

전자파의 도플러 효과는 관찰자가 움직이든 광원이 움직이든 상대적인 속도만 같으면 결과가 같다.

생각해보기_11

600nm파장의 광자의 에너지는 $hc/\lambda=3.3\times10^{-19}$J이므로 5W의 출력에서 나오는 광자의 수는 1초에 $5/(3.3\times10^{-19})=1.5\times10^{19}$이다.

| 확인하기 |

1. 요트에서 본 물의 깊이는 5m로 보였다. 물의 실제 깊이는 얼마인가?(물의 굴절률은 1.33이다.)

2. 아크릴의 굴절률은 1.49이다. 아크릴의 임계각은 42.4도임을 보여라.

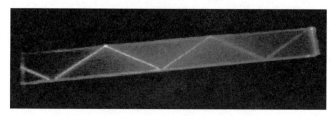

(출처: http://en.wikipedia.org/wiki/File:TIR_in_PMMA.jpg)

3. (브루스터 각) 빛은 횡파이다. 파동의 진동 방향이 진행 방향이 수직이다. z축을 따라 빛이 진행하면 파동이 진동하는 방향은 x축이나 y축이 가능하다. 빛이 매질이 다른 경계면에 입사하면 빛의 일부는 반사하고 일부는 굴절한다. 빛이 입사하는 각을 θ_1, 굴절각을 θ_2라 하자. 반사파와 굴절파 사이의 각이 직각이 된다면 $\theta_2 = \frac{\pi}{2} - \theta_1$를 만족한다. 이 경우에 반사되는 파의 진동 방향을 조사해보고 진동 방향이 하나뿐이라는 것을 확인하자.
$\theta_2 = \frac{\pi}{2} - \theta_1$을 만족할 때 입사각 $\theta_1 = \theta_p$를 브루스터 각(Brewster angle)이라고 한다. 브루스터 각이 $\tan\theta_p = \frac{n_2}{n_1}$를 만족하는 것을 보여라.

4. 문제 3에서 공기에서 입사하는 빛이 물이나 유리를 통과할 때 브루스터 각은 얼마인가?

5. 빛은 횡파이다. 진행하는 방향과 직각인 진동 방향은 2가지가 있을 수 있다. 진동 방향이 확인하는 검출기를 편광판이라고 한다. 편광판은 진동 방향을 하나만 통과하게 만들 수 있다. 편광판이 통과하는 빛의 방향이 x인 경우 x-편광판이라 하고, x축과 θ각을 이루게 비스듬한 축의 편광판을 θ-편

광판이라고 하자. z방향으로 진행하는 빛이 x-편광판을 통과하면 진동 방향이 x방향만 남게 된다. 이 빛이 진동하는 진폭을 A라고 하자. 진동에너지는 진폭의 제곱에 비례한다. 이후 θ-편광판을 통과시키면 빛의 진동하는 진폭은 $A\cos\theta$로 바뀐다. 각 θ가 직각이면 $\cos\frac{\pi}{2}=0$이므로 빛은 편광판을 통과하지 못한다.

이제 x-편광판을 통과한 빛이 편광판 2개를 연속 통과하도록 해보자. 첫 번째 편광판은 x축과 θ_1의 각을 이루고, 두 번째 편광판은 첫 번째 편광판과 θ_2의 각을 이룬다. $\theta_1+\theta_2=\frac{\pi}{2}$를 이루는 2개의 편광판을 연속으로 통과한 빛의 진폭은 0이 되지 않는 것을 보여라.

6. CD 홈 간격은 1.6마이크로미터이고, DVD의 홈 간격은 740nm, 블루레이의 홈 간격은 320nm이다. 600nm의 레이저 포인터로 반사시키면 밝은 무늬는 몇 개가 가능할까?

7. (회절격자의 분해능) 회절격자에는 mm당 수천 개의 슬릿이 들어 있다. 간섭무늬를 선명하게 보기 위해서다. 이중슬릿의 경우 슬릿의 간격을 d, 빛이 나가는 각도를 θ라고 하면 경로차는 $d\sin\theta$이다. 이 경로차가 파장의 정수배가 될 때 밝은 무늬가 나타난다. m번째 밝은 무늬는 $d\sin\theta=m\lambda$일 때 나타난다.

그러나 밝은 무늬가 넓기 때문에 이 밝은 무늬를 좁게 만들기 위해서는 N개의 슬릿을 이용한다. 슬릿의 수가 많을수록 이중슬릿 때문에 생기는 밝은 무늬 가까운 곳에 어두운 무늬가 생긴다. 이중슬릿의 밝은 무늬가 θ에 생기면 그 각으로부터 각 $\Delta\theta=\frac{\lambda}{Nd\cos\theta}$ 되는 점이 어두워진다. 따라서 이중슬릿의 무늬는 슬릿의 개수가 많을수록 선명해진다.

파장이 섞인 빛의 경우 파장의 차이가 $\Delta\lambda$라면 파장을 분해할 수 있는 능력을 분해능이라 하고, $R=\frac{\lambda}{\Delta\lambda}$로 정의한다. $d\sin\theta=m\lambda$와 $\Delta\theta=\frac{\lambda}{Nd\cos\theta}$을 사용하여 분해능이 $R=Nm$임을 보여라.

8. 7의 문제를 이용하여 첫 번째 밝은 무늬($m=1$)에서 나트륨의 노란선이 589nm 근방에서 0.6nm의 파장 차이가 있다. 두 색을 구별하려면 회절격자는 슬릿이 몇 개 이상 있어야 하는가?

9. (레일리의 분해능) 천체를 관측하는 망원경은 렌즈를 사용한다. 렌즈를 통과한 빛이 만드는 물체의 상은 회절 때문에 선명도가 떨어진다. 따라서 멀리 있는 별을 관찰하는 망원경의 경우, 두 개의 별이 겹쳐 보이지 않으려면 회절에 의해 생기는 별 하나의 어두운 무늬와 다른 별 하나의 밝은 무늬가 겹치지 않아야 한다. 이 조건에 의하면 지름이 D인 렌즈를 통과하여 맺히는 상의 경우 두 별을 바라보는 최소각은 $1.22\frac{\lambda}{D}$ 이다(1.22는 둥근 렌즈를 나타내는 숫자이다). 이 조건을 레일리의 분해능이라고 한다.

허블 망원경은 지름이 2.4m인 반사망원경이다. 오목거울에 반사하는 빛을 사용해도 렌즈를 사용할 때와 같은 회절무늬가 생긴다. 빛이 550nm 파장을 가진다면 허블 망원경이 분해할 수 있는 두 별의 최소각은 얼마인가?

10. 흑체복사에서 나오는 가장 밝은 빛의 파장과 온도는 $\lambda T = 2.9 \times 10^{-3}$MK 의 관계가 있다. 이를 빈의 법칙이라고 한다. 태양에서 나오는 빛은 500nm 의 파장이 가장 밝다. 빈의 법칙에 따르면 태양 표면의 온도는 얼마인가?

11. 다음 광자의 에너지는 얼마인가? 600nm(가시광선), 0.1nm(X-선), 10cm(마이크로파), 1m(TV파).

〈정답〉

① 5m/1.33=3.8m ② $\sin\theta_c = \frac{1}{1.49}$ 이므로 θ_c=42.4도 ③ $\tan\theta_p = \frac{\sin\theta_p}{\cos\theta_p} = \frac{\sin\theta_1}{\sin(\frac{\pi}{2}-\theta_1)} = \frac{\sin\theta_1}{\sin\theta_2} = \frac{n_2}{n_1}$

④ 물의 브루스터 각은 53도, 유리의 브루스터 각은 56.3도이다. ⑤ 첫 번째 편광판을 통과하면 진폭은 $A\cos\theta_1$이 되고, 이 빛이 다음 편광판을 통과하면 $(A\cos\theta_1)\cdot\cos\theta_2$가 된다. 이 값은 $\theta + \theta_2 = \frac{\pi}{2}$가 되어도 0이 되지 않는다. ⑥ 반사각을 θ라 하고 홈 간격을 D라고 하면, 경로차는 $D\sin\theta$이므로 $D\sin\theta/\lambda$는 CD의 경우 2.7$\sin\theta$, DVD는 1.23$\sin\theta$, 블루레이 디스크는 0.53$\sin\theta$이다. 따라서 CD는 21.7도와 47.8도에 밝은 무늬가 생기고, DVD는 54.4도에 밝은 무늬가 생긴다. 그러나 블루레이 디스크에서는 밝은 무늬를 볼 수 없다. ⑦ 파장이 λ인 빛과 $\lambda + \Delta\lambda$인 빛을 구별하는 문제이다. λ인 빛이 각 θ에서 m번째 밝은 간섭무늬를 만들면 $d\sin\theta = m\lambda$가 된다. 마찬가지로 $\lambda + \Delta\lambda$인 빛이 m번째 밝은 간섭무늬를 만들면 $d\sin(\theta + \Delta\theta) = m(\lambda + \Delta\lambda)$가 된다. 따라서 $d\cdot\Delta\theta\cdot\cos\theta = m\Delta\lambda$를 만족한다. 한편, No의 슬릿이 만드는 어두운 무늬는 $\Delta\theta = \frac{\lambda}{Nd\cos\theta}$에서 생긴다. 분해능력은 간섭무늬의 밝은 무늬와 회절무늬의 어두운 무늬가 겹치기까지가 최대가 되므로, 두 식을 이용하면 $R = \frac{\lambda}{\Delta\lambda} = Nm$이 된다. ⑧ $R = \frac{\lambda}{\Delta\lambda}$=981.7이므로, $R=Nm$을 쓰면 m=1이므로, R은 982개 이상의 슬릿이 회절격자에 들어 있어야 한다. ⑨ 1.22 (550×10^{-9}/2.4)radian=0.001초 ⑩ 5,800K ⑪ 2.05eV, 12300eV, 0.12밀리eV, 1.2마이크로eV

12장

전자는 어떻게 다루어야 하나

전자의 확인

전자는 전하 때문에 이미 그 존재가 간접적으로 알려졌지만 전자의 모습을 직접 볼 수는 없었다. 물질 속에서 전자를 꺼내 그 움직임을 직접 보게 된 것은 1870년대 크룩스 덕분이다.

전자는 질량을 가지고 있지만 뉴턴의 운동방정식으로 다루는 데는 한계가 있었다. 빛이 광자의 특성을 가지고 있듯이 전자는 파동의 특성을 가지고 있기 때문이다. 전자는 어떻게 입자처럼 뉴턴 방정식을 따르면서 다른 한편으로는 파동처럼 보일까? 이 기이한 특성을 이해하는 데는 다양한 사고와 많은 사람의 노력이 필요했다.

무선통신에 사용하는 스마트폰과 반도체를 이용하는 컴퓨터, 기존에 없던 신물질의 생산은 20세기 이후 전자의 특성을 이용한 뛰어난 능력을 가지게 되었기에 가능해졌다.

크룩스관(Crookes tube)은 진공관 튜브의 양단에 전극을 붙인 것이다. −극 (cathode)과 +극(anode) 사이에 높은 전압을 걸면 진공관 튜브 내부에 빛 나는 선이 생긴다. 이 선을 음극선이라고 한다. 자석을 진공관 가까이 가 져가면 음극선이 휘어진다. 이 음극선의 궤적을 분석한 톰슨은 음극선이 당시에는 알려지지 않은 가장 가벼운 입자들의 움직임이라는 것을 알아 냈다.

전자들이 움직이면 전류가 생기고, 자석은 이 전류에 로렌츠 힘을 작용 한다. 현재 알고 있는 전자의 질량은 9.1×10^{-31}kg이고, 전하의 크기는 $e = 1.6 \times 10^{-19}$쿨롱이다.

도체에는 자유전자가 존재한다. 자유전자는 원자 안에 있던 전자들 중 에서 극히 일부분이 떨어져 나온 것이다. 자유전자들은 도체 내부에서 전자 바다를 형성하며, 외부에서 전압을 걸면 전자 바다가 집단으로 움 직인다.

전기 스위치를 켜보자. 스위치를 켜는 순간, 전등에 바로 불이 들어온 다. 전선을 통해 전자가 순식간에 움직이기 때문에 바로 전등에 불이 켜지 는 것일까? 놀랍게도 그렇지 않다. 전자 하나의 평균적인 움직임은 개미보 다 느리다(생각해보기 1 참조). 전기 스위치를 넣을 때 전등에 불이 순식간에 들어오는 것은 전자 하나가 빨리 움직여서 생기는 결과가 아니다. 도체가 만드는 전자 바다가 조금씩 움직여서 만드는 결과다. 스위치를 켜는 순간 정보가 광속으로 전자 바다에 있는 전자들에게 전달된다. 이 정보를 받은 전자 바다는 개미보다 느린 속도로 움직이기 시작한다.

**생각해
보기_1**

구리는 도체다. 밀도는 8.94g/cm³이고, 1cm³ 안에는 8.5×10²⁸의 구리원자가 존재한다. 구리의 원자번호는 29이다. 구리원자는 29개의 전자를 가지고 있다. 이 중에서 원자 가장자리에 있는 전자 하나가 자유전자로 바뀐다. 이를 감안하면 구리전선 안에는 자유전자가 1cm³ 안에 약 8.5×10²²개가 존재한다. 구리에 전압을 걸어주면 자유전자는 얼마나 빨리 움직일까?

**생각해
보기_2**

부도체에는 자유전자가 없다. 전압이 걸려도 전류가 흐르지 못한다. 그러나 외부에서 강한 전압이 걸리면 붙박이 전자라도 원자에서 떨어져 나올 수가 있다. 겨울에 건조할 때 발생하는 정전기나 천둥과 번개는 모두 대기에 있는 붙박이 전하가 떨어져 나오면서 생기는 현상이다.

건조한 대기에서 1cm 떨어진 도체판 사이에 33kV 이상의 전압이 걸리면 방전이 일어난다(한계전장이 33kV/cm이다). 발전소에서 전기를 송전할 때 열 손실을 줄이기 위해 고압으로 송전한다. 그러나 전압을 너무 높이면 전선에서 부터 방전이 일어날 수 있다. 고압으로 송전하려면 어떤 조치를 취하는지 알아보자.

테슬라 코일에서 번개 모양으로 방전되는 모습

(출처: https://en.wikipedia.org/wiki/Wikipedia:Featured_picture_
candidates/Tesla_coil_discharge, © Caroline Tresman)

원자 안에 놓인 전자

희박한 기체를 방전시키면 원소마다 특별한 빛을 낸다. 기체에서 나오는 빛을 회절격자로 분리해보면 스펙트럼은 특별한 파장의 빛으로 구성되어 있다는 것을 알 수 있다. 이 스펙트럼의 파장에는 규칙성이 있다.

발머는 수소원자 스펙트럼의 규칙성을 알아내고 이를 공식으로 만들었다. 발머의 공식에 따르면, 4개의 가시광선의 파장은 $1/\lambda = R(1/2^2 - 1/n^2)$로 주어진다. 여기에서 n=3, 4, 5, 6이고, R=1.097×10^7/m은 뤼드베리 상수(Rydberg constant)라고 한다.

보어는 이 스펙트럼의 규칙성을 태양계 원자 모형으로 설명하고자 했다. 원자의 내부는 텅 비어 있고 원자의 중심에는 +전하를 가진 양성자가 놓여 있다. -전하를 가진 전자는 양성자를 중심으로 공전한다. 전자와 양성자 사이에는 전기력(쿨롱 힘)이 인력으로 작용한다. 전기력이 구심력이

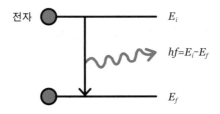

E_i

$hf=E_i-E_f$

E_f

원자 스펙트럼은 전자의 에너지 차이로 생긴다.

되어 전자는 원운동을 한다. 인공위성이 지상의 궤도에 놓이듯 전자는 원자궤도에 놓인다. 전자가 높은 궤도에서 낮은 궤도로 떨어진다면 전자가 가지고 있던 에너지는 빛으로 방출될 것이다. 이 빛이 기체의 스펙트럼이된다.

보어가 생각해낸 아이디어에는 치명적인 문제점이 있었다. 인공위성의 경우에는 위성을 충분한 추진력으로 올리면 원하는 상공의 궤도에 올릴 수 있다. 적절한 위치에너지와 운동에너지를 가지고 있다면 인공위성은 안정된 궤도를 선회한다. 그러나 전자는 그렇지 않다. 전자는 전하를 가지고 있기 때문에 원운동을 하게 되면 자신이 가지고 있던 에너지를 전자파로 모두 발산하게 된다. 결국 전자는 에너지를 잃게 되고, 추락할 수밖에 없다.

보어는 이 문제를 해결하기 위해 전자가 안정된 궤도에서 공전하기 위한 새로운 조건을 찾아냈다. 그가 찾아낸 조건은 전자가 놓인 궤도의 각운동량 L이 플랑크 상수의 정수배가 되어야 한다는 것이었다. 이 조건을 보어의 양자화 조건(quantization condition)이라고 한다.

$$\boxed{\text{보어의 양자화 조건} : \ L = n\frac{h}{2\pi} , \ n = 1,2,3, \cdots .}$$

원자궤도는 양자화 조건이 맞을 때에만 안정된 상태로 존재한다. 보어는 수소원자의 경우 각 궤도의 반지름이 $r = n^2 a_B$로 주어진다는 것을 알아냈다. 여기에서 n은 양의 정수이다. a_B는 보어 반지름으로 0.053nm에 해당한다. 안정된 궤도에 전자가 놓이면 전자는 특별한 에너지를 가진다.

n번째 궤도에 놓인 전자가 가지는 에너지는 −13.6/eV이다. 에너지 값이 −(음수)를 가지는 이유는 전자가 원자에서 떨어져 나갈 때(이온이 되는 상태)의 에너지를 0으로 잡았기 때문이다.

$$\boxed{\text{수소원자의 에너지} = -\frac{13.6}{n^2} \text{ev}}$$

전자가 한 궤도에서 다른 궤도로 떨어지면 빛(광자)을 내놓는다. 이 광자는 전자의 에너지를 가지고 나온다. 이 에너지는 진동수에 비례한다 ($\Delta E = hf$).

전자가 $n \rangle 2$인 궤도에서 $n = 2$ 궤도로 떨어진다면 에너지의 차이($\Delta E = E_n - E_2$)는 $13.6 \times (1/2^2 - 1/n^2)$eV가 된다. 광자의 진동수와 파장은 $\Delta E = hf = hc/\lambda$으로 결정되며, 수소원자 스펙트럼에 나오는 4개의 가시광선에 해당한다.

생각해
보기_3

수소원자 스펙트럼의 파장은 발머시리즈 $1/\lambda=R(1/2^2-1/n^2)$로 주어진다. $R=1.097\times10^7/m$은 뤼드베리 상수다. $n=3, 4, 5, 6$일 때의 파장을 구하고 이 파장은 가시광선에 해당하는 것을 확인하자. $n=7$ 이상이면 어떤 전자파에 해당하는가?

생각해
보기_4

보어가 생각한 수소원자의 에너지를 두 가지 조건을 이용하여 구해보자.

(1) 전자가 공전하려면 구심력이 있어야 한다. 이 구심력은 쿨롱 힘이 제공한다.
$$\frac{1}{4\pi\epsilon_0}\frac{e^2}{r^2}=\frac{mv^2}{r}$$

(2) 보어의 양자화 조건에 따라야 한다. $L=mvr=n\frac{h}{2\pi}$ ($n=1, 2, 3\cdots$). 이 두 조건을 풀면 궤도 반지름 r은 n^2a_B, 원운동의 속력 $v=\frac{1}{n}\frac{e^2}{2\epsilon_0 h}$ 임을 보이자. a_B는 보어 반지름이라는 양이며, $a_B=\epsilon_0\frac{h^2}{\pi me^2}$, 수소원자의 값은 $a_B=0.053nm$이다. 위치에너지와 운동에너지를 합하면 역학에너지는 $-\frac{1}{n^2}\frac{me^4}{8h^2\epsilon_0^2}$임을 보이자. 수소원자의 경우 이 값은 $-\frac{13.6}{n^2}$ eV이다.

물질파와 원자궤도

보어는 원자 모형으로 수소원자의 스펙트럼을
설명할 수 있었지만, 뉴턴의 운동법칙만으로는 설명이 되지 않는 이유를
알 수 없었다. 각운동량이 특정한 값만을 가져야 할 이유가 어디에 있는
가? 이 의문에 대한 해결의 실마리는 드브로이가 제공했다.

1920년대 초기까지만 해도 전자는 입자로 취급되었다. 톰슨과 밀리
컨, 그리고 보어 모두 그렇게 생각했다. 그런데 드브로이는 1924년 박사
학위 논문에서 전자가 파장을 가진다고 주장했다. 그가 이런 주장을 하게
된 것은 당시 플랑크와 아인슈타인의 광자 이론에 크게 영향을 받았기 때
문이다. 빛이 입자로 보인다면 전자도 파동으로 볼 수 있지 않을까? 이런
생각을 근거로 드브로이는 전자에 물질파 개념을 도입했다.

빛의 파장을 광자의 운동량으로 고쳐보면, 파장은 운동량에 반비례하
며 그 비례상수는 플랑크 상수가 된다. 드브로이는 이 관계식을 전자에

적용했다. 전자의 파장은 운동량에 반비례한다. 드브로이는 $p=h/\lambda$의 관계가 있다고 주장했다. p는 전자의 운동량을, λ는 전자의 파장을 뜻하고, h는 플랑크 상수다.

드브로이 물질파 파장 : $p = \dfrac{h}{\lambda}$

당시에는 드브로이의 주장이 엉뚱하게 보였지만 이 주장을 뒷받침하는 실험 결과가 1927년 나오게 된다. 전자가 물질파라면 간섭현상을 볼 수 있어야 한다.

데이비슨과 겔머는 니켈 금속의 표면에서 전자선을 반사시켜 간섭무늬를 관찰했다. 전자선이 반사될 때 보이는 실험 결과는 같은 파장을 가진 X선의 실험 결과와 정확히 일치했다. 전자는 드브로이가 예상한 것처럼 물질파의 파장을 가지고 있다는 것이 확실해졌다.

전자가 물질파라는 특성을 사용하면 보어의 양자화 조건이 뜻하는 바가 명확해진다. 각운동량 $L=mvr$을 운동량 $p=mv$와 반지름 r로 표시하자. $mvr=pr$. 운동량을 드브로이의 파장으로 고쳐 쓰면 $p=h/\lambda$가 되고, 보어의 양자화 조건은 $mvr=nh/(2\pi)$가 된다. 따라서 $2\pi r=n\lambda$이라는 결론에 도달한다.

즉, 원자 안에 존재하는 전자는 드브로이 파장이 원자궤도(원둘레)의 정수배가 되어야 한다. 마치 현의 진동처럼 전자는 원자 안에서 정상파로 존재한다.

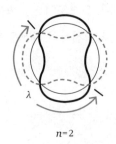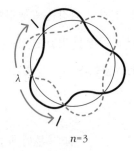

$n=2$ $n=3$

물질파는 원궤도의 둘레가 파장의 정수배이다.

보어의 원자 모형과 드브로이의 물질파는 원자를 새롭게 다룰 수 있는 돌파구를 마련했다. 이를 이용하여 슈뢰딩거는 전자에 만족하는 운동방정식을 찾아냈다. 전자는 뉴턴 운동방정식을 따르는 것이 아니라 물질파로서 파동방정식을 따른다. 슈뢰딩거 방정식은 이후 원자와 분자를 이해하고, 화학적 성질을 규명하는 데 중요한 역할을 한다.

생각해
보기_5 1keV의 전자, 1keV의 광자, 1keV의 중성자의 드브로이 파장을 구해보자.

생각해
보기_6 형광물질 인(Phosphorus)은 빛을 흡수한 후 더 긴 파장의 빛을 낸다. 어떻게 이런 일이 가능한지 설명해보자.

전자의 간섭무늬와 불확정성 원리

전자는 물질파이다. 한편, 전자는 입자로도 행세한다. 전자가 간섭무늬를 보인다는 것은 무엇을 뜻하는 것일까? 전자들이 만드는 간섭무늬를 만드는 원리는 광자가 간섭무늬를 만드는 원리와 비슷하다. 전자 하나는 형광 스크린의 어떤 곳에 점이 찍힐지 확실하지 않지만 많은 전자가 만든 자국이 모이면 간섭무늬 패턴이 된다.

하이젠베르크는 전자의 이상한 성질을 불확정성 원리로 표현했다. "전자의 위치를 정밀하게 측정하고자 할수록 전자의 운동량에 대한 불확실성이 커진다. 반대로 전자의 운동량을 정밀하게 측정할수록 전자의 위치에 대한 불확실성이 커진다." 이것을 수식으로 표현하면 다음과 같다[1]. $\Delta p \Delta x \geq h$. 이를 불확정성 원리(uncertainty principle)라고 한다.

---

1 좀 더 정밀한 수식은 $\Delta p \Delta x \geq h/(4\pi)$이다.

전자의 위치를 정밀하게 측정한다는 것은 전자를 입자로 보겠다는 뜻이다. 이 경우에는 전자의 운동량을 정밀하게 알 수 없다. 운동량을 정밀하게 알지 못한다는 것은 드브로이가 말한 물질파의 파장을 정밀하게 알 수 없다는 것을 뜻한다. 이에 비해 운동량을 정밀하게 잰다는 것은 드브로이 파장을 정밀하게 찾는다는 뜻이다. 전자는 물질파로 보이지만, 대신 전자의 위치는 모호해진다. 이처럼 입자와 파동의 이중성을 가진 입자들을 양자(quantum)라고 한다.

미시세계에 존재하는 모든 입자들은 불확정성 원리를 따른다. 원자와 분자, 핵, 소립자 등은 모두 불확정성 원리를 따르는 양자이다. 불확정성 원리는 고전입자와 원자세계의 입자를 구분하는 근본적인 원리다. 다만 전자를 물질파로 취급하는 방식을 따를 것인지, 아니면 입자로 해석하는 방식을 따를 것인지는 무엇을 관찰하려는가에 달려 있다. 관찰하는 방식에 따라 전자가 보여주는 특성이 다르기 때문이다.

전자의 스핀과 동일입자

전자의 특성은 전하와 질량, 그리고 스핀으로 표현된다. 스핀(spin)은 자석과 반응하는 아주 작은 자석에 해당하는 양이고, 영구자석을 만드는 요소이다. 전자의 스핀은 두 가지 상태가 가능하고, 보통 up과 down으로 표현한다.

스핀은 자성을 만드는 속성을 가졌을 뿐 아니라 원자의 화학적 성질을 나타내는 주기율표를 설명하는 데 중요한 역할을 한다. 원자의 궤도에 전자가 들어갈 때 스핀 상태가 같은 전자는 들어갈 수 없기 때문이다. 이를 파울리의 배타원리(Pauli exclusion principle)라고 한다.

전자가 원자의 궤도에 들어갈 수 있는 최대 개수는 2개다. 수소는 전자를 1개 가지고 있기 때문에 가장 낮은 궤도에 전자가 1개 들어간다. 원자의 다음 궤도로 들어가려면 상당한 에너지가 필요하다. 수소의 경우 가장 낮은 궤도에 들어가면 −13.6eV의 에너지를 가지지만 다음 높은 궤도에 들어가면 −3.4eV의 에너지를 가진다. 두 궤도의 에너지 차이 10.2eV는 화학반응을 통해 전자가 얻는 에너지로는 어림도 없다. 보통 화학반응으로 얻는 에너지는 1eV가 되지 않기 때문이다.

헬륨은 2개의 전자가 있다. 가장 낮은 궤도에 전자 2개까지 들어갈 수 있다. 따라서 가장 낮은 궤도에 전자 1개가 들어가고 다음 궤도에 들어가게 되면 에너지 차이는 수십 eV가 된다. 하지만 가장 낮은 궤도에 전자 2개가 들어가면 화학적으로 매우 안정된 상태가 된다. 헬륨이 화학반응을 일으키지 않는 불활성기체가 되는 이유이다.

가장 낮은 궤도 다음으로 에너지가 높은 궤도에는 4개의 비슷한 궤도가 존재한다. 따라서 전자는 최대 8개까지 더 들어갈 수 있다. 총 10개의 전자를 가진 원자는 네온이다. 네온 역시 불활성기체이다. 헬륨, 네온, 아르곤 등이 화학적으로 안정된 불활성기체가 되는 이유는 바로 스핀이 존재하기 때문이다.

전자가 고전입자와 크게 다른 또 하나의 요소는 전자 두 개를 전혀 구별할 수 없다는 점이다. 고전입자는 이름을 붙여 구별할 수 있지만 전자는 이름을 붙여 구별할 수 없다. 전자가 2개가 모여 있을 때나 8개가 모여 있을 때나 전자들은 전혀 구별이 안 된다. 전자들을 구별할 수 있는 방법은 애초에 없다. 이처럼 원자에 존재하는 양자들은 서로 구별이 되지 않기 때문에 동일입자(identical particle)라고 한다.

동일입자에는 페르미온(fermion)과 보손(boson)의 두 가지가 존재한다. 전자는 페르미온에 속하고 배타원리를 만족한다. 양성자나 중성자 역시 페르미온이다. 이와 달리 광자는 보손이다. 보손은 동일입자이지만 페르미온과는 전혀 성질이 다르다. 보손은 배타원리를 만족하지 않기 때문이다.

보손은 페르미온과 달리 같은 상태에 입자들이 많이 모이려는 성질이 강하다. 따라서 보손은 같은 상태의 입자가 여러 개 모일 수 있다. 레이저는 보손이라는 광자 특성을 이용하여 만들어졌다.

생각해 보기_7
원자 모형에 따르면 각 궤도에는 $2n^2$개의 전자가 들어간다. n은 양의 정수이다. 불활성기체의 원자번호는 헬륨(2), 네온(10), 아르곤(18), 크립톤(36), 크세논(54), 라돈(86)이다. 각 궤도에 들어가는 불활성기체의 전자 수를 비교해 보자.

생각해 보기_8 *
온도가 T일 때 입자가 에너지 ϵ를 가질 확률은 볼츠만 지수 $e^{-\epsilon/k_BT}$에 비례한다. k_B는 볼츠만 상수다(10장 4절 참조). 고전입자의 특성을 나타내기 때문에 고전통계라고 한다. 한편, 전자는 고전입자와 달리 입자 2개 사이에 배타원리가 작용한다. 따라서 에너지 ϵ를 가질 확률은 볼츠만 지수와 다르다. 에너지 ϵ를 가질 전자의 평균 개수는 스핀 상태를 고려하면 $2\langle n \rangle$이다. $\langle n \rangle$은 $\frac{1}{e^{\epsilon\mu/k_BT}+1}$에 비례한다. 이를 페르미-디랙 분포(Fermi-Dirac distribution)라고 한다. μ는 페르미 에너지라고 한다. $\langle n \rangle$을 에너지의 함수로 그려보고, 이 값은 0과 1 사이에 있음을 확인하자. 온도가 0으로 갈수록 페르미-디랙 분포 값은 0 아니면 1이 된다. 이것은 무엇을 의미하는 것일까?

알아두면 좋은 공식

❶ 보어의 양자화 조건 : 각운동량 $= n\frac{h}{2\pi}$, n=1, 2, 3, ⋯.

❷ 수소원자의 에너지 $= -\frac{13.6}{n^2}$ ev

❸ 드브로이 물질파 파장 : $p = \frac{h}{\lambda}$

생각해보기_1

전선에 1A의 전류를 흘려 보내면 1초에 1쿨롱의 전하가 도선을 통과한다. 전자 하나의 전하량이 1.6×10^{-19}쿨롱이므로 1쿨롱의 전하를 모으려면 6.25×10^{18}개의 전자를 모아야 한다. 1초 동안에 1쿨롱의 전하가 이동한다는 것은 6.25×10^{18}개의 전자가 이동한다는 것을 뜻한다. 1A의 전류를 만들려면 전자는 얼마나 빠른 속도로 이동해야 할까? 전자들이 이동하는 평균속도를 v라고 하자. Δt 동안 움직이는 거리는 $\Delta l = v \Delta t$이다.

따라서 Δt 동안 움직인 전자의 수는 도선에 있는 자유전자의 선밀도를 이 거리로 곱한 양이다. 자유전자는 1cm³ 안에 약 8.5×10^{22}개가 존재한다. 따라서 자유전자의 부피밀도는 $\rho = 8.5 \times 10^{22}$개/cm³ $= 8.5 \times 10^{28}$/cm³이다. 자유전자의 선밀도를 구하려면 이 값에 도선의 단면적 A를 곱해야 한다. 따라서 자유전자가 도선의 단면을 통과하는 수는 선밀도×길이에 해당한다. $\Delta N = (\rho A)(v \Delta t)$.

단면적이 $1(mm)^2 = 10^{-6}m^2$인 전선을 따라 1초 동안 자유전자가 6.25×10^{18}개 움직일 때 자유전자가 이동하는 속력 $v = (6.25 \times 10^{18}$개$)/(8.5 \times 10^{28}$개/cm³ $\times 10^{-6}m^2) = 0.00007$m/s이다. 전자의 속력은 7×10^{-5}m/s로 아주 느리다는 것을 알 수 있다.

생각해보기_3

발머 시리즈 : $n=3$이면 654nm(붉은색), $n=4$이면 485nm, $n=5$이면 433nm, $n=6$이면 409nm(보라색)이다. $n=7$이면 파장은 397nm으로 자외선에 해당한다. $n \geq 7$이면 대개 파장은 365nm보다 짧다. 따라서 모든 전자파는 자외선이다.

생각해보기_5

1keV전자의 질량 $= 9.1 \times 10^{-31}$kg(파장$=h/p$) :
운동량$=\sqrt{2m(KE)} = 1.7 \times 10^{-23}$kg m/s.
파장$= 0.04$nm.
1keV 광자의 경우(파장$=hc/E$) : 파장$=1.2$nm.

1keV 중성자의 질량 1.67×10^{-27}kg(파장$=h/p$) :
운동량$=\sqrt{2m(KE)} = 7.3 \times 10^{-22}$kg m/s.
파장$=0.9$pm.

생각해보기_7

헬륨(2) : 궤도 $n=1$에 2개가 들어간다.
네온(10) : 궤도 $n=1$에 2개, $n=2$에 8개가 들어간다.
아르곤(18) : 궤도 $n=1$에 2개, $n=2$에 8개, 그리고 $n=3$에 8개만이 들어간다. $n=3$에 해당하는 일부 궤도는 에너지가 크게 다르다.
크립톤(36) : 궤도 $n=1$에 2개, $n=2$에 8개, 그리고 $n=3$에 18개, $n=4$에 8개만이 들어간다.
크세논(54) : 궤도 $n=1$에 2개, $n=2$에 8개, 그리고 $n=3$에 18개, $n=4$에 18개, $n=5$에 8개가 들어간다.
라돈(86) : 궤도 $n=1$에 2개, $n=2$에 8개, 그리고 $n=3$에 18개, $n=4$에 32개, $n=5$에 18개, $n=6$에 8개가 들어간다.

원자번호가 클수록 바깥껍질의 궤도에 전자가 가득 채워지지 않는 이유는 전자들 사이에 작용하는 상호작용이 중요해지면서 보어의 원자 모형으로 찾아낸 에너지 값에 변형이 생기기 때문이다.

생각해보기_8 *

페르미 에너지보다 작은 에너지에 해당되는 상태에는 전자가 들어가고, 페르미 에너지보다 큰 에너지를 가지는 상태에는 전자가 들어갈 수 없다. 즉, 전자는 페르미 에너지보다 낮은 상태까지 가득 찬다.

| 확인하기 |

1. 수소원자 스펙트럼의 파장은 $1/\lambda = R(1/m^2 - 1/n^2)$로 주어진다. $R = 1.097 \times 10^7 /m$은 뤼드베리 상수다. $m=2$는 발머(Balmer) 시리즈다. $m=1$(라이만Lyman 시리즈)과 $m=3$(파첸Paschen 시리즈)는 적외선, 가시광선, 자외선, X선 등의 어떤 영역에 속하는가?

2. 전자현미경에서 0.01nm 파장의 전자를 사용하고자 한다. 이 전자가 가져야 할 운동량은 얼마인가? 전자의 속력은 얼마인가? 전자에 걸어주어야 할 전압은 얼마인가?

3. 태양 표면의 온도는 6,000K이다. 수소원자가 바닥상태($n=1$)에 있을 확률과 $n=2$ 상태에 있을 확률을 비교해보라. 볼츠만 상수는 $k_B = 8.6 \times 10^5 eV/K$이다.

4. 수소원자에 열을 공급하여 $n=1$인 상태에서 $n=2$인 상태로 올리려고 한다. 온도가 얼마가 되어야 하는가?

〈정답〉

① 라이만 시리즈의 파장은 91nm와 121nm 사이에 있다. 자외선(10nm와 400nm 사이)이다. 파첸 시리즈의 파장은 820nm와 1,875nm 사이에 있다. 적외선(700nm와 1mm 사이)이다. ② 파장이 0.01nm인 전자의 운동량$=h/\lambda=6.6\times10^{-23}$kg m/s, 속력$=p/m=7.25\times10^7$m/s. 에너지$=2.39\times10^{-15}$J=15,000eV, 걸어주어야 할 전압은 15kV이다. ③ ($n=1$에 있을 확률)/($n=2$에 있을 확률)$=2.6\times10^{-9}$이다. 이는 대부분의 수소가 $n=1$ 상태에 있다는 것을 나타낸다. ④ 필요한 에너지 $=10.2$eV. 열에너지는 $\frac{3}{2}k_BT$이므로 $T=(10.2eV)\frac{2}{3k_B}=79,000$K이다.

13장

마치면서

질량에너지가 알려주는 우주

불확정성 원리는 원자나 원자핵에 대한 새로운 방향을 제시한다. 특히 미시세계로 들어갈수록 입자가 존재하는 공간이 작아지며 이에 따라 운동량이 커진다. 그 결과 원자핵에 있는 입자는 거의 광속으로 움직인다. 물체가 광속으로 움직이게 되면 뉴턴이나 슈뢰딩거가 고안해낸 방정식으로는 그 물체를 다룰 수가 없다.

이를 극복할 수 있는 방법은 아인슈타인이 제공했다. 그는 특수상대론이라는 새로운 패러다임을 도입하였고, 광속으로 움직이는 물체를 다룰 수 있는 길을 열었다.[1] 그 과정에서 전혀 새로운 세계가 펼쳐진다. 우리가 평소에 잘 안다고 여기던 시간과 길이에 대한 개념이 아주 다르게 나타난다. 시간은 움직이는 관찰자에 따라 달라지고, 어떤 강체라도 움직이면

---

1 『교양으로 읽는 물리학 강의』 10장 참조(2015, 도서출판 지성사).

길이가 변한다.

더욱 중요한 것은 기존에 생각할 수 없었던 새로운 에너지가 등장한다는 점이다. 특수상대론에 따르면 질량은 mc^2이라는 에너지로 해석해야 한다. 질량으로 환산되는 에너지를 질량에너지(mass energy)라고 한다. 전자의 질량은 0.5MeV에 해당한다.[2]

$$\text{질량에너지} : E = mc^2$$

핵은 양성자와 중성자로 이루어져 있다. 양성자가 가지는 질량에너지는 938.27MeV이다. 중성자의 질량에너지는 939.57MeV이다. 중성자는 전기적으로 중성이지만 원자 밖으로 나오면 곧바로(22분 만에) 양성자로 바뀌면서 전자가 튀어나온다. 이 과정을 베타 붕괴(beta decay)라고 한다.

베타 붕괴가 가능한 이유는 중성자의 질량에너지(939.57MeV)가 양성자와 전자의 질량에너지의 합(938.77MeV)보다 크기 때문이다. 질량에너지의 차는 800keV이고, 이 에너지의 일부는 전자의 운동에너지로 바뀔 수 있다. 따라서 전자는 보통 수백 keV의 운동에너지를 가지고 나온다. 이 에너지는 화학반응에서 나오는 에너지와 비교하면 수십만 배에 이른다. 강력한 에너지를 가진 전자는 화학반응을 일으키는 외곽 전자뿐 아니라 분자 속 깊숙이 존재하던 전자를 쳐내기 때문에 세포가 파괴되는 결과를 가져온다.

---

2 1MeV=10^6 eV=1.6×10^{-13} J

핵이 붕괴할 때 나오는 방사능은 여러 가지가 있으며 이것들은 모두 강력한 에너지로 움직이기 때문에 생명과 안전에 위협이 된다.

읽어 보기_1 태양이 핵융합(nuclear fusion)을 이용하여 내는 열을 알아보자.

태양의 핵융합은 태양의 가장 중심부에서 일어난다. 핵융합은 양성자 4개가 헬륨 핵 1개로 바뀌는 현상이다. 양성자의 질량에너지는 938.27MeV이므로 양성자 4개의 질량에너지는 938.27MeV×4=3753.08MeV이다. 한편, 헬륨 핵의 질량에너지는 3727.38MeV이므로 핵융합 전과 후의 질량에너지 차이는 3753.08MeV-3727.38MeV=25.7MeV이다.

그런데 헬륨 핵 1개는 양성자 2개와 중성자 2개로 이루어져 있으므로 핵융합 과정에서 2개의 양성자가 중성자로 바뀐 셈이다. 전하는 물질이 바뀌더라도 그 크기는 바뀌지 않기 때문이다. 양성자는 전하를 가지고 있으므로 중성자로 바뀔 때 양전하를 가진 물질이 나와야 한다. 이때 나오는 물질이 양전자(positron)다. 양전자는 전자의 반입자다. 반입자(anti-particle)란 모든 성질이 입자와 같지만 전하의 부호는 반대인 입자를 말한다. 양전자는 전자를 만나면 빛(감마선)으로 바뀐다.

양전자를 만들어내는 데 필요한 에너지는 질량에너지 차(25.7MeV)에서 공급받는다. 따라서 핵융합이 한 번 일어날 때마다 생길 수 있는 최대 운동에너지는 25.7MeV-(2×0.51MeV)=24.7MeV이다. 이 에너지의 일부는 핵융합 과정에서 나오는 뉴트리노와 다른 감마선이 가져가기도 한다. 현재 태양에서는 $3.8×10^{26}$W의 파워가 나오는데 이 정도의 열(운동에너지)을 내려면 1초에 적어도 약 $9.2×10^{37}$번의 핵융합이 태양 내부에서 일어나야 한다. 이것은 매초 6억 2천만 톤의 수소를 사용하여 6억 6백만 톤의 헬륨을 만드는 것과 같다.

갈릴레오와 뉴턴, 맥스웰과 헤르츠, 플랑크와 아인슈타인, 보어와 슈뢰딩거 등 많은 물리학자들은 하늘과 땅에 있는 사물의 움직임을 이해할 수 있는 원리와 방법을 제시했다. 이들의 아이디어는 과학 발전에 중요한 밑

바탕이 되었으며, 그 뒤를 이어 현대의 많은 학자들이 우주와 물질을 연구하고 있다. 중력을 이용하여 천체와 우주를 이해하고, 전자기력과 양자역학을 이용하여 물질을 다루고 있다.

지구에서 일어나는 현상은 우주 곳곳에서 일어나는 현상과 크게 다르지 않다. 그럼에도 지구는 태양과 많이 다르다. 지구에서 발견되는 가장 많은 원소는 철이다. 질량의 비율로 보면 철이 32%, 산소가 30%, 실리콘이 21%이다. 그러나 태양에는 이러한 원소가 거의 없다. 태양에는 수소(75%)가 가장 많고, 다음으로 헬륨(24%)이다. 은하와 성간에서 발견되는 물질 역시 태양과 크게 다르지 않다. 우주를 구성하는 가장 중요한 물질은 수소다. 그렇다면 지구는 아주 특별한 별인가? 지구에서 발견되는 원소는 어떻게 만들어지는가? 그 답은 별의 일생과 밀접한 관계가 있다.

태양은 핵융합이라는 과정을 통해 빛을 낸다. 핵융합이란 수소 핵이 가지고 있는 질량에너지를 운동에너지로 바꾸는 과정이다. 태양은 강력한 중력을 이용하여 중심부에서 핵융합을 수행한다. 그 결과 태양은 45억 년 동안이나 빛을 내고 있으며, 아직도 50억 년은 더 빛을 낼 수 있다. 우주에서 태양은 특별한 별이 아니다. 태양처럼 빛을 내는 많은 별들은 성간물질을 이루고 있는 수소가 뭉쳐지면서 만들어진다. 그리고 태양 정도의 질량이 될 때 비로소 별이 탄생한다. 별의 중심부에 핵융합을 할 수 있는 조건이 만들어지기 때문이다. 결국 우주의 역동성은 질량과 중력이 에너지를 제공하고 있기 때문에 가능하다.

별도 나이를 먹으면 늙는다. 중심부에 있는 수소가 소진되면 핵융합이 멈추기 때문이다. 그러나 별의 일생은 여기서 멈추지 않는다. 핵융합이 멈추면 별은 중력으로 중심부가 함몰되면서 중력이 작용하여 내부는 더 큰 압력을 받게 된다. 그 결과 내부가 가열되면서 온도가 충분히 높아지면 중심부의 외곽에 있던 더 많은 수소들이 핵융합을 시작하고, 이전보다 더 많은 열이 나온다. 밝기는 1,000배 이상 증가하지만 엄청난 열 때문에 별이 부풀어 오르면서 표면 온도는 오히려 떨어진다.

대략 5,000K 정도의 붉은색을 띠므로 이러한 별을 적색거성(red giant)이라고 한다. 적색거성의 중심부가 더욱 뜨거워져 1억K 이상까지 올라가면 중심부에 있던 헬륨들도 핵융합을 시작한다. 헬륨의 핵융합이 일어나면 내부에서 만들어내는 엄청난 열 때문에 적색거성은 수백만 년이 채 못 되어 별의 외곽 부분이 떨어져 나간다. 이를 행성성운이라고 한다.

행성성운의 중심부에서는 큰 에너지를 가진 자외선들이 쏟아져 나오고, 이 자외선은 원자 안에 들어 있는 전자들을 원자 밖으로 떼어낸다. 원자에서 쫓겨난 전자들은 별 전체에 포진하여 거대한 전자 바다를 만든다. 연료가 소진되면 핵융합이 멈추고 별은 식는다. 별의 크기를 받쳐주던 열이 사라짐에 따라 별의 외곽에 있던 질량들이 중력을 이기지 못하고 중심부로 밀려간다. 이때 중심부는 철과 같은 물질로 가득 채워진다.

바다를 이루고 있던 전자들은 파울리의 배타율이 적용되는 부피의 한계에 도달하고, 별은 지구 정도의 크기에서 붕괴가 멈춘다. 이 별을 백색왜성(white dwarf star)이라고 한다.[3] 백색왜성은 핵융합을 하지 못하므로 빛을 내지 못하고 침침한 별로 남는다. 그러나 별의 크기가 작아지면서 밀도는

---

3 별이 더 이상 작아지지 않는 이유는 전자 바다가 있기 때문이다. 전자 바다를 이루는 전자가 수축당하지 않으려는 성질(배타원리) 때문에 강력한 '양자' 압력을 만들어내기 때문이다. 전자 바다의 성질은 금속도체에서도 나타난다. 금속이 비금속보다 단단한 것은 바로 전자 바다를 이루고 있는 전자들의 양자효과 때문이다. 금속 안에 있는 자유전자는 전자 바다를 이루면 단단해진다.

높아져 지구에 비해 백만 배나 응축된다.

백색왜성의 운명은 여기에서 끝나지 않을 수도 있다. 백색왜성이 외부의 별이나 성간물질을 끌어들여 태양의 1.4배(찬드라세카르 한계) 정도 되는 질량을 가진 별들로 바뀌면 새로운 일이 벌어진다. 질량이 커지면 중력도 커지고, 이 때문에 균형이 깨져 백색왜성보다 더 작은 크기의 별로 붕괴할 수 있다. 별들의 크기가 아주 작아지면 중력의 도움으로 베타 붕괴와는 정반대의 반응이 일어난다. 양성자와 전자는 더 이상 따로 존재하지 못하고 이들이 합해져 중성자로 바뀐다. 그 결과 중성자만으로 이루어진 중성자별(neutron star)이 만들어진다. 별의 질량이 태양 질량의 2~3배(최소 1.6배 정도) 이상으로 커지면 별은 중심점을 향해 완전히 붕괴한다. 이 별의 종착점은 블랙홀(black hole)이다.

별이 붕괴하는 과정에서 철이 중성자들을 흡수하면 우라늄과 같은 무거운 원소들이 다량으로 만들어진다. 이후 별이 폭발하여 초신성(supernova)이 되면 태양이 100억 년 동안 방출할 빛 에너지를 한꺼번에 쏟아내면서 그동안 별이 생산했던 원소를 우주 공간으로 퍼뜨린다. 이 원소들은 우주로 퍼져나가 다시 태어나는 별에 흡수되거나 우주의 성간물질로 남게 된다. 지구에 존재하는 대부분의 원소는 초신성이 폭발할 때 우주로 퍼져나간 물질들이 모여 생긴 것이다.

지구 표면에서 일어나는 대부분의 변화는 화학반응으로 생긴다. 화학반응은 원소를 바꾸지 않는다. 그러나 지구 내부는 다르다. 무거운 원소가 가벼운 원소로 바뀌는 핵붕괴가 일어난다. 우라늄과 토륨은 오랜 시간에 걸쳐 가벼운 원소로 바뀌면서 열을 내고 있다. 우라늄의 절반이 다른 원소로 바뀌는 데 걸리는 시간은 지구 나이와 비슷하다. 토륨의 경우는 그보다 더 길다. 지구 내부에 존재하는 열은 우라늄과 토륨이 핵붕괴 과정에서 내는 열 때문에 생긴 것이다. 지각변동으로 생기는 열은 지구 전체 열의 20%도 되지 않는다. 지구가 처음 만들어졌을 때는 우라늄과 토륨이 더 많았을 것이므로 지구 초기에는 지구 내부가 훨씬 더 뜨거웠을 것이라고 짐작할 수 있다.

우리가 모든 수단을 동원해 관찰한 결과에 따르면, 우주 공간 전체에 존재하는 물질은 대부분 수소와 헬륨이다. 그런데 이 물질들을 전부 합해도 전 우주에 존재해야 할 에너지의 5%를 넘지 못하는 것으로 추정된다. 전자파로 관찰할 수 없는 물질을 암흑물질(dark matter)이라고 하는데, 암흑물질은 전자파로 관찰되는 물질보다 4~5배 더 많다. 암흑물질이 은하 주변에 많다는 것은 은하의 움직임을 통해서 확인된다. 그러나 암흑물질이 무엇인지는 아직 알려져 있지 않다. 수소와 헬륨, 암흑물질 등은 우주를 구성하는 물질에 해당된다.

한편, 우주에는 암흑에너지(dark energy)라는 새로운 에너지도 존재한다. 암흑에너지는 물질과는 성격이 전혀 다르다. 암흑에너지는 우주 전체를

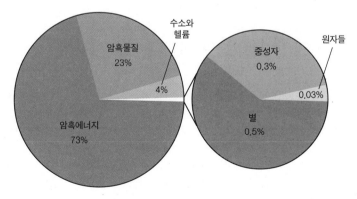

(출처: https://en.wikipedia.org/wiki/Big_Bang 참조)

관찰할 때에 보이는 에너지다. 암흑에너지는 우주 전체가 팽창하는 속도를 가속시키는 척력의 역할을 하고 있다.

물리학은 인간의 이성과 합리적인 생각을 바탕으로 이루어진 수학적 방법과 실험적 도구가 성공적임을 확인해주고 있다. 그럼에도 우주가 가지고 있는 물질과 에너지, 그리고 우주의 역사를 생각하면 우주 초기에서부터 우주의 미래까지를 이해할 수 있는 적절한 물리학적 사고와 방법이 충분하지 않다는 것을 짐작할 수 있다. 인류가 최근 수백 년 동안 괄목할 만한 지식의 진보를 이루었지만 아직도 우주를 이해하기에는 부족한 면이 너무 많다. 우주를 제대로 이해하기 위해서는 새로운 돌파구가 절실히 필요한 시점이다.

생각해보기_1 핵 하나가 똑같은 질량을 가진 핵 2개로 나뉜다. 나뉘기 전의 핵은 질량이 Mc^2이고, 나뉜 핵의 질량은 $0.4Mc^2$이다. 따라서 질량을 제외하면 $0.2Mc^2$이 남는다. $0.2Mc^2$의 에너지는 어떤 에너지로 바뀌는 것일까? 우라늄(235)은 양성자의 수가 92이고 중성자의 수는 235-92=143개이다. 우라늄(235)은 중성자 하나를 흡수하면 핵분열을 한다. 그 결과 바륨(143), 크립톤(90), 그리고 중성자 3개가 나온다. 각 원소의 질량에너지를 찾아보고 핵분열 전과 핵분열 후의 에너지 차가 수백 MeV라는 것을 확인해보자.

생각해보기_2 탄소 동위원소 C-14는 원자번호가 6인 탄소와 같지만, 보통의 탄소와 달리 중성자가 2개 더 있으므로 C-14의 질량 수는 14이다(질량수mass number는 양성자 수와 중성자 수를 더한 양이다). C-14는 베타 붕괴를 통해 질소 N-14로 바뀐다(중성자 하나가 양성자로 바뀐다). 베타 붕괴가 일어나면 원소가 바뀐다. 방사선으로 전자가 나올 때 가지는 운동에너지는 얼마나 되는지 데이터를 찾아보자. 이 데이터에 따르면, 전자가 가지는 운동에너지가 일정하지 않다. 그 이유는 무엇인지 알아보자. 한편, C-14는 외계에서 날아오는 우주선 때문에 성층권에서 일정 비율로 만들어진다. 이 사실로 C-14는 죽은 생명체의 연대 측정에 이용된다. 그 과정을 알아보자.

생각해 보기_3

우주에는 수많은 은하들이 있고, 은하들 속에는 세페이드 변광성이 존재한다. 세페이드 변광성은 빛의 밝기가 주기적으로 변하기에 이들을 이용하면 은하의 거리를 측정할 수 있다. 주기는 2~150일이며, 주기가 길수록 더 밝고, 주기가 짧을수록 덜 밝다. 따라서 이 주기를 이용하면 변광성의 절대밝기를 알 수 있다. 그런데 관찰되는 변광성의 밝기는 거리의 제곱에 반비례한다. 따라서 절대밝기와 관찰되는 밝기를 비교하면 은하들까지의 거리를 측정할 수 있다.

한편, 허블은 별에서 나오는 빛을 분광학적으로 조사했다. 그런데 멀리 떨어져 있는 은하에 있는 별일수록 별에서 나오는 빛의 파장이 길어지는 것을 발견했다. 이것을 적색편이(red shift)라고 하는데 도플러 효과를 이용하면 은하가 얼마나 빠른 속력으로 우리에게서 멀어져 가는지를 알 수 있다. 허블은 1929년 은하가 멀수록 빠른 속력으로 멀어져 간다고 결론지었다. 이 결론에 따르면 우주가 팽창하고 있다는 것이다. 그렇다면 우주가 팽창한다는 사실은 지구에서 보았을 때만 특별히 나타나는 것일까?

생각해 보기_4

우주는 팽창하고 있다. 따라서 과거로 돌아가면 우주 초기에는 우주의 크기가 아주 작았을 것이다. 이뿐 아니라 아주 뜨거웠을 것으로 추정된다. 따라서 우주의 시작은 빅뱅(big bang)이라 보고 있다. 우주의 대폭발로 만들어진 불덩어리는 계속 팽창하면서 식어 간다. 이때 만들어진 빛도 우주가 팽창함에 따라 파장이 길어져 현재는 마이크로파에 해당하는 전자기파로 남아 있다. 이를 배경복사(background radiation)라고 한다. 이 마이크로파가 만드는 스펙트럼을 흑체복사와 비교해보면 우주의 온도는 2.7K에 해당한다. 우주의 배경복사를 통해 우주의 역사를 알아내는 과정을 조사해보자.

생각해보기_1

$0.2Mc^2$은 운동에너지(열에너지)로 바뀐다.

생각해보기_3

우주가 팽창하는 모습은 지구에서 볼 때 나타나는 특별한 현상이 아니라고 본다. 우주 어느 곳에서 관찰해도 팽창하는 모습이 동일하게 보일 것으로 과학자들은 믿고 있다. 현대적 개념의 코페르니쿠스 원리에 해당한다.

• 주요 물리상수

명칭	기호	값
빛의 속력(진공)	c	2.99792458×10^8 m/s
중력상수	G	6.67×10^{-11} N·m^2/kg^2
아보가드로 상수	N_A	6.02×10^{23} mol^{-1}
보편기체 상수	R	8.315 J/mol·K$=1.99$ cal/mol·K
		$=0.082$ atm·liter/mol·K
볼츠만 상수	k_B	1.38×10^{-23} J/K$=8.62 \times 10^{-5}$ eV/K
전자의 전하량	e	1.60×10^{-19} C
슈테판 – 볼츠만 상수	σ	5.67×10^{-8} W/m^2·K^4
진공의 유전율	$\epsilon_0 = (1/c^2\mu_0)$	8.85×10^{-12} C^2/N·m^2
	$1/(4\pi\epsilon_0)$	9.00×10^9 N·m^2/C^2
진공의 투자율	μ_0	$4\pi \times 10^{-7}$ T·m/A
플랑크상수	h	6.63×10^{-34} J·s$=4.14 \times 10^{-15}$ eV·s
	$\hbar = \dfrac{h}{2\pi}$	1.05×10^{-34} J·s$=6.58 \times 10^{-16}$ eV·s
전자의 질량	m_e	9.11×10^{-31} kg$=0.000549$ u$=0.511$ MeV/c^2
양성자의 질량	m_p	1.6726×10^{-27} kg$=1.00728$ u$=938.3$ MeV/c^2
중성자의 질량	m_n	1.6749×10^{-27} kg$=1.008665$ u$=939.6$ MeV/c^2
원자질량 단위	u	1.6605×10^{-27} kg$=931.5$ MeV/c^2
보어 반지름	a_B	5.29×10^{-11} m

• SI 국제단위

명칭	단위	기호	국제단위
힘	newton	N	kg·m/s^2
일과 에너지	joule	J	kg·m^2/s^2
일률(파워)	watt	W	kg·m^2/s^3
압력	pascal	pa	kg/(m·s^2)
주파수	hertz	Hz	s^{-1}
전하량	coulomb	C	A·s
전위(전압)	volt	V	kg·m^2/(A·s^3)
전기저항	ohm	Ω	kg·m^2/(A^2·s^3)
전기용량	farad	F	A^2·s^4/(kg·m^2)
자기장	tesla	T	kg/(A·s^2)
자기장다발(자속)	weber	Wb	kg·m^2/(A·s^2)
인덕턴스	henry	H	kg·m^2/(A^2·s^2)

• 거듭제곱 표시

명칭	기호	값
exa	E	10^{18}
peta	P	10^{15}
tera	T	10^{12}
giga	G	10^9
mega	M	10^6
kilo	k	10^3
hecto	h	10^2
deka	da	10^1
deci	d	10^{-1}
centi	c	10^{-2}
milli	m	10^{-3}
micro	μ	10^{-6}
nano	n	10^{-9}
pico	p	10^{-12}
femto	f	10^{-15}
atto	a	10^{-18}